日本人はどのようにして軍隊をつくったのか

安全保障と技術の近代史

荒木肇
Hajime Araki

出窓社

日本人はどのようにして軍隊をつくったのか

安全保障と技術の近代史

はじめに

隣におった戦友が、「ぶすっ」ていう音がしたら死んでおりました。敵の弾丸に当たった。ついさっきまで、一緒に笑っておった男です。ちょっとでも、それていたら、私が死んでいた。いや、戦場とはひどい所でした。

学生時代にインタビューした町会議員が話してくれた。町の青年会の活動の中心になり、現役兵として中国戦線へ出征した。激しい戦闘、危険な警備、現役期間が終わって帰郷した。青年訓練所の指導員になった。故郷の後輩たちに、銃をとらせ、訓練をした。明治の頃からあった実業補習学校に併設された、勤労青年たちに軍事知識を教えた施設である。

凱旋《がいせん》した英雄は尊敬の目で見られた。わずか3年で下士官適任證書《しょうしょ》をもつ兵長、実戦の経験者、町の青年会では入営前から指導的立場を務めてきた。

学校や兵営で教わった訓練など、戦場では何の役にも立たなかったという。そんなもんじゃないですよ、そう言って笑った彼に、私はたずねた。そういうほんとうのことは生徒たちに教えなかったのですか。

「ほんとうのことを話しても誰も信じたりしないですからね。ほんとうのことは自分で行って、そこで覚えるものですよ。戦争のことなど、誰も知らなかったですからね」

これが日本の軍国主義の実態だったのか。私は、そのとき、「軍国主義国家とは、国民に軍事知識がない社会をいう」、どこかで読んだ文章を思い出した。

私の周囲には、多くの戦争体験者はいたが、戦場体験者、とりわけ戦闘の経験者はめったにいなかった。それは、ほんとうにいなかったのか、それとも黙《もく》して語らない人たちが多かったのか、今でも分からない。おそらく、黙しているい人が多数だったに違いない。戦場での出来事を、正確に伝えようとすれば、彼らは自分の言葉が決して受け入れられず、信じてもらえないと思っていたのだろう。

私は歴史上の定説や常識をいつも疑ってきた。それらの多くは、自分の経験に照らしたり、科学的に検討を加えたりすると、たいていが音を立てて崩れていく。中でも、戦前の日本に自由がなかったり、人々がみな騙《だま》された被害者であったりするような解釈は、ちょっとでも自分の現在に引き比べれば、すぐにおかしいことに気づくだろう。過去を差別し、父祖の暮らしや思いを軽蔑すれば、それはまさに天にツバするようなものである。私たちは誰もが過去のおかげで生きているのだ。

日本人は十九世紀の中頃からおよそ一世紀余り、戦争をくり返してきた。それまでは、農山漁村で働き、商売に精を出し、国防などは「お上のすること」と考えてきた人がほとんどだった。近代国家の成立に必要な鉄も石炭も、その他の資源もろくにないような国が、いきなり列強が力を振りまわしている国際社会に放りこまれた。

ぎりぎり食えるだけの米とわずかな軽工業しかもっていない国が、清とロシアという大国との戦いに挑んだ。どちらの戦争も、かろうじて切り抜けて独立を全うできた。大きな博打《ばくち》に勝ったことは事実である。それはどうしてか。これまで、定説では、清は弱っていたし、日本は力をつけていた。だから、弱体の中国は日本に敗れた。日露の戦いでも、戦勝の原因はロシアの内部事情や、日本人の奮闘によるといった解説がされてきた。そして、それらは大陸侵略の意志を、一貫して日本政府や軍隊が持っていたからだ、とまとめられるのが常だった。

しかし、この定説や常識を鵜《う》のみにしていいのだろうか。そんなに過去の日本人は戦争が好きだったのか。指導者たちは中国や朝鮮をわが物にしようと考え、庶民は騙され続けて犠牲だけを払わされてきたのか。

そのときどきの実態を、国民の安全保障への考え方、軍事を支えた技術、思想を養う教育といった角度から見直してみよう、そう考えて、この本は書かれた。

私の無定見や、知識の乏しさのおかげで、多くの先人の仕事を紹介するだけで終わってしまったが、私たちの父祖の健気《けなげ》さが、少しでも伝われば幸いである。

なお、表記上では固有名詞は原則として史実を尊重したが、「聯隊」を「連隊」などと現行表記にした。また、数字は算用数字を使い、長さや重さの表示には単位記号を使った。読みやすさを優先させた結果である。

目次

第一章　日清戦争と脚気

1　外征型軍隊の建設

◆直属の軍隊がなかった明治新政府

日清戦争（1894〜95年）は初めての本格的な国外での戦闘行動だった。それまでも征台《せいたい》の役《えき》*1、朝鮮での紛争*2などで外地での戦いは経験していたものの、外征用の装備、編成をもった軍隊が外国へ渡ったのは初めてのことだった。

日本の軍隊は、もともと国内治安を確保することを任務として生まれた。驚くかもしれないが、明治新政府は自前の兵力をもっていなかった。薩長《さっちょう》土《ど》肥《ひ》と言われる倒幕の中心になった各藩兵が「官軍」として行動し、それに従う各藩の軍隊がいただけである。

1871（明治4）年2月には、ようやく兵《ひょう》部《ぶ》卿《きょう》が指揮する「御《ご》親兵《しんぺい》」*3が編成された。鹿児島、山口、高知の三つの藩から献上された6千名余りの兵力である。歩兵9個大隊、砲兵6隊、騎兵2個小隊である。このほか、それらの支援をする部隊があった。補給や兵器の整備をする部隊、会計などの部隊がついて総兵力は約1万人になった。

つづいて4月には東山道（本営は現在の宮城県石巻）と西海道（同じく福岡県小倉）に鎮《ちん》台《だい》が置かれた。この武力を背景に、7月、政府は廃藩置県を行うことができた。戊辰《ぼしん》戦争の実戦を経験してきた薩摩、長州、土佐藩兵の実力は、十分に全国の士族たちを圧倒するものだった。8月には、幕末以来の各藩士族兵を解散させた。

*1　1874年、琉球漁民が殺害された事件を機に日本軍が台湾に出兵した。

*2　壬午の変（1882年7月）と甲申の変（84年2月）。朝鮮の内紛事件で、日本は陸海軍を出兵、とくに甲申の変では清国軍と交戦した。

*3　幕末期の兵士たちの忠誠の対象は、それぞれの主君だった。自分たちが天皇に直属するという発想は持ちえなかったに違いない。当初はさまざまな混乱があった。階級が旧身分によったために能力にふさわしくない各藩の出身者が我を張りあってなじまない、統率が行き届かないなどである。

新政府といえども、各藩の固有の武装権や軍隊を一片の命令だけでは奪うこともできなかったのだ。政治を動かしたのは武力だった。新政府は、各藩の武装割拠《ぶそうかっきょ》の体制を崩すには、まるまる3年間という長い時間をかけざるを得なかったのである。

各藩はその財力に応じた固有の藩兵をもっていた。徳川御三家の和歌山藩には英国式装備の軍隊があった。鳥取藩、彦根藩、米沢藩などは土佐藩と同じくフランス式。英国式は薩摩藩、佐賀藩をはじめ、岡山、尾張名古屋、熊本、徳島などの各藩である。

こうした軍隊に解散を命じるとともに、志願者を選抜して鎮台に集めた。これを「壮兵《そうへい》」といった。そして、鎮台を東京、大阪、鎮西《ちんぜい》（本営は熊本）、東北（同仙台）に拡充したのである。同時に兵部省《ひょうぶしょう》は、その内部に陸軍部・海軍部を設けた。

1871（明治4）年は、新しい陸海軍の発足の年でもあった。翌72年2月には、陸軍省、海軍省と独立し、御親兵も近衛兵《このえへい》*4と名称が変わった。そして11月、「徴兵《ちょうへい》の詔《みことのり》」が下り、封建身分制の廃止と、国民皆兵の兵役義務について告諭《こくゆ》が発せられた。徴兵令は、翌73（明治6）年1月に発布される。第一回の徴兵（74年4月に検査が行われた）の結果、選抜された若者は歩・騎・砲・工・輜重兵《しちょうへい》に分かれて各鎮台に入営した。この時には、全国を六つの軍管に分けて、名古屋、広島にも鎮台が置かれていた*5。

維新後も新政府に不満をもつ士族の反乱や農民一揆が頻発するなか、わずか数年で軍備を整えた明治の指導者たちの尽力には驚嘆する。それらすべてが国家の独立を守るための努力だった。裏返せば、外国の脅威はそれほどまで切迫していたのである。

◆内国治安の軍隊から外征用軍隊へ

明治10年代、この内国治安維持志向の軍隊が外征用の軍隊になった。この外征とい

*4　「近衛條例」によれば定員は歩兵3個連隊、騎兵1個大隊、砲兵4門とあって、指揮官を都督とし、中将もしくは少将をもってあてるとある。2月に山縣有朋が都督に就任。9月には参議西郷隆盛が陸軍元帥になり近衛都督をかねる。この元帥は大将の上位にあたる官階である。

*5　第1軍管は司令部が東京、佐倉（千葉県）、新潟に営所をおく。同じく第2軍管は仙台に司令部と青森に営所。第3は名古屋、金沢に営所。第4は大阪、大津、姫路。第5は広島と丸亀。第6は熊本と小倉。営所は14ヵ所、歩兵14個連隊（42個大隊）、騎兵3個大隊、砲兵18個小隊、工兵10個小隊、輜重兵6個隊、海岸砲兵9個隊、総計3万1680人。

う言葉も誤解されがちである。国外で戦えるようにしたという意味の外征であり、日本軍は侵略的であり、大陸進出の意志の表れだと決めつけるのは公平ではない。なぜなら、当時、強大だった大清帝国が攻めてきたらどうするか、その対抗手段・方法のうちの一つの選択をしただけだからだ。

幕末維新時代にもっとも外敵として恐れられたのはロシア帝国だった。幕末には対馬《つしま》の租借《そしゃく》を暴力的に申し入れてきたし、国後《くなしり》や択捉《えとろふ》などでは略奪や一方的な攻撃もしかけてきて、幕府を震撼《しんかん》させた。*6 北辺の危機が言われ、新政府も北海道の防衛を重視した。人口が少なく、正規軍が置けないために、新政府は開拓使に属する屯田兵《とんでんへい》を編成し、北海道各地に駐屯させた。

このわずか後、アジア情勢の変化のために、想定される敵国の第一位が清国になった。脅威の重点が北から西に変わったのだ。清の北洋海軍は拡張を続けていた。英、独、仏、ロシアをはじめ諸列強も、清国を「眠れる獅子《しし》」と恐れてもいた。清国も、軍事力ではアジア最強だと自負していただろう。

朝鮮の政情は依然として不安定だった。朝鮮には、日本のように開国して近代化を目指そうという親日派と、旧来の体制を大切にする親清派がいた。この両派が衝突し、日清両国がしばしば対峙《たいじ》した。優勢な清国海軍がわが国土に攻めてきたらどうするか。日本の海岸線は長く、守りにくい。もし、制海権を取られれば、清国の陸兵はどこにでも上陸をしてくるだろう。上陸地点を管下《かんか》にした鎮台を拠点に、まず海岸線防衛を重視するしかない。上陸してきた敵には地域に張りつけられた部隊が対応する。しかし海岸線の防御陣地は、いずれ強力な敵艦隊の搭載砲《とうさいほう》でつぶされる。後退した守備隊は、増援隊と共同して山岳地帯で可能な限り抵抗する。

*6 1861年2月、ロシア軍艦のポサニック号が、無断で対馬に上陸し対馬藩士を殺害した。幕府はなす術なく、英国の仲介でロシアが退去するまで、異常事態は半年間続いた。この事件の約50年前の07年には、ロシア船が択捉島や利尻島を襲撃し、幕府の守備隊としばしば交戦した。

抗戦を続けながら外国の介入を待つ。それも選択肢の一つだった。内陸抗戦は鎌倉時代の元寇《げんこう》の時の方法である。それを明治の先人たちが選んだらどうなったか。国土は焼かれ、国民は外国軍隊に占領される苦しみを体験することになるだろう。

◆ドイツ軍人メッケル

１８８４（明治17）年2月、陸軍卿《りくぐんきょう》大山巌《おおやまいわお》に欧州の兵制を調査するようにという詔《しょう》勅《ちょく》が下った。大山は将来の将軍候補者たちを率いてヨーロッパに向かった。この任務の一つに「陸軍士官学校、陸軍大学校で兵学を教える将校を選ぶ」というものがあった。プロシャ（ドイツ）のモルトケ元帥《げんすい》は一人の参謀将校を推薦した。普仏戦争で活躍したクレメンス・ヴィルヘルム・ヤコブ・メッケル少佐*7である。翌85年に来日して、陸軍大学校*8で学生を教育した。

メッケルの仕事は人を育てることだけではなかった。軍制、兵站《へいたん》、軍についての法制度など、およそ軍事全般についても、日本人から求められるままに質問に答え、意見を述べた。

メッケルは日本の砲兵についても、その装備を山砲《さんぽう》にするか野砲《やほう》*9にするかについて提言をした。平原の会戦では、機動力にすぐれて、射程も大きい野（戦）砲が有利である。ヨーロッパ各国の陸軍では、ナポレオンの昔から野砲が主流だった。野砲は輓《ばん》馬《ば》4頭でひく。日本陸軍も野砲を装備の中心にしようとしたが、メッケルはそれに異を唱えた。当時、2頭の馬がならんで走れるような道は、日本には少なかった。国土が山がちで道路も整備されていない日本では、山砲を主にしたほうがいいというのがメッケルの意見だった。山砲とは分解して駄馬《だば》に載《の》せて運ぶ砲である。馬が使えない

*7　メッケル（１８４２～１９０６）高等兵学の教授、陸軍の最高顧問。先制攻撃と緒戦の勝利の大切さを説き、軍人精神が精鋭な軍隊の最大要素だとも教えた。

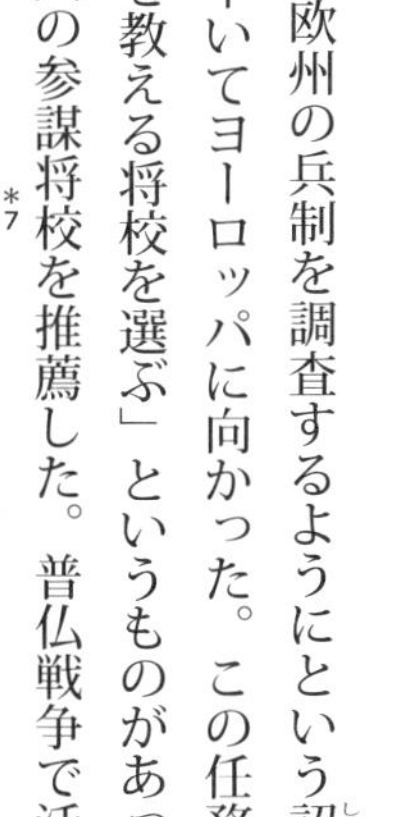
メッケル

*8　修業課程3年の陸軍の最高学府。１８８２年11月、参謀官養成のための学校として開設。一期生は翌年4月に入校。他の陸軍諸学校との違いは参謀本部の管下だったことである。中尉、少尉に受験資格があり、入校すれば将来の将官がほぼ約束された。

*9　山砲と野砲の違いは射程の大小である。使う弾丸は同じ口径75㎜、ただ装薬の量が山砲弾の方が少ない。軽量化のために砲の各部分の強度が小さい。

山道では人が背にして運ぶこともできる。こうして、日本陸軍の砲兵連隊は、野砲装備と山砲装備の二つの種類ができた。

また、メッケルは日本陸軍の師団《しだん》*10の大型化を勧めた。欧州の陸軍の師団は、ふつう歩兵と騎兵だけでつくられている。砲兵や工兵、兵站を扱う部隊などは軍団の直轄《ちょうかつ》になる。軍団とは二つの師団を合わせた単位である。師団長は少将であり、軍団長は中将、それをいくつかまとめる軍司令官は大将と、階級とポストも連動していた。

これに対して、メッケルがつくらせた日本型師団は、歩兵旅団が2個（歩兵4個連隊）、砲兵連隊1個、騎兵、工兵、輜重兵各1個大隊でできていた。その規模は、欧州でいう軍団に準ずるような大きなものだった。メッケルは、規模が小さい日本陸軍は、軍団制をとるより、師団を大きくして、独立性をもたせる方が適していると考えたのである。師団長は中将*11、旅団長は少将、連隊長は大佐か中佐、大隊長は中佐もしくは少佐である。師団をいくつかまとめたのは「軍」であり、軍司令官は師団長より先任*12の中将、もしくは大将だった。

2　初めての対外戦争と誤算

◆日清戦争に従軍した人々

日清戦争では、陸軍は勝利をおさめることができた。外征型陸軍の実用試験は成功

＊10　各種の兵科が集まった戦略単位。日本では、これまでの鎮台を廃止して１８８８年に師団に改組。全国6鎮台が、順に1から6の番号がつけられた。近衛師団の編成だけは、経費の関係で3年遅れ91年12月になった。

＊11　師団は、師団管区といわれる行政担当区域をもっていた。およそ数個の府県をまとめていた。内務省から派遣される県知事は文官として最高官が少将クラスである。それよりも優位になるように中将にしたという説明もある。

＊12　その任務、またはその地位に先についている人。

したかに見えた。しかし、思わぬ大敵があった。それは、ヨーロッパ人のメッケルも知らなかった東洋だけにいた悪魔である。

日清戦争に動員され、外地に従軍した人の数は17万８２９４名になった。[*13]当時の現役軍人はおよそ27万２千人、軍属が同じく約３千人だった。合わせて27万５千人というところである。[*14]

当時の兵役制度では、兵卒は現役３年間を終えた者は予備役《よびえき》に編入された。予備役は４年間、それが終わると、さらに５年間の後備役《こうびえき》があった。つまり満20歳から12年間はいつでも動員される、召集令状がいつ来ても仕方なかった。下士[*15]以上の武官は階級ごとに現役定限年齢があり、いわゆる定年が決められていた。定年後は階級ごとに定められた年齢まで後備役に編入された。予備役というのは、自己都合などで現役をしりぞいた者が定限年齢まで編入されたものである。

陸軍が体制を戦時編成に変えることを動員といった。[*16]逆に、戦時から平時体制に戻すことを復員という。動員とは、具体的には、部隊を新設したり、増員したりして戦時定数を満たすことである。そのため予・後備役の軍人を召集し、物資を集め、後方の態勢もととのえる。馬の徴発《ちょうはつ》をしたり、馬糧《ばりょう》を集めたりするのも重要な仕事だった。

具体的な例をあげよう。歩兵連隊の平時編制定員は将校を含めて千６百名である。連隊は管理業務を行う連隊本部と３個大隊でできている。各大隊には本部がある。大隊長と副官、少数の勤務兵と下士がいる。その下には歩兵４個中隊がある。したがって１個連隊は12個歩兵中隊で構成された。１個中隊の定員は平時約１２０名である。これが戦時には２２２名になり、連隊は約３千名にふくれあがった。およそ１・９倍である。

＊13　『日清戦史』の記録は、戦後の台湾平定戦に参加した数もふくんでいるので、朝鮮や中国に出征した人だけではない

＊14　１８９３年末の陸軍現役人員の数は、将官とその相当官が合わせて63人、上長官（佐官と同相当官）６２６人、士官（尉官と同相当官）３８７０人、准士官49人、下士が１万２９８７人、兵卒25万１８４７人、諸生徒２１８１人の合計27万１６２３人である（『陸軍省統計年報』）。

＊15　建軍当初、上等士官、下等士官といわれた階級は士官と下士になった。陸軍が下士を下士官と「官」をつけたのは、１９３２年になってからだった。

＊16　動員時の充員召集の対象者は、日清戦争当時、予備役の兵卒９万35人、後備役の兵卒10万３９１４人で合計19万９４９人。幹部以上は予備役将官・上長官が３３１人、同士官１２２０人、同下士１万８３４人である。この合計20

軍人・軍属《ぐんぞく》*17のほか、多くの人夫が雇われた。糧秣《りょうまつ》の輸送は、ほとんど人夫によって行われた。糧秣とは、人間の食糧と馬の秣《まぐさ》を合わせた言葉である。当時の輜重兵《しちょうへい》は、おもに歩兵連隊といっしょに行動した野戦輜重兵であり、後方の補給部隊まで編成する力はまったくなかった。輸送力のほとんどは民間からの雇《やと》い人夫《にんぷ》に頼ることになった。その総人員は約15万人である。ところが、軍人でない哀しさ、上司の指揮命令に服さなかった、衛生観念がないなどの批判がたくさん出た。*18

日清戦争の人的損害のうち、死亡した人の数は2万1559名だった。内訳は軍人・軍属が1万3488名である（全死者数の66・9%）。あとのおよそ33%は民間人から雇いあげられた人夫などである。驚くべきは、そのうちの戦闘死者数の少なさだろう。戦闘による即死、もしくは病院などに運ばれてから亡くなったものを戦闘死者とするが（戦傷死もあわせる）、その数はわずかに1417名（10・5%）にしかすぎない。軍人・軍属の死者のうち、大部分を占めたのは病死者だった。

戦地での入院患者数で、もっとも多かったのは「脚気《かっけ》」である。内地に転送された数は入れずに、軍人・軍属で1万7546名、うち死者は987名にのぼる。

人夫の入院数は1万2580名、死者は873名だった。なんと合計で1860名にもなった。しかも、この数には内地への転送後の死亡数は含まれていない。

病死者のほうが、戦死者よりもはるかに多い。また、脚気だけでも戦死者数をこえているのだ。戦場では、弾丸や刀槍《とうそう》だけで人が死ぬのではない。戦場は、病魔《びょうま》がはばをきかせる所だった。

万1783名が召集をかけることができる予備兵力のすべてだった。

*17　志願して軍に勤務する人のことをいう。陸軍各学校の教官や、通訳官、法務官、事務官、技術者など軍服を着ない人たち。上官への服従義務、命令の理由を問えないなどの軍人同様の規定があった。

*18　この反省から10年後の日露戦争では、輜重輸卒による輜重助卒隊が編成された。出征軍百万人のうち、およそ半数、50万人余りが輜重輸卒だった。

◆ヨーロッパ人メッケルの知らなかった病魔

さすがのメッケルも「脚気」までは知らなかったにちがいない。ヨーロッパ人は誰もが脚気そのものを知らなかった。せいぜい医師の間では、米を主食にする地域で起こる風土病のようなものという知識はあっただろう。当時の欧米の医学界では、ほとんどの人が伝染病だとも考えていた。

さて、脚気の歴史は古い。中国の史書によれば西暦3世紀には流行が始まった。広東、広西の両省がある嶺南地方と言われる地域が始まりだった。そこから長江下流へ広がり、さらに唐の時代には全土に広まったと言われる。それは米食の広がりと一致しているのだった。

わが国でも7世紀のころ、精米技術が高まった頃には、すでに患者が出ている。平安時代には、当時の上流階級では「あしのけ」とか、「キヤクキ」などと言われてなじみのある病気だったらしい。症状は、まず向こうずねのむくみから始まる。足がふらついて歩きにくい。ちょっと動くと激しい動悸《どうき》、息切れがするようになる。突然、症状が悪化することもある。手を打たないと脚気衝心《かっけしょうしん》と言われる心臓麻痺を起こして死んでしまう。

仏教が信仰されるようになると、肉食が嫌われるようになった。上流階級の食事は現代の栄養学上からは見れば貧しいものだった。精白米と野菜の煮付け、たまの魚肉という献立《こんだて》は、資料などで知ることができる。

武士の世界では鎌倉、室町、戦国時代を通じて、そのような記録は見られない。もともと殺生《せっしょう》をさけては通れない人々である。玄米《げんまい》、雑穀《ざっこく》を食べること、肉食も当然だった。ただ、一部の貴族化した高級武士たちには、脚気の病魔はしばしば襲いかかった。徳川将軍でも脚気衝心で死亡したのは3代家光、13代家定、14代家茂の3人もあげられる。家茂は長州征伐で大坂へ上り、脚気の症状を悪化させて死ぬ。御台所《みだいどころ》和宮《かずのみや》も夫と同じ脚気で亡くなっている。

　脚気は「ビタミン欠乏症」である。ところが、19世紀末まで、ビタミンそのものの存在が知られていない。死者を病理解剖しても、症状が説明できるだけで、病変の説明がつかなかった。20世紀になって、ようやくビタミンが発見された。ビタミンとは「微量であっても体内の活動を支援するもの」であり、体内では生産できず、食料を通じてしか摂取《せっしゅ》できない。欠乏すれば、人は死に至る。

　現在の知識からすれば、なんのことはない。ビタミンB1[*19]の含まれた胚芽《はいが》や糠《ぬか》を取った精白米[*20]を食べ、貧しい副食を摂《と》っていれば必ず欠乏症になる。当時でも胚芽米や麦を食べれば、粗食でも安心だった。また、副食物を豊かにすれば解決する病気だった。現在、私たちが脚気にならないのは、白米を食べていても、さまざまな副食物を同時に摂っているからである。

　明治になってからも脚気の流行があり、毎年、数万人の患者が出た。しかし、死亡率は案外低く、1％から3％くらいだったから、結核《けっかく》の方が恐れられていた。だが、強壮な男性が多くかかる。回復に時間がかかり、労働ができなくなる。軍隊ではこれがたいへんな問題になった。陸海軍とも、脚気の予防、対策にはたいへんな努力をした。しかし、原因が分からなくては有効な手は打てない。当時は、食物、とくに神聖視されていた白米に、その原因があるとは誰も考えつかなかった。しかも、ヨーロッパから来たお雇《やと》い外国人医学者のほとんどが、初めて見た脚気を伝染病と考えていたため対策は何もできなかった。[*21]

＊19　ビタミンB1，2，6の区別がある。1912年には、「ビタミン」、「ビタミン欠乏症」が医学者フンクによって主張された。

＊20　100gあたりのビタミンB1の含有量を比べてみると玄米は0・16mg、胚芽米は0・10mg、精白米は0・03mgしかない。成人男性が必要とする2mgを摂取するには、白米だけに頼るなら1日7kgも必要とするのだ。

＊21　原因が分かりにくかったのは脚気の症状が複雑で変化に富んでいたためだった。よい食物を摂っている者がかかり、粗食の人が発病しないことも医者を悩ませた。もっとも大きな理由は、ビタミンという微量栄養素の知識がなかったことである。20世紀の初めまで、脂肪と炭水化物とタンパク質、それに塩分があれば、栄養としては十分だと考えられていた。

◆海軍の兵食改善と高木兼寛

海軍で脚気の撲滅《ぼくめつ》に力を尽くしたのは、イギリス留学から帰った高木兼寛《かねひろ》（１８４９～１９２０年）だった。戊辰《ぼしん》戦争では薩摩藩軍の医師として東北地方を転戦し、従来の漢方医学や、自分が学んだ程度の蘭方《らんぽう》医学では戦場で役に立たないことを痛感した高木は、イギリス人医師ウィリスの指導を鹿児島で受け、１８７２（明治5）年、海軍軍医になる。75年、選ばれてイギリスのセント・トーマス病院医学校に留学。最優秀の成績で卒業する。帰国したのは80（明治13）年だった。82年には東京海軍病院長になり、つづいて海軍医務局副長になった。

彼は兵卒《へいそつ》が脚気に苦しんでいたのを知っていた。１８７２年から78年の間だけで、兵員１５５２人のうち、１年間に延べ６３４８人が脚気にかかっていた事実がある。つまり、一人が年に4回も脚気の治療を受けていたのだ。なお、恐ろしいことに脚気は軍艦の戦闘力まで奪っていた。

１８８２（明治15）年7月、朝鮮で壬午《じんご》事変が起きた。国王を擁《よう》する親日革新派と、王の父大院君《たいいんくん》が中心になった清国をたよる守旧派との戦いである。革新派を叩きつぶす好機と考えた守旧派は、王と王子を監禁して、革新派への攻撃を始めた。最初にねらわれたのは、日本陸軍の軍事顧問団である。洋式陸軍の訓練にあたっていた日本陸軍中尉はじめ7人が殺された。次に襲われたのは日本公使館である。公使以下27名の館員は火災の中をなんとか脱出し仁川《じんせん》に向かった。４人が犠牲になりながらも英国船に救助されて公使は長崎に帰ることができた。

日本政府は居留民の保護のために歩兵２個中隊を送りこむことにした。海軍もまた、

＊22　構造は鉄骨木皮、扶桑と共に英国から回航された。排水量は２２８４ｔ、機関出力２５３５馬力、最大速力13・2ノット、17・5cm砲3門、15・5cm砲6門。

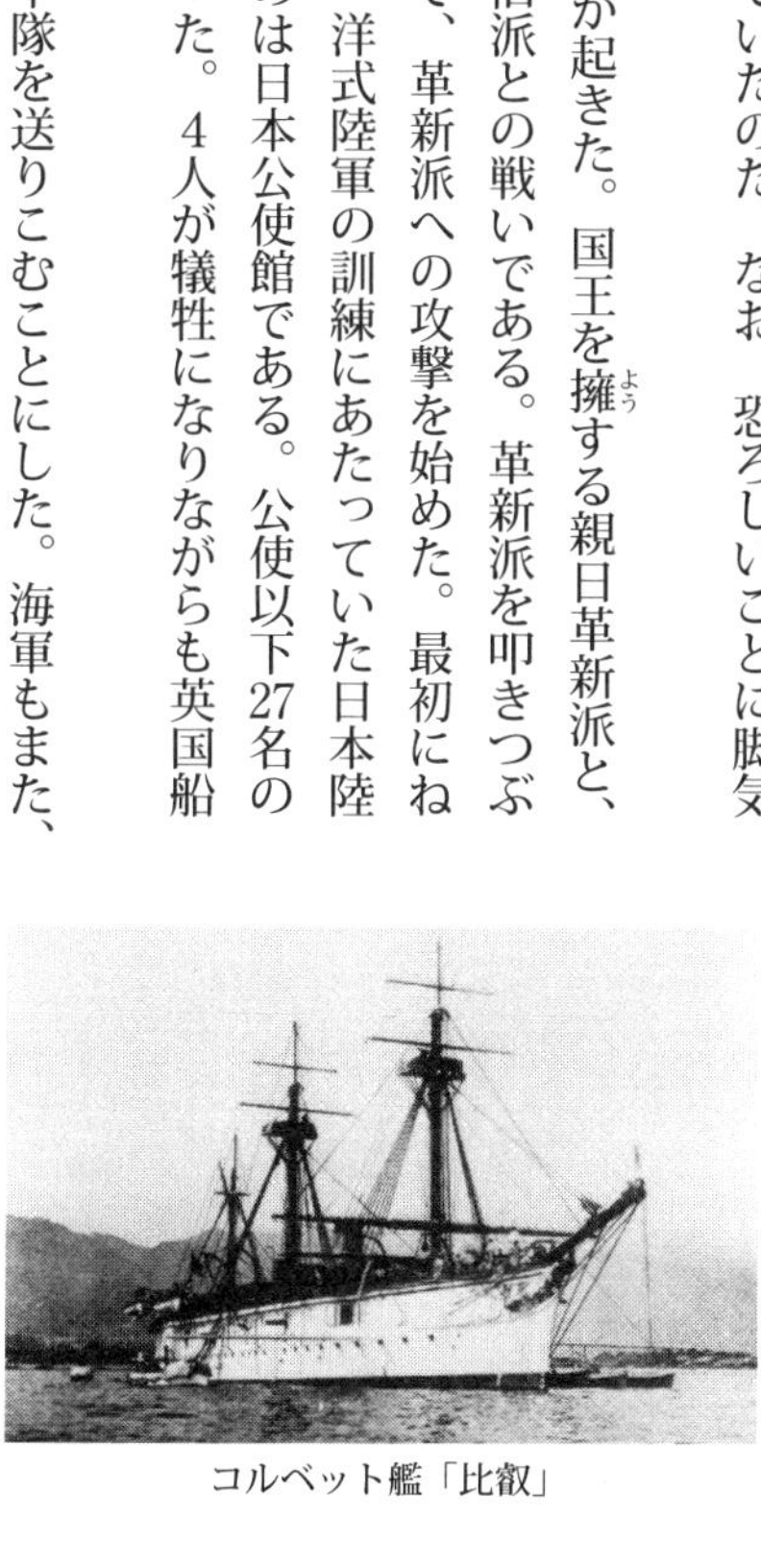

コルベット艦「比叡」

軍艦「金剛」、「日進」、「天城」の3艦を急派し、さらに「比叡*22」も派遣した。4艦は済物浦《さいもっぽ》に集結したが、そこには清国海軍の軍艦、数隻がいた。

艦隊は睨《にら》みあいを続けたが、「金剛」、「比叡」では乗員の3分の1が脚気で倒れていた。また、品川沖で待機していた「扶桑《ふそう》*23」の艦内も悲惨な状況だった。兵員３０９名のうち、１８０名が脚気症状で動けるどころではなかった。幸い、両国海軍の間に砲火が交わされることはなかったが、海軍首脳はあらためて、脚気の恐ろしさを思い知らされた。

高木兼寛が目をつけたのは兵員の食事だった。調べてみると、士官、准士官《じゅんしかん》にはほとんど脚気は見られなかった。下士《かし》は若い者だけがかかり、兵卒は多くが罹患《りかん》している。食事の内容は、階級が上の者ほど献立《こんだて》が増える。種類もバラエティに富んだものを食べていた。白米ばかりを食べる若い兵卒は脚気になるが、若い士官がなることは珍しい。高木兼寛は食事の中味を調べることにした。そこに脚気発病の秘密があるに違いないとひらめいたのだ。

◆伝染病説と中毒説の中で高木は食物説を唱えた

当時の海軍の兵食システムはどうなっていただろうか。陸軍のように、完全に官給品のみを食べていたわけではなかった。驚くべきことに、何をどれくらい食べるかといった標準は示されていなかった。ただし、階級ごとに食費の日額が決められていた。*24 １８７２（明治5）年に初めて制定され、80年にはインフレの影響で改定された。

それによれば、下士兵卒は艦船に乗組中、日額18銭、陸上勤務同15銭である。航海運転中は同30銭になった。この金額を下士兵卒は自由に使って良かった。主食である

＊23　１８７８年に竣工した英国製の装甲艦。鎮遠・定遠が登場するまでアジア最強を誇った。排水量３７７６t、機関出力３５００馬力、最大速力13ノット、20口径24cm単装砲4門、40口径15cm単装砲6門、その他小口径砲、機銃など。定員３７７名。

「扶桑」（『日本海軍』光村利藻）Ⓣ

白米を共同で購入し、おかずを自由に買い求める。その副食の実態はといえば、梅干しやたくあん漬けなどであり、ごくたまに干した魚といったものだったらしい。

海軍史では「無標準金給時代（明治16年まで）」と言われる。当時の米価の標準からすれば、白米は6合（900g）で8銭くらいだろう。それに油や味噌、塩などの調味料、漬物代などがかかる。下士兵卒の多くは1日の食費を10銭くらいに切りつめて、その差額を貯めて月ごとに還付してもらっていたという。

高木は、白米中心の、たんぱく質に乏しく、炭水化物が多い食事に注目した。脚気の原因は、たんぱく質の不足なのではないか。西洋人にはなく、米を主食にするアジア人にしか発生しない。そこで西洋食をとるようにすれば、脚気は防げるのではないかと考えたのだ。

そこに起きたのが壬午《じんご》事変である。高木は1882（明治15）年10月7日に、医務局長名で川村海軍卿に上申書を出した。海軍の下士兵卒に西洋食を支給しようというのだ。すぐに、反対論が噴きあがった。洋食支給は費用もかかり非現実的だという声が強く、将官会議も開かれたが、将来への検討事項に回された。

しかし、高木はあきらめなかった。12月に入ると東京海軍病院で、10名の患者を選び、旧来通りの食事を5名に支給、洋食を5名に支給という比較実験を行った。その結果、洋食の良さが証明された。ただし、1日の食費が港内食で33銭1厘、航海食では39銭1厘とかなり割高になることも確認された。

◆遠洋航海で高木の説が確かめられる

恐ろしい熱意としかいいようがない。高木は、天皇に直接上奏《じょうそう》するといった非常手

＊24　士官たちは英国海軍の伝統をひきつぎ、給料の中から食費を出しあっていた。艦長はコック、従兵を乗り組ませ、専用の食事をとる。士官たちも1日40銭、佐官同80銭、将官1円20銭が食卓料として支給されていた。

段に出た。１８８３（明治16）年11月29日のことである。庶民が直訴《じきそ》を行えばそれだけで罪になった時代である。高木は高等官であるから、非難されることではないが、秩序破りであることは間違いなかった。

高木は次のように、明治天皇に願いを述べた。陸海軍兵士の多くが脚気にかかる。前途有為《ぜんとゆうい》の学生が脚気に苦しむ。国家の損失は計りしれない。脚気の原因をつきとめ予防に力をつくすのは医学者の責務である。脚気のもとは、食事のバランスが良くないからである。健康を保つには、たんぱく質、脂肪、炭水化物、塩類の割合、特にたんぱく質と炭水化物の比例が重要になる。脚気患者の食事はこれらの比例が適切でない。脚気が起きるのは滋養品《じようひん》が不足したときである。兵食の改善にご英断を願いたい。

この直訴を、自らも長年の脚気患者だった天皇は受けいれた。以後、高木の主張について、表だった非難は聞かれなくなった。

おりから、軍艦「筑波《つくば》」が遠洋航海にでかける準備に入っていた。高木は、この航海中、食費をすべて使い切ること、したがって現金の還付を禁止するという方針を上申していた。高木の上奏の翌日、『食品購入の際は、主厨《しゅちゅう》（経理のうちで糧食担当の下士）が品種等を調べ、軍医と主計に調査させて滋養品を選ばせ、艦船長が点検の上、購入する』といった海軍卿の諭達《ゆたつ》が出された。

あけて１８８４（明治17）年、食品を規定した現食給与が実現する。これから89年までを「標準指定金給時代」という。筑波は２月３日、品川沖を出航、ニュージーランド、南米チリ、ハワイを訪れ、11月16日、品川沖に帰港した。航海日数２８７日間で、乗員３３３名中わずか16名（４・８％）の脚気患者しか出さなかった。

「筑波」（『藤木軍艦写真集』）Ⓣ

◆国内でも食事改善の効果あがる

食事の改善で、海軍の脚気は激減した。１８８３（明治16）年には１２３６人が発病、全兵員５３４６人中の23・12％を占め、死亡者49名を出していたものが、84年2月の食事改善から発生率は12・74％に低下、死者も8名に減ったのだ。経費の増大と、兵員たちの士気の低下を恐れていた海軍中央も、さすがに脱帽した。

ところが、現場からはとんでもない報告が上がってきた。兵卒がせっかくのパンや肉を捨てているというのだ。「腹がへっても洋食など食えるか」という頑固な者までいた。白米至上主義は根強かった。

そこで高木は、パンがだめなら麦飯を食わせようと考えた。このあたりの判断が、高木の優れたところだろう。ビタミンの存在など、誰も予想などしなかった当時、小麦から製粉したパンがだめなら、粒食《りゅうしょく》の大麦を食べさせようとしたのだ。

１８８５（明治18）年2月、高木は「米麦等分給与」を海軍卿に上申した。３月１日から、海軍ではパン食から、ひき割り麦を5割も混ぜた麦飯になった。この効果の大きさは想像をはるかにこえていた。85年度は罹患者《りかんしゃ》41人（０・59％）で死亡者ゼロとなった。翌年度は全兵員数８４７５人中罹患者わずか3名。以後、海軍の脚気患者はほとんどいなくなってしまったのだ。

１８９０（明治23）年には、「海軍糧食条例」[*25]が公布されて、すべて品給制度になった。この仕組みは敗戦で海軍が消滅するまで続くことになった。

◆陸軍の取り組み　麦飯に効果あり

陸軍で初めて脚気撲滅に有効な手だてを発見したのは堀内利国《としくに》1等軍医正（中佐相

＊25　１９０４年1月の「海軍給与令」　毎週1人に支給される数量がのっている。パン、鳥獣・魚肉それぞれ1貫匁（3・75kg）、穀類1貫４００匁（5・25kg）、乾物・野菜類1貫２００匁（4・5kg）、茶焙・麦類21匁（約80g）、砂糖１６０匁（６００g）、醤油・酢油類四合（７２０㎖）、塩40匁（１５０g）、凝脂30匁（約１１０g）。兵員一日あたり４５００キロカロリーの支給量にあたるという。

＊26　「陸軍病院條例」によれば、東京に陸軍本病院を置き、各鎮台に病院を設ける。各屯営には屯営病室を置く。東京には本病院があるから東京鎮台、近衛、各学校や教導団などの人員も所轄するとある。また各病院には1課、2課には医官を、3課には薬剤官と主計官を属させるとも記載されている。

当官）だった。堀内は当時（明治17年）、大阪鎮台病院長である。鎮台病院[*26]はのちに師団司令部所在地の衛戍《えいじゅ》病院といわれるようになった。

堀内は監獄で麦飯が支給され（明治14年）、脚気がひどく減ったという話を耳にした。大阪の近くの監獄を視察し、それが事実であることを確かめた彼は、大阪鎮台司令長官・山地元治少将に兵食に麦の採用を上申した。しかし、反対は部隊指揮官たちから起こった。麦飯は粗食であり貧しい者が食べる物だ。陛下の兵士に、そんなものを食べさせられるかということだった。そして、なによりも当時の兵士たちにとって、1日6合（900g）の白米を腹一杯食べられるというのは、まさに極楽だったのだ。

2ヶ月にわたって堀内は周囲に説得を続けた。1884（明治17）年12月、米6、麦4の主食が鎮台兵たちにようやく支給されることになった。ここでも麦飯の効果は絶大だった。兵員全体で最大58％の罹患率が、翌年には1％台に激減したのだ[*27]。

この堀内の実践を知って、すぐに行動したのは近衛軍医長の緒方惟準《おがたこれよし》[*28]一等軍医正である。緒方はさっそく近衛都督《このえととく》の許可を得て、1885（明治18）年の暮れから近衛各部隊に3割の麦飯給食を始めた。翌年には近衛部隊でも、26・98％から2・91％へと劇的な脚気患者の減少をみることになった。

大阪鎮台と近衛の成功が知られるようになり、全国の部隊でも麦飯の採用が広がっていった。また、1884（明治17）年9月には「精米ニ雑穀混用ノ達」が出されたこともあり、麦を混ぜやすくなっていたことも関係した。この通達は軍中央が物価の高騰《こうとう》に対応するためにとった手段だったが、現場の軍医たちはそれを巧みに運用した。麦にしたため経費が余ったので副食費や間食費にあてた部隊もあったらしい。こうして日清戦争の前には、陸海軍ともほとんど脚気は撲滅されていた[*29]。

＊27　それまで発生率は最大で兵員全体の58％、最低でも同23％もあったものが、翌85年には同1・32％になった。その後、発症患者の割合は1％未満になった。

＊28　緒方惟準（1843〜1909）蘭方医の緒方洪庵の次男。1858年、長崎に遊学し蘭方医学を学ぶ。江戸に帰り西洋医学所教授になり、65年、幕府にオランダ留学を命じられる。翌年7月に帰国、新政府典薬寮医師になる。71年陸軍軍医。85年に陸軍軍医学会長兼近衛軍医長となる。

＊29　陸軍全体の脚気発症者は、1883年では9935人だった。脚気死亡も235人、つまり全兵員数のうちの25・5％がかかり、死亡率は2・4％というものである。これが、7個師団すべてに麦飯が支給されるようになった91年には、発症率0・5％、277人となり、死者も6人と激減した。翌年にはついに発症者は66人、死者も0となった。（『鴎外　森林太郎と脚気論争』山下政三）

3　日清戦争とその実態

◆日清戦争をどうして決断したか

明治天皇は『朕《ちん》の戦争にあらず』と怒ったという。開戦を天皇に迫ったのは、維新の元勲《げんくん》たちであり軍人たちだった。また、民間でも開戦論が大きな声になっていた。

それは、積年の不平等条約改正への悲願が高まった結果でもあった。西南戦争（1877年）が終わり、国内情勢は一応の落ち着きを見せた。財政再建、民力養成、富国への道を進もうとしたのだ。そのとき、国民の目は国家の独立が侵されているということに向かった。関税自主権がない、領事裁判権がある、これでは独立国家とは言えないではないか。まず、国力をつけて欧米諸国に侮《あなど》られないようにしよう。国会開設派がいうことの多くも、国民の心を一つにするものは国会であり、それが兵力（軍事力）の強さに結びつくという所に集約された。

海軍は1875（明治3）年には軍艦3隻を英国に発注した。扶桑、金剛、比叡である。建造経費はこの年の海軍経費総額のおよそ9割を占めた。これは征台の役（1874年）で海上輸送力と護送兵力の不足が判明したことによる。以後、海軍は着々と艦艇の整備に努めた。

しかし、清国海軍の最新式装甲《そうこう》艦、定遠《ていえん》、鎮遠《ちんえん》*30の登場は晴天の霹靂《へきれき》だった。

1891（明治24）年7月、清国北洋水師《すいし》提督《ていとく》丁汝昌《ていじょしょう》は旗艦*31・定遠の他に、鎮遠、経

清の最新鋭艦「鎮遠」（『日本海軍』光村利藻）Ⓣ

*30　2隻ともドイツ製の甲鉄艦で、甲鉄製の砲塔をもっていた。主砲はクルップ社製の30・5cm砲を4門、他に15cm砲2門、7・5cm砲4門、舷側の装甲は30cmの厚さを誇った。排水量7335t。

*31　艦隊で、司令長官もしくは司令官が乗る船。

遠、来遠、致遠、靖遠の5隻の艦隊を率いて品川湾に入港した。名目は親善訪問だが、明らかに軍事力誇示のデモンストレーションである。

日本各界の名士、軍人たちは艦隊に招待され、その戦力にすっかり圧倒されてしまった。日本海軍には甲鉄砲塔艦《こうてつほうとうかん》などなく、ただ1隻の甲鉄艦・扶桑《ふそう》はすでに老朽艦だった。主砲も、浪速《なにわ》と高千穂の2隻が26cm砲を2門ずつ載せていただけである。機械じかけで動く砲塔、その厚さ35cmという巨艦を見せられ、みな意気消沈した。

清国水兵の意気も高かった。寄港した長崎では、上陸した多数の水兵が市内で暴行、略奪、傷害事件を起こし、それを制止しようとした日本の警察官を殺害した。当時の新聞は『長崎事件』として号外を出し、全国民は大きなショックを受けた。その2ヶ月前にはロシアの皇太子が訪日。「恐露病」におかされた警備の巡査が斬りつけるという事件（大津事件*32）もあった。国民の危機意識は現在とは比べようもなかった。

清帝国は当時、「眠れる獅子」と恐れられていた。4億の人口、広い国土を抱え、その潜在的な力を、列強も、実は恐れていたのだった。

アヘン戦争（１８４０年）やアロー戦争などの歴史はよく知られている。アロー戦争とは、１８５６年、貿易拡大を望んだ英国が、フランスと連合して起こした戦争だった。第2次アヘン戦争ともいわれる。その結果、列強が中国国内に食いこんでいった事実を知ると、いかにも清は落ち目の国に見える。しかし、実際にはどこの国の植民地になったわけでもない。日本は大陸への侵略を考え、弱い中国はおろおろと防戦に懸命だったというイメージも間違っている。

清帝国は日清戦争の頃まで、東アジアは「華夷秩序《かいちつじょ》」を守るのが当然と考えていた。東アジアの諸国家は、日本以外はみな中国に朝貢《ちょうこう》して、その保護下にあった。それを

＊32　１８９１年5月、訪日中のロシア皇太子が滋賀県大津で警備巡査津田三蔵に傷つけられた。政府は陳謝で事態を収拾した。

「浪速」（『日清戦争軍艦集』）Ⓣ

便利な体制であると考える列強がいた。朝鮮であれ、ベトナムであれ、何か要求があれば清に話をつければ良かった。借家人を管理する大家さんのようなものと考えればいいと加藤陽子東大教授も指摘している（『それでも、日本人は「戦争」を選んだ』）。

日本だけは、そのくびきから離れて、体制を欧米化することによって生き残ろうとした。藩閥《はんばつ》政治を糾弾《きゅうだん》した自由民権論者たちも、「まず、国家の独立こそ生き残る道」だと主張していた。憲法の発布、国会の開設や、民法や商法の整備に尽くしたのも、不平等条約を結んでいる列強に、まともな国だと認められたかった故である。

１８８０年代、清には新しい動きがあった。安徽《あんき》省出身の李鴻章《りこうしょう》＊33を中心に、古い軍制を変えて、西欧列強の装備や技術を導入し始めた。国際紛争では武力を用いることにためらいを見せなくなった。新疆《しんきょう》のイリ地方でロシアと結んだ勢力が新国家を建てた。清はすぐさまそれに軍事力を使って滅ぼしてしまう。またベトナムでは、フランス軍との海戦では敗れたものの、陸戦ではなかなか健闘を見せて、講和条約もまずまず有利な形で収めてしまった。

日本の国防予算も伸びを見せ始める。１８８３（明治16）年から、歳出の20％を超えるようになった。とくに海軍費は、その前年まで陸軍費の半分以下だったのが、７割近くに増えている。これは当時、日清間で戦争が起きたら圧倒的に海軍力の差があったことからだ。陸軍の作戦計画も、機動力のある師団制を採り、清軍の「着上陸進攻」に備えたものだった。

また、開戦に積極的だったのは外務大臣陸奥宗光《むつむねみつ》だった。悲願だった条約改正を列強に認めさせるには、東アジアでは、わが国が文明国家であり、軍事力をもった国だと証拠をあげることが必要だと考えていた。

＊33　李鴻章（１８２３～１９０１）安徽省に生まれ、曾国藩の下で海軍を組織し、泰平天国の乱を鎮圧。両江・直隷総督・北洋大臣を歴任。清国の近代化に尽くす。下関条約時には、清国全権。

李鴻章

陸奥宗光Ⓚ

列強は、朝鮮をめぐる日清間の緊張をどう考えていたのだろうか。問題はロシアの南下だった。清国はロシアの干渉を頼りにしていた。英国は日本をロシアへの盾にしようとする。日英通商航海条約の締結は1894（明治27）年7月のことである。関税の一部引き上げや治外法権の廃止などの改訂、相互平等の最恵国待遇《さいけいこくたいぐう》などに応じる。これは明らかに日本に肩入れをする意志の表れと受けとめられた。

ここに朝鮮の地政学的な位置がある。加藤陽子の指摘を借りれば、軍人たちにとっては、朝鮮は「利益線」にあたる。利益線とは、国土の存亡に関係する外国の状態をいう。日本の主権がおよぶ国土の領域、「主権線」の最先端は対馬であり、その向こうに広がるのが、日本の独立に大きく関わる利益線である朝鮮半島だった。朝鮮が外国勢力の下におかれたら、日本の安全保障は脅かされる。日本が恐れたのは、ロシアがシベリア鉄道[*34]を完成させ、ウラジオストック軍港を整備することだった。さらには南下して朝鮮半島の東岸、元山《うぉんさん》に根拠地を置くことである。ロシアは不凍港を手にすることができる。また、日本海を挟んで新潟はすぐ対岸の位置にあるといっていい。

ぜひにも朝鮮は中立にしたい。どの列強からも力が及ばない利益線であってほしい。そう考える日本と華夷秩序を守り、東アジアのリーダーを自認する清帝国との関係は、いよいよ抜き差しならないものとなった。

*34　帝政ロシアが極東政策推進のため敷設した鉄道で、ウラル山脈南東麓のチェリャビンスクと沿海州のウラジオストックを結ぶ。1904年、清国領を通る線路、16年にロシア領のみを通る新線が開通。

◆伝染病、凍傷、脚気と戦った日清戦争

日清戦争は、1894（明治27）年7月25日、豊島沖《ほうとうおき》で日本艦隊が清国艦隊を攻撃したことから始まった。29日、陸軍は成歓《せいかん》と牙山《がざん》で清国軍と戦闘を始めた。そして、8月1日には宣戦布告がされた。宣戦布告の前に攻撃するのは日本軍の悪い体質だと

いう人がいる。だが、当時の国際常識では間違った行動をとったわけではない。清国もそのことに抗議したりしなかったし、国際世論で叩《たた》かれたりすることも一切なかった。

当時の戦争に関する慣習法では、宣戦布告の前に戦火を交えるのはごく普通のことだった。最初の小さな武力衝突で終わる可能性もある。そうなれば、のっぴきならない戦争状態よりも早く戦争は解決する。そういった当時の人の知恵だったのだ。

戦争の経過を簡単に振り返ってみる。山縣有朋《やまがたありとも》を司令官とする第一軍は、臨時混成旅団、第５、第３の両師団で構成されていた。９月15日、16日に平壌の戦い*35で清国軍を破り、10月の下旬には鴨緑江《おうりょくこう》をこえて南満州に入った。一方、海軍は９月17日、黄海の海戦で清国北洋艦隊に快勝し、制海権をにぎっていた。

大山巌《いわお》の第二軍は、10月２日、第１、第２の両師団と混成第12旅団で編成され、遼東半島の占領を目的として24日から半島南岸の花園口《かえんこう》に上陸。第一軍の協力のもとに、11月６日に金州城を、７日に大連湾を占領し、22日には旅順を陥落した。

翌95（明治28）年２月２日には、山東半島にあった軍港威海衛《いかいえい》*36を攻略する。次は、いよいよ清国直隷《ちょくれい》平野での決戦と考え、陸軍はその準備をしたが、４月17日、アメリカが仲介に入り、下関で日清講和条約が締結された。

戦場の実相を考えてみよう。次の数字をみれば、平時には想像もつかない最悪の環境であることが分かるだろう。

戦死９７７人、戦傷３６９９（うち死亡２９３）人、総患者数28万４５２６人、総病死２万１５９９人（「陸軍省医務局編『明治廿七八年役陸軍衛生事蹟』」）。戦死、戦傷死を合わせて１２７０人である。それに対して、病死者がおよそ16倍もいるのだ。その病死

*35　メッケルの教えが発揮された戦闘で「分進合撃」の典型といわれた。平壌に立てこもる清国軍を、各方面から進撃した日本陸軍が一斉に攻撃した。清国軍の兵力は１万５千、日本軍はそれより少ない１万２千だった。砲兵の援護のもと、歩兵の前進で戦いは１日で終わった。

*36　清国政府がドイツ人の指導で整備した軍港。陸には多くの砲台、海上には防材が置かれ難攻不落といわれた。

者の病名の内訳を多い順からあげてみよう。コレラ５２１１人。脚気１８６０人、赤痢１６１１人、腸チフス１１２５人、マラリア５４２人となっている。なんと撲滅したはずの脚気が、また発生してしまった。

凍傷の被害も、相当なものだった。大山巌はのちの日露戦では満洲軍総司令官をつとめ、公爵《こうしゃく》も授与され栄誉に包まれた人生を送ったが、息を引き取る時に、一曲の軍歌「雪の進軍」を歌ってほしいと周囲に言った。「雪の進軍」は日清戦争をうたった名曲である。最前線の苦闘の様子がよく伝わってくる。『雪の進軍　氷を踏んで　何《ど》処《こ》が川やら　道さへ知れず　馬は倒れる　捨ててもおけず　ここはいずこぞ　みな敵の国』

生の干物や、半煮え飯といった当時の補給品も歌詞には登場する。十分な耐寒装備も被服もなく、輸送は困難で燃料や糧秣《りょうまつ》の遅配もあり、主戦場は朝鮮半島北部である。多くの兵士が寒さに倒れた。小説、映画で有名になった「八甲田山《はっこうださん》の遭難＊37」は、この反省に立った耐寒研究と関わりがある。

◆台湾平定戦と脚気

日清戦争というと下関条約で終わった戦いと誤解する人が多い。実際には、戦争はまだ翌年まで続いていた。戦場は清から割譲《かつじょう》された台湾である。台湾には清朝の官吏もいたし、清の守備隊も残っていた。清朝からの独立を主張する人もいたし、土着の人々も日本の支配を素直に受けいれようとする人は少なかった。陸海軍は台湾の平定にも従事した。

１８９５（明治28）年８月４日付の『萬朝報《よろずちょうほう》』に「在台軍人の疾疫（１日の収容患者

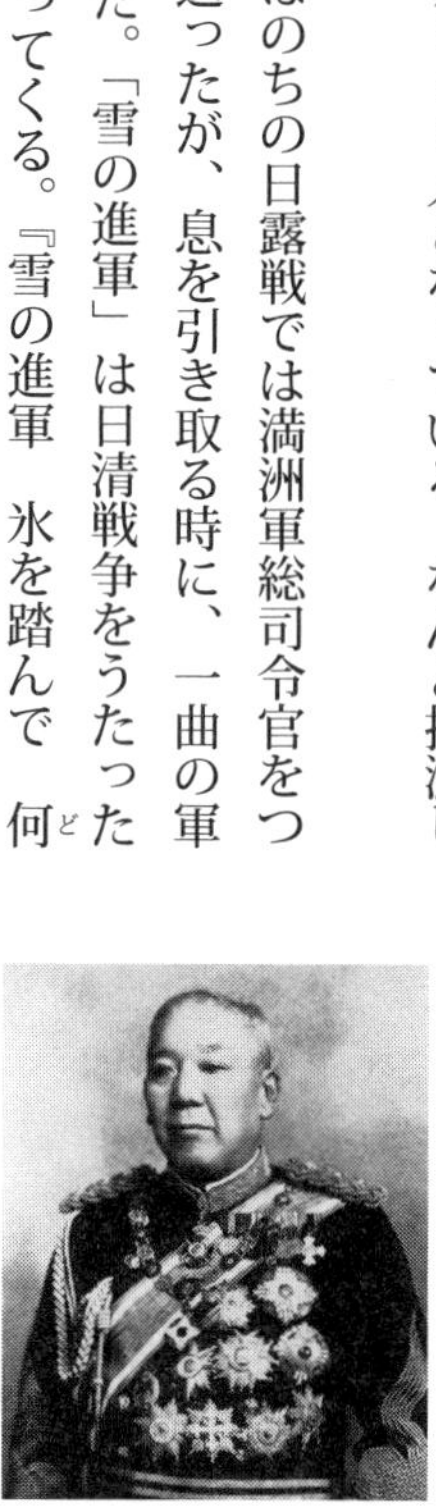
大山巌Ⓚ

＊37　１９０２年に、青森歩兵第５連隊の雪中行軍隊が、天候異変の中で進路を見失い、次々と倒れていった悲劇。ほぼ同時に行われた弘前歩兵第31連隊の八甲田山踏破は成功した。

１７０人）」という記事が載った。前後して『国民新聞』、『日本』にも同じ内容が報道されている。遼東半島の軍人だけではなく、在台湾軍隊にも目を向けよという主張がされた。

初代の台湾総督[*38]には海軍大将樺山資紀《かばやますけのり》が任じられた。近衛師団と海軍常備艦隊が、総督の指揮下に入った。領収という平和進駐のイメージと異なった事態が現地では起きていた。清兵、豪族、住民たちがこぞって日本領土になることに抵抗したのだ。独立宣言をする団体もあった。清軍は武装解除に応じない。台湾は平和的な領収どころではなく、血であがなうことになってしまった。

7月には混成第4旅団が編成され、8月には遼東半島大連から台湾に渡海。近衛師団とともに各地で奮戦するが、8月末にようやく北半分を安定化させることができた。南部には9月から進撃を始めることができた。さらに第2師団もこれに加わった。10月下旬、ようやく全土を秩序化することができた。

大陸での戦闘が6ヶ月、台湾の平定には5ヶ月を必要とした。そして、この間、台湾の将兵は恐るべき脚気の猛威にさらされたのだった。

◆台湾の脚気発生の原因

台湾で脚気が発生したのは、皮肉にも船舶輸送が順調だったせいである。すでに黄海海戦以来、清国海軍は軍港から出ようとはしなかった。おかげで制海権を得た日本の輸送船は何の心配もなく、「戦時陸軍給与規則」[*39]どおりに白米を台湾に運び続けることができた。この規定どおりに食事が運用されていたら脚気の惨害は起こらなかったと専門家の医師はいう。

＊38　１８９５年5月から、台湾は日本の統治下におかれ、国際法的に認められた日本の領土となった。植民地、当時でいう外地の民政、軍事をあつかう権限がある長官を総督という。

樺山資紀Ⓚ

＊39　通常兵食は1日分として、精米6合（９００g）、副食としては鳥獣魚肉類40匁（１５０g）あるいは塩肉類20匁（75g）、あるいは乾肉類30匁（１１２・５g）と、野菜類40匁（１５０g）あるいは乾物類15匁（56・25g）、漬物類15匁あるいは梅干し12匁あるいは食塩3匁、その他、醤油、味噌などである。

問題は、副食物の品目、その質や量が、この通りにはならなかったことだ。現地では、おかずといえば、梅干し、干し魚、佃煮《つくだに》、高野豆腐《こうやどうふ》、かんぴょう、かぼちゃ、とうがん、いも、シイタケ、大根漬けなどであり、味噌汁の支給も滅多になかったという。そこへ白米だけは十分ある。腹いっぱいに飯を食べ、貧弱な副食。まさに模範的なビタミン欠乏症への招待だったのである。ビタミンそのものの存在を知らず、白米の栄養価が高いことを知っていた軍医界の高官たちは、森鴎外[*40]をはじめとして、白米食の優秀性を疑わなかった。副食のことまで気にもしなかったというのが真相である。

これに対して海軍ではほとんど脚気は発生しなかった。海軍の「戦時糧食条例」では、白米の量を減らし、副食をさらに2割増しという規定があったからである。『海軍衛生史』によれば、脚気で入院したのはわずかに34名にしかすぎなかった。陸軍の約3万名の脚気入院患者と比べると、天と地の差である。

海軍軍医たちは、陸軍のやり方に腹を立てた。すでに1895（明治28）年9月には、彼らから新聞への投稿が始まっていた。海軍では食事の改善で脚気が減ったこと、陸上勤務の海軍部隊でも患者が出ないことも報告された。

しかし、頑固なのは野戦衛生長官[*41]だった石黒忠悳《いしぐろただのり》[*42]だった。石黒は、脚気に麦飯喫食が効果があるというが、それが学問的に証明されていないという立場をとり続けた。兵食の基本は米食にある。米食の優秀さは兵食試験[*43]の結果で証明されているではないか。というのが石黒軍医総監のこだわった意見だったのだ。

◆その後の脚気騒動

台湾駐屯軍の脚気の惨害に幕を引いたのは赴任した土岐《とき》頼徳《よりのり》軍医監だった。彼は石

＊40　山下政三の研究によると、わずか10ヶ月間（1895年3月1日から12月31日）に脚気の患者数2万1087人、発生率は107・7%、死亡率9・98%と驚くべき数字がならぶ。そして、その責任を負うべき総督府陸軍局軍医部長は森林太郎軍医監だった。文豪森鴎外である。

森林太郎（正装着用）Ⓚ

＊41　戦時におかれた補職で、戦時衛生勤務令（1894年6月）によって定められた。各軍軍医部長、兵站軍医部長の上に立ち、野戦軍全体の衛生面の責任をもつ。平時の陸軍省医務局長が就いた。

＊42　石黒忠眞（1845〜1941）福島県伊達郡出身。1865年に江戸医学所で西洋医学を学

黒軍医総監に上申書を出し、麦飯支給を強引に行った。それができたのも台湾総督府、陸軍中央の高官たちも、みな麦飯給与が脚気を減らすことを知っていたからである。土岐は石黒に睨《にら》まれ官を失うことになったが、勇気ある行動によって、１９０２（明治35）年には台湾軍の脚気患者は53人、全体の0・4％に激減した。

日清戦争後、平時体制に戻った陸軍では、再び脚気患者は珍しい存在になった。再発したのは、また戦時である。１９００（明治33）年5月、北清で義和団の乱が起こった。列国は居留民保護のために連合軍を編成した。日本は、6月には先遣隊《せんけんたい》、7月に第5師団を派遣した。7月14日には天津城、8月15日には北京城が陥落し、10月、第5師団の半数が帰国、翌年7月、残りの半数が凱旋《がいせん》した。

戦地での病気にかかった者、１万８６８８人のうち、脚気２３５１人、赤痢とマラリアが約千人ずつ、腸チフスが同３４０人と、脚気が一番の発症数になった。原因は、やはり白米給与のせいだった。

これに対して、森林太郎や小池正直[*44]はほとんど麦飯の効果を認めなかった。学理的に証明されたものではなかったからだ。ビタミンの存在を常識として知っている現在からすれば、彼ら衛生部高官たちの頑迷《がんめい》さはどうしようもない。

しかし、現在の常識から過去の人々の行為の裁判をしてはならない。当時としては、医学的には、森や小池の主張の方が正論だった。彼らは次のように考えていた。もし伝染病だったら、その流行には周期がある。脚気の減少と麦飯の支給の時期がたまたま重なったのかもしれない。戦地で発病が多いのは環境が悪いからともいえる。当時の栄養学では白米が最高のものだった。なぜ、わざわざ調理が面倒で、おいしくもない麦を兵士たちに支給しなければならないのか。

ぶ。69年文部省に出仕、大学東校に勤務。71年兵部省軍医寮に出仕、90年陸軍軍医総監・医務局長。

＊43　森林太郎が行った白米、麦飯の比較試験。１８８９年、ドイツから帰国したばかりの森林太郎１等軍医が薬剤官と共同して、米飯、米麦飯、パン食と肉食の比較試験を行った。結果は熱量（カロリー値）、たんぱく補給能力（窒素出納）、体内活性度（酸化作用）のすべてで米食がもっとも優れ、最下等がパンと肉食だった。

＊44　小池正直（１８５４〜１９１３）出羽鶴岡藩医の長男として生まれる。藩校で学び、江戸の英学所で英語を学ぶ。73年第一大学区医学校（後の東大医学部）予科に入学。77年、陸軍依託軍医学生。81年に卒業、陸軍軍医副（中尉相当官）に任官。88年にドイツ留学を命じられる。31年に軍医監に昇進、陸軍省医務局長になる。（森林太郎とは医学部の同期生、時期はことなってもドイツ留学組である）。

死地に立つ忠良なる軍人に、せめて白米を腹一杯食べさせてやりたい、そういった思いやりも軍医たちにはあったに違いない。

第二章　世界が注視していた日露戦争

1　それまでの戦争とは大きく異なっていた日露戦争

◆日露戦争はなぜ起こったか

為政者《いせいしゃ》ばかりか、日本国民の期待を裏切ったのは、露・独・仏の三国干渉[*1]である。日清戦争が解決したのは、朝鮮をめぐっての清と日本との関係だけだったからだ。朝鮮については日本とロシアの問題もあった。何よりも日本の安全保障は朝鮮の独立にかかっていた。朝鮮がロシアに占領されたら、日本の存立の危機がやってきてしまう。

そして、日本国民の間には政府への不満が大きくなる。せっかく血を流して得た遼東半島を外国の言いなりになって返した。生まれたのは政府の外交能力への不信感である。韓国（１８９７年10月に大韓帝国に改称する）や清から受けたのは侮《あなど》りだった。朝鮮政府内にも、日本は頼みにならないと親ロシア勢力が増えてきた。

満洲に強い関心をもっていたロシアは清と結ぼうとする。１８９６（明治29）年には対日攻守同盟までも秘密裏に結んでいた。日本が、清もしくはロシア領に攻撃をしかけてきたときには共同して立ち上がるといった内容である。この条約はさらに鉄道の敷設権《ふせつけん》までもロシアに与えることが規定されていた。清領内の黒竜江省、吉林省を通ってウラジオストックまで結ぶ中東鉄道である。

１８９８（明治31）年には、旅順、大連の25年間の租借権《そしゃくけん》と、中東鉄道の南支線[*2]の敷設権も清はロシアに与えてしまった。もちろん、排外主義運動が起きた責任と、日

＊1　下関条約締結直後の１８９５年４月、ロシアを中心とした３国が、下関条約で日本領となった遼東半島の清国返還を勧告、日本政府はやむなく受諾。以後、「臥薪嘗胆」（がしんしょうたん）を合い言葉にロシア復讐の世論が高まった。

＊2　１８９６年にロシアが敷設権を得た清国領内を通り、ウラジオストックに向かうシベリア鉄道の支線、南支線はハルビン―長春―奉天を結び大連まで延びる。

本への賠償金支払いの援助などへの見返りとして、ロシアが奪ったといっていい。

　ロシアはついに、日本が最も恐れた不凍港を手に入れてしまった。そして、1900（明治33）年に北清事変[*3]が起きると、黒竜江沿岸地域も権益保護を口実に占領してしまう。翌年、李鴻章《りこうしょう》は亡くなり、ロシアは列国との約束を守らず撤兵しない。これに動いたのは英国だった。02（明治35）年には日英同盟を結び、日本の背後には大英帝国が存在すると宣言した。ロシアの姿勢の軟化を期待したのだ。日本でも、政友会や憲政本党はこれを歓迎し、海軍軍備の増強を休止することができると喜んだ。民力休養、租税軽減をスローガンにできた。日露戦争直前まで、たいていの人が厭戦《えんせん》気分をもっていた資料が多く残っている。

　日本陸軍が戦争を決意したのは、なんと、開戦4ヶ月前でしかなかった。シベリア鉄道の開通前に開戦すべしと参謀本部は主張した。ロシア軍の後方補給能力が高まる前に決戦してしまおう。戦争は短期でなければならない。

　ところが、政財界のトップはみな開戦に反対だった。わずか開戦2ヶ月前の1903（明治36）年12月、桂太郎首相は元老である伊藤博文と山縣有朋に手紙を書いた。韓国についての日本の希望条項をロシアに説明します。その外交交渉がうまくいかなかったら開戦準備をしてもいいでしょうか、という書簡である。山縣は、これに対して、戦争なんてとんでもない、「満洲の条項は言うな、韓国だけの内容にして話し合え」と主張している。これが開戦までわずか1ヶ月の山縣元老の意見である。

　ところが、ロシアの安全保障観からいえば、不凍港を確保し、鉄道を敷き、都市や要塞を建設する、その最も安価な方法こそ、韓国の占領だったといえる。

　では、日本はどのように国家存立への安全保障観をもっていたか。日本が主張した

＊3　列強の中国進出に反対する宗教結社義和団を中心とする民衆蜂起は、北清事変に拡大。欧米列強に日本を加えた8ヶ国連合軍と清国との戦争は、翌年、北京議定書で清の謝罪によって終結した。

桂太郎Ⓚ

のは、広く知られているように「満韓交換論」である。日本は韓国での、ロシアは満洲での優越権をそれぞれ認め合おうという提案になる。

それに対して、ロシアはどう答えていたか。まず、日本は満洲に口を出す権利はない。韓国についての優先権は、次のような要求を認めれば許すという、ひどく高圧的なものだった。朝鮮海峡の自由航行の権利を保障せよ。また、北緯39度以北の韓国領を中立化して、韓国領を軍事利用するなという。韓国が安定し、日本とロシアの緩衝《かんしょう》地帯《ちたい》になれば、わが国は安泰だと考えてきた日本人。その気持ちを大きく逆なでしたのがロシアの態度だったのだ。

このとき、アメリカは英国と歩調を合わせて日本の援助をした。その第一歩は１９０３（明治36）年の日清、米清通商条約の同時改訂である。日米政府は呼吸を合わせて、世界に満洲の門戸開放を主張したのだ。フランスはロシアに鉄道建設資金を融資していた。ドイツの元首は「黄禍論《おうかろん》」（黄色人種脅威論）を主張していたヴィルヘルム二世だった。ドイツは自国への圧迫を軽減するため、ロシアの背中を押してアジアに目を向けさせたという説もある。

では、戦場となった清はどう考えていたか。ロシアよりは日本の方がマシだろうと思っていた。ロシアのように満洲に領土的野心はないらしい。門戸開放くらいならいいだろう。まず、裏では日本を応援しようというところだった。

◆戦争をどう見るか

日露戦争（１９０４〜05年）は、20世紀になって初めての大国と大国の間で起きた戦争だった。この戦争の中身は、それまでの戦争とは、まるで違っていた。世界中が、アジアの果てで行われたこの戦争に注目した。多くの外国の軍人や政治家、経済人が、次の戦争を予測するために、日露戦争について真剣に学んだ。もちろん、日本の軍人たちも、この戦争を熱心に分析した。成功した数々の理由や、失敗を生んだ多くの欠点が明らかになった。

まず、日露両国民の間には教育の差*4があった。当時の日本には、進んだ公教育のシステムがあった。ほんの40年ほど前まで、「農奴《のうど》」と言われたような境遇にあったロシア兵に比べれば、日本兵の多数は曲がりなりにも義務教育を受けていた。

日本の軍隊の組織面からみても、士官や将校は、多くが平民や下級士族の出身だった。バルチック艦隊の遠征中の生活を描いた『ツシマ』（ノビコフ・プリボイ著）の中でも、「水兵からだって、日本海軍は士官になれる」とロシア兵は語りあっている。もっとも、実際のところは、准士官（上等兵曹《へいそう》もしくはその相等官）になれたのが最高だったが、ロシア海軍と比べれば、兵卒にも夢は持てたということである。

日本軍の兵士は精度の高い兵器をもち、それを支える兵站《へいたん》システムがあった。陸海軍とも、先進諸国の技術を受けいれ、一部には改良を施し、よく使いこなしていた。また、国民の意識も、「文明」と「人道」という新しい言葉に馴染《なじ》んでいた。わが国は専制君主の帝国ではなく、立憲体制下の国民国家だという意識もあった。

日露戦争についての多くの人が頼りにする知識は、司馬遼太郎の小説『坂の上の雲』によるものだろう。多くの歴史上の人物が登場する。中でも、旅順要塞《りょじゅんようさい》を攻略した乃木希典《のぎまれすけ》大将や、日本海海戦を指揮した東郷平八郎元帥についての記述が多い。すぐれた作家は、陸軍の代表として乃木を選び、海軍のそれを東郷にした。乃木は長州、東郷は薩摩、いずれも藩閥《はんばつ》の代表としてもふさわしい。

乃木希典Ⓚ

＊4　1903年の『第四師団管区大阪府壮丁普通教育調査』によれば、受験壮丁数1万1663名のうち、およそ3・8％が中等教育、それと同等の学力があるとみなされた。高等小学校卒業、それと同等の者は15・1％にもなり、4年制の義務教育修了者も47％もしめている。これは、ヨーロッパの諸国と比べてもかなり高い数字だし、移民の多かったアメリカと比べてもたいへん優れていたといっていい。

しかし、悲劇として描かれた陸軍の旅順攻略戦と、痛快な一方的勝利とされている海軍の対馬沖海戦（日本海海戦）は、不公平な描き方といえる。旅順要塞を落とした乃木将軍があまりに悪く書かれている。『専門的な軍事知識がなかった』、『陸軍の長州閥のおかげで高官にのぼった』から始まって、近代国家の軍人としてはどうにもならなかった人物のように描かれた。

乃木の軍隊は、たしかに鮮やかな勝利はおさめなかったが、相手を追いつめ、ついに降伏させた功労者である。損害が多かったからだという論者がいる。それなら、多くの会戦で多数の死傷者[*5]を出した他の将軍たちは、どう評価されるのか。

また、旅順要塞に対して、銃剣突撃だけで工夫のない攻撃をくり返したからだという人もいる。ならば、他に要塞を落とす方法はあったのだろうか。野戦軍の将軍は、昔も今も、国家から与えられた装備で戦うしかない。装備を開発し、量産し、前線に送るのは後方にいる軍人や政治家、行政官たちの仕事である。

司馬によって悪名が高まった伊地知幸介《いぢちこうすけ》[*6]参謀長も、砲弾、攻城資材の不足を中央に訴えている。伊地知はヨーロッパへの留学が長く、当時、砲兵運用の第一人者だった。まず、砲撃で敵陣地をたたく。並行して工兵による壕《ごう》を前進させ、歩兵の突撃距離をできるだけ短くする。そうした努力は彼も十分にしていたのだ。

では、なぜ損害が増えたのか。それは、ロシア軍の陣地、コンクリート製の堡塁《ほるい》の強度が、当時の世界の常識をこえていたからだ。セメントを砂、砂利《じゃり》、小石と混ぜ、コンクリートにする。それを鉄筋に塗りこんでいく工法はよく知られていたが、強度についての研究はほとんどされていなかった。しかも、セメントの研究開発が大いに進んだ時代である。ロシアは、それまでよりはるかに強いコンクリートで要塞を作っ

＊5　旅順戦での損害率は、大勝利とされた奉天会戦と比べても少ない。ロシア軍総予備隊をひきつけた鴨緑江軍に属した第9師団は死傷・行方不明率63・8％を出した。この数字はのちのノモンハン事件（1939年）で壊滅した第23師団の損害率（70・3％）に近い数字である。

＊6　伊地知幸介（1854～1917）薩摩藩士の家に生まれる。72年、陸軍幼年学校、75年に陸軍士官学校に入校。78年12月卒業、士官生徒第2期。フランスへ留学、砲兵中尉でドイツに留学、88年に帰国。日清戦争には第2軍参謀副長で出征、後、参謀本部第一（作戦）部長、97年にイギリス駐在武官としてロンドンへ行く。

ていた。

また、当時は、日本ばかりではなく、どこの軍隊も野砲弾の多くは榴霰弾《りゅうさんだん》だった。伊地知が要求した榴弾《りゅうだん》はなかなか届かなかった。榴弾とは、内部に火薬（炸薬《さくやく》）がつまっていて、弾頭に信管がついている。固い物や地面に触れると爆発して、弾丸の破片や爆発の衝撃波で被害をあたえる砲弾をいう。これに対して榴霰弾とは、頭上からパチンコ玉のような子弾をふらせる砲弾である。狩猟に使う散弾銃をイメージするといい。空中で爆発して、斜め前上方から下に向けて子弾は飛んでいく。

榴霰弾の子弾は、頑丈なコンクリートの天井をもつロシア軍の堡塁に当たっても貫通できなかった。また、塹壕《ざんごう》にこもる敵兵にもほとんど効果はあがらなかった。子弾は空中から斜めに放射され、真下には向かわなかったからだ。

同じ時代のドイツなら、フランスなら、イギリスなら、アメリカなら、いや、ロシア軍の将軍なら、どうやって旅順要塞を攻撃したのだろうか。乃木司令部を非難する人は多い。だが、他国の戦い方との公平な比較など誰もしたことがないにちがいない。司馬ですら、それはしていない。

◆初めての物語だらけの日露戦争

旅順要塞の攻略で起きたことは、世界で初めてのことばかりだった。ドイツ軍は観戦武官の報告から、大口径砲を野戦に持ちだすことを学んだ。日本軍が行った28㎝榴弾砲のあげた効果を見たからだ。この砲はもともと海岸要塞にすえられていた。重量は40ｔ、弾丸重量は２１７㎏もあった。最大射程は７８００ｍ。要塞戦で、攻撃側がこのような重砲[*7]を使ったのは世界でも初めてのことだった。

実弾射撃中の 28cm 榴弾砲

弾痕が残る松樹山保塁

コンクリートで固められた頑丈な堡塁を撃つには、野戦砲や重砲（15㎝級）の榴弾だけでは不十分だった。世界大戦では、ドイツ軍は巨大な野戦重砲、口径42㎝の「ビッグ・パーサ」と呼ばれる巨砲をクルップ社に造らせた。そして、フランスの堡塁に巨弾をぶつけた。

他方、イギリス軍やフランス軍は、要塞攻略の最も有効な手段を見つけた気になった。歩兵による銃剣突撃が最高だというのだ。それは乃木軍の戦い方から学んだ成果だった。第一次大戦では、両軍とも相手陣地に白兵突撃を盛んに行った。おかげで防禦機関銃による被害がひどく大きかった。

機関銃が野戦にもちだされたのも、兵士が技術的には完成された連発銃をもっていたのも、野戦砲、山砲の発射速度が速くなったのも、日露戦争からである。砲の装薬に無煙火薬が使われ、発射後の掃除の手間がなくなり、不完全ながらも駐退装置や復座する機能が実用化されていた。

強固な要塞が造られ、本来、一時的な使われ方をするだけだった野戦陣地が頑丈になったのも日露戦争からだった。

◆野戦で機関銃が大規模に使われる

日露戦争では、戦闘の様子もそれまでの予想をこえた。野戦で機関銃が使われた。要塞に固定されていた防御用兵器だった機関銃（当時は砲といった）が大量に野戦に持ちだされたのだ。ロシアは水冷式マキシム（イギリス製）機関銃、日本は空冷式ホチキス（フランス製）を主として使った。

アメリカ人のマキシムが機関銃を発明したのは１８８４（明治17）年である。口径

＊7　ふつう弾丸口径が10㎝以上のものを重砲とした。野戦砲は75㎜が標準で、重砲には10㎝、12㎝、15㎝などがあった。

は0・45インチ（約11・2㎜）、当時のイギリス陸軍の制式小銃に合わせたためだった。それまでの多銃身の機関砲（ガットリング砲など）とはちがって、銃身は一本であり（単銃身）、1分間に6百発を発射できた。翌年、造船会社を経営していたビッカースが会長となって、マキシム・ガン・カンパニーが設立された。89年には、イギリス陸軍が、92年には同海軍が採用する。日本陸軍はただちにこれを買い入れた。1890（明治23）年のことである。さらに93年には4挺を購入、これを参考にして東京工廠《こうしょう》で2百挺を作らせた。

初めての実戦参加は日清戦争（台湾平定戦）である。ところが、このマキシム式機関銃は故障が多く不調だった。反動利用式に要求される精密な工作技術がなかったからだろう。また、1900（明治33）年の北清事変では2門、もしくは4門が参加したと言われている。しかし、ここでもはかばかしい評価がされなかった。

ホチキスのガス作動式の方が、当時の日本の未熟な生産技術のレベルに合ったといえる。ガス作動式とは、弾丸発射後の火薬ガスの一部を導いて遊底《ゆうてい》を動かす方式である。

機関銃は、その内部は複雑な精密機械である。手でボルトを動かす代わりに、発射反動や火薬ガスを使って遊底を動かす。空薬莢《からやっきょう》を排出し、次の弾丸をひっかけて薬室に入れる。その時には、薬莢底部の雷管を撃つ撃針《げきしん》はいつでも動けるようになっている。

ガス作動式の機関銃の銃身の真ん中近くには小さな穴がある。銃身の下にはガス筒があって、そこに発射ガスが導かれる。ガスは筒の中のピストンを押して遊底を動かした。この仕組みの工作精度は、反動利用式に比べると、ずいぶん低いものでよかっ

ホチキス機関銃

た。機関銃の故障のほとんどは、発射後の空薬莢が出てこなかったり、それがちぎれて薬室に残ってしまったりすることだった。1万分の何ミリという公差を実現できる金属加工技術のレベルが原因である。それは、目で見たり、手でさわったりして分かるようなものではない。後世の日本人が得意とした手先の器用さがあっても、銃器製作ではとても追いつくものではなかった。

日本はこうした問題で、昭和戦前期まで苦しんだ。同じような些細《ささい》な技術の遅れは、バネのような簡単でしかも重要な部品にもあった。折れない、ゆがまないというのがバネの使命だが、これを欧米並みの製品になかなかできなかった。日本陸軍が採用したガス作動式のホチキス機関銃は、マキシムに比べて、バネの数も少なくてすんでいた。

日清戦後の「偕行社《かいこうしゃ》記事」[*8]を見ると、南アフリカのボーア戦争[*9]（1899～1902年）についての記事が多い。観戦武官まで派遣した日本陸軍は、ここで戦ったイギリス軍からたくさんの教訓を得ることができた。世界史上、陸戦での大規模な機関銃デビューはこのボーア戦争からだった。両軍がマキシム機関銃を使った。機関銃で守られた陣地に突撃をかけると、大きな損害を出すことも分かった。ドイツ軍は機関銃の有効性を知って、歩兵大隊の中に機関銃中隊（4門）を置くことにもした。

日本陸軍が得た教訓は、機関銃を騎兵の武器にすることだった。それまでも騎兵独自の重火力としては騎兵砲と言われる装備があった。これに比べれば、台車にのせた機関銃は、はるかに軽量だった。日露戦争でも、有名な秋山騎兵団が優勢なコサック騎兵に勝てたのもこの繫架式《けいかしき》機関銃[*10]のおかげだという。

1500mほどの距離から撃ち出された機関銃の制圧効果は圧倒的だった。弾着が

陸軍偕行社（東京九段北『日本陸海軍写真帖』）Ⓚ

＊8　陸軍将校の研究団体を偕行社といった。月刊の機関誌があり、研究発表や外国からの兵事情報が掲載され資料価値が高い。

＊9　オランダ人移住者が17世紀ころから主に開発した土地を、イギリスは支配をくわだてて正規軍まで出動させた。現地のオランダ系の住民たちをボーア人といった。

＊10　車がついた架台に機関砲をのせて馬でひけるようにした。もともと、追跡されたときなどに防衛用に使う目的があったという。

まとまるのだ。それは機関銃の重さのおかげである。銃は発射すれば反動がある。手で持っただけの機関銃、あるいは手で持てる短機関銃が近距離でもなかなか当たらない（つまり弾丸をばらまくだけ）のは、強い反動をコントロールできないからである。

　両軍の機関銃の重量はおよそ30kg。発射の反動は重さが受け止めた。連続発射をしても照準がぶれる心配はない。弾丸は雨のように、まっすぐ飛んでいった。密集して突撃する両軍の歩兵は、ばたばたと撃ちたおされた。『坂の上の雲』の中には、日露戦の初期、日本軍は機関銃を知らなかったという記述がある。それは作家による誇張か誤りだろう。旅順攻囲戦でも機関銃は使われたし、その前の南山の戦闘にも登場し、ロシア機関銃と撃ちあっている。ただ、それまで防御用の兵器と考えられていたので、攻撃に、あるいは突撃の掩護《えんご》に使うマニュアルが完成していなかった。そのため、あまり効果をあげなかったというのが真相である。

◆日本軍の小銃命中率はロシア軍の2・5倍

　日本軍の歩兵たちには無煙火薬の連発銃[*11]が与えられた。弾倉の中には5発の弾丸が入った。それまでの単発ライフルは、1発ごとに遊底[*12]を開けて、弾丸をこめていた。それが、新しい小銃（明治30年制定）では、片手でボルト（槓桿）を操作するだけで、空薬莢をはじき飛ばし、次々と弾丸を薬室に送りこむことができた。慣れた小銃手なら、1分間に7発が撃てたという。もちろん、5発ずつクリップでとめられた弾を弾倉に押しこむ時間を入れてである。

　４００ｍ、２００ｍという距離では、弾丸はほとんど直進した。弾丸と照準線は二度交差する。弾丸は山なりに飛んでいく。横から見た皿を想像すればいい。最初の交

＊11　弾倉をもち、手動で装填、空薬莢の排出をする。両軍の小銃は現在でも通用する機構をもっていた。第2次大戦でも、アメリカを除く各国陸軍の主要小銃はみなこの時代に生産された。

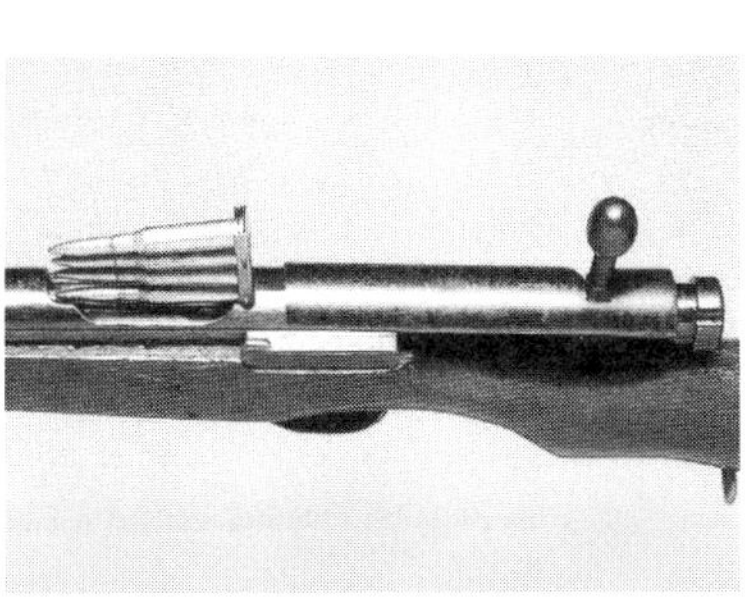
弾倉への実包装填（三十八年式小銃）

＊12　大砲も小銃も、弾丸を後装するならば、砲身、銃身の後部を閉じなければならない。空薬莢を出すにも、次弾をこめるにも、そこが自由に開閉することが必要になる。その部品を小銃では遊底といった。武器の世界では、「遊」は自由に動くことをいう。

差点は銃口そばで、そこから弾丸は上昇していき、二度目の交差は目標である。遠くへ弾丸を飛ばすためには当然、銃を上向きにしなければならない。射手の目のそばにある照門をのぞきこむ。銃口の上についている突起（照星《しょうせい》という）と重ねて目標をねらう。照門は上下に動かすことができる。遠くをねらうときには照門を上にあげることになる。

　日本陸軍の三十年式歩兵銃*13は、当時の世界の軍用小銃の中でも最高の性能を誇った。射撃距離５００ｍでの最高弾道点（地上からの高さ）１・20ｍであり、ロシアの歩兵銃のそれは１・45ｍだったという。この差の25㎝は大きい。頭1個分、ロシア兵は姿勢を下げないと敵弾に当たってしまうのだ。ドイツ軍小銃は同じく1・5ｍ、イタリア軍小銃は２・01ｍという数字が残っている。

　ロシア騎兵の突撃に、日本歩兵がよく耐えたのは、同じ弾丸を使う機関銃と小銃の優秀さによっていたと言っていい。最高弾道点がわずか1・２ｍでは、全体の高さで２ｍを超えるロシア騎兵はとても日本歩兵の集団に近づけたものではなかった。

　あまり言われていないことだが、戦場で使われた小銃弾数で、両軍兵士の死傷数を割り算するといった方法がある。敵兵一人をうち倒すために必要だった弾丸数を出してみるということだ。すると、両軍の４回の会戦を通じると、ロシア軍１０３７発、日本軍４１９発という数字が出る。単純に考えれば、2倍以上も日本軍の小銃はよく当たったということになる（ついでに砲弾の比は41対21、こちらでも日本軍の成績は倍近く良い）。

＊13　名称は明治30年に制定されたため。のちに改良されて、三十八年式歩兵銃になった。サイズ、重量ともほとんど変わらない。装着される銃剣も同じである。（64頁参照）

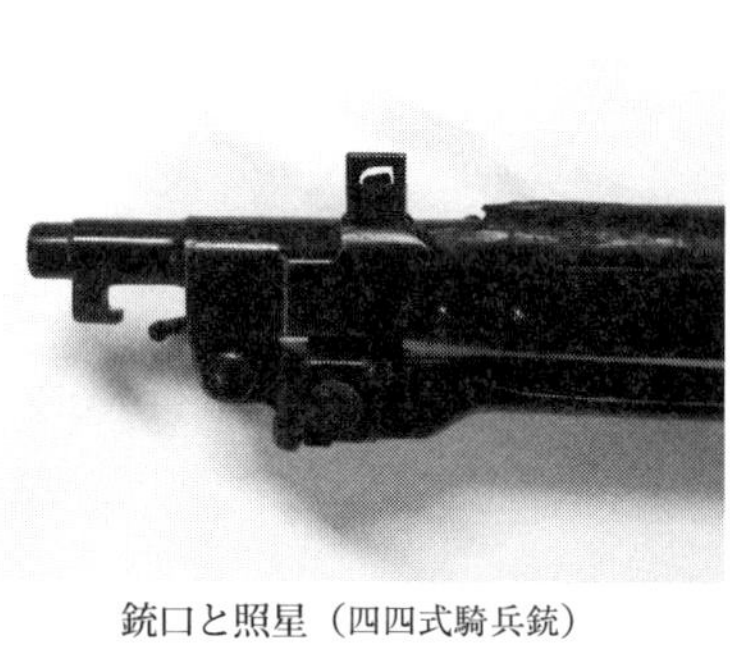

銃口と照星（四四式騎兵銃）

◆三十一年式速射野砲

日清戦争（１８９４～95年）の陸戦は、野砲による榴霰弾射撃で勝ったといっていい。清国の歩兵隊は日本軍野砲に撃ちすくめられた。清国歩兵の装備した歩兵銃は、主にドイツ製のモーゼル７・92㎜Ｇｅｗ88小銃だった。槓桿式《こうかんしき》で装填《そうてん》も速く、日本軍主力小銃に比べれば弾丸威力も大きかった。

野砲とは野戦砲（英語でフィールド・ガン）のことをいう。重砲、要塞砲などは移動しないのが原則である。これに対して、軽快な野砲は、まさに歩兵のぶつかり合う野戦で移動しながら使われる。歩兵戦闘を掩護するための砲だった。二つの車輪をもち、二輪の弾薬車と連結してトレーラーのようにして馬でひいた。射撃するときは砲車と切り離し、放列《ほうれつ》＊14をしいた。

ナポレオン時代には野砲は球形の榴弾、内部に炸薬《さくやく》（爆発用の火薬）をつめ導火線をつけた榴霰弾、散弾銃のように子弾を飛ばす霰弾《さんだん》を使った。どれも、無施条《むしじょう》（ライフルがない）で砲口から装填した。もちろん、弾丸と装薬は別々にこめる。榴弾は建物や、陣地を撃つ。榴霰弾は敵の砲兵や補給部隊、あるいは敵歩兵の頭上に弾子の雨をふらせた。霰弾は主に自衛用である。突進してくる騎兵や、歩兵に近距離で発砲する。

野砲の進歩は、後装式《こうそうしき》の採用と、それにともなう施条（ライフリング）から始まった。幕末の薩英戦争では、英国艦隊のアームストロング砲の威力が薩摩人の目を開かせた。東京上野の戦でも施条後装式砲は使われた。長弾を使った佐賀藩の同砲の射撃は寛永寺にこもる彰義隊《しょうぎたい》を圧倒した。

ドイツのクルップ社も次々と新しい砲を開発し、市場を広げていった。１８５０年代から60年代にかけて、14世紀以来の長い歴史をもつ前装式滑腔砲《ぜんそうしきかっこうほう》は主役を後装式施

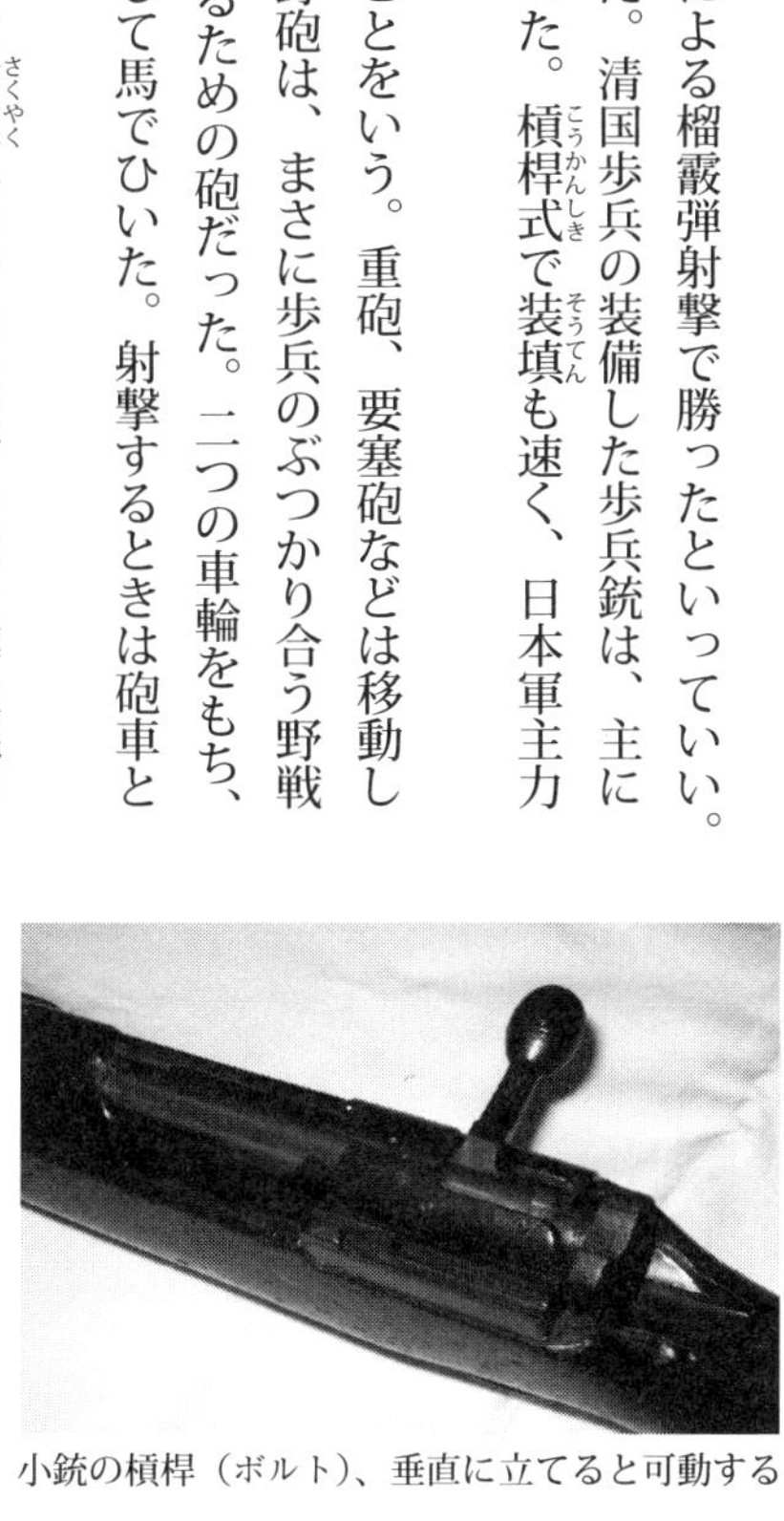

小銃の槓桿（ボルト）、垂直に立てると可動する

＊14　放列をしくとは射撃態勢に入ることをいう。口径は当時の世界標準では75㎜である。榴弾、榴霰弾、霰弾の3種類を撃つことができた。

条砲に取って代わられてしまった。そして、60年代から70年代にかけての多くの戦争で、この新型式の砲が優れていることが完全に実証された。

わが国では西郷軍の反乱を鎮圧した西南戦争（１８７７年）の時代にあたる。この戦争に官軍の主力装備として使われていたのは、フランス製の四斤野砲《しきんやほう》＊15、同山砲だった。

１８７８（明治11、12年）年頃には、新しい砲の開発が必要とされ、砲兵会議ではイタリア式の圧搾式青銅砲《あっさくしきせいどうほう》を採用しようということにした。日本では鉄がほとんど生産できず、銅が比較的豊富だったのでフランス人顧問ブリュネーの進言にしたがった結果である。

１８８１（明治14）年には太田砲兵大尉をフランス、オーストリア、イタリアに派遣した。新しい野山砲の調査のためである。翌年、太田大尉は帰国し、大阪砲兵工廠《ほうへいこうしょう》でイタリア式山砲の製造を始めた。84（明治17）年にはイタリアからグリロー砲兵少佐ほか2名の技術者もやってきて後装式七糎《センチ》野・山砲を試作した。それは制式に採用され、日清戦争前、86年末までには全国の部隊にある四斤野・山砲と交換を終えることになった。なお、この他に近衛、東京、大阪、熊本の砲兵隊はクルップの七糎半（75㎜）後装鋼砲を装備していた。

海軍ではこれに対して、１９７８（明治11）年にはクルップ砲を採用するようにしていた。陸軍とちがって装備数がずいぶん少ないし、鋼鉄砲が艦載砲では当たり前になっていたからである。85（明治18）年には東京築地にあった兵器製造所で、初めてクルップ式短７・５㎝砲の鋳造に成功した。これが海軍における鋼砲製造の始まりとされている。

＊15　4ポンド（１８１４g）の円錐弾を発射する。口径は86・５㎜かそれ以下で各種あった。最大射程は２６００m。

戊辰戦争で使った四斤野砲

◆「速射」の由来─金属薬筒の採用

なぜ、この野砲には、わざわざ「速射」という名前がついているのか。それは、小銃薬莢《やっきょう》と同じような構造の金属薬莢を使った一体型の砲弾を使うため、格段に速く撃てるようになったからである。小銃弾の薬莢底部には起爆のための雷管がついているが、砲弾にはそれにあたる爆管《ばくかん》が内部に入っていた。

それまでの野戦砲はたとえ後装式でも手間がかかるものだった。砲尾《ほうび》の閉鎖機[*16]を開けて砲腔《ほうこう》に砲弾を押しこみ、さらに薬嚢《やくのう》といった布製の袋に入った発射薬（装薬）を撞桿《どうかん》で突き入れる。閉鎖機を閉じて、点火用の門管《もんかん》を砲尾の閉鎖機にあいた穴、火門《かもん》孔《こう》に差しいれる。これらの面倒な過程がなくなった。弾丸と装薬が一体となった砲弾を入れるだけで撃発の準備は整うのだ。

しかも、金属の薬莢に入っていたのは無煙火薬である。それまでの黒色火薬は煙がたくさん出て視界を悪くするだけではなく、無機硝酸塩やたくさんの炭を含んでいるので、燃えながらや固形物が多く残った。それに加えて、薬嚢は布でできていた。これも当然、燃えかすを作った。発射後には、いちいち砲腔の中をきれいにぬぐう必要まであった。

ダイナマイトの発明で有名なノーベルは、1888（明治21）年にはバリスタイトという無煙火薬を発明した。これは弱綿薬とニトログリセリンを同量で合わせ熱間練成したものだ。翌年、イギリスでは陸軍省化学官のアーベルがコルダイトを作った。

同じ頃、1886年には、フランスでピクリン酸を炸薬として使うことに成功した。いわゆるメリニット、黄色火薬の発明である。英国のリダイト、オーストリアのエクラシットも似たようなものだった。

＊16　後装（砲身後部から弾丸、装薬をこめる）になると、砲身は一本の筒になった。後部を閉じなければならない。それが閉鎖機であり、小銃なら遊底という。頑丈なので重かった。（85頁写真参照）

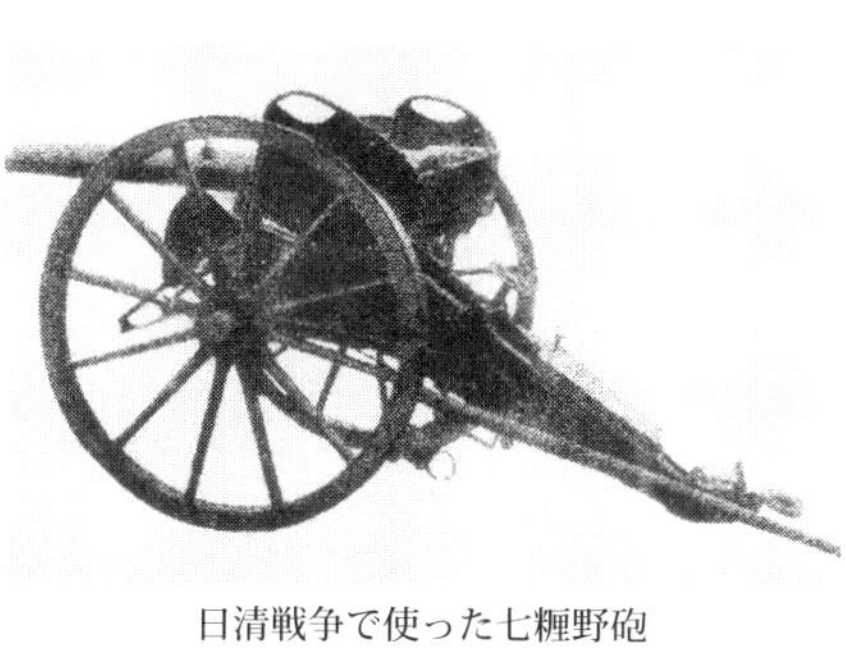

日清戦争で使った七糎野砲

こうした火薬の変化は、弾丸の内部機構の進歩と密接に関係している。発射した後に一定の時間がたつと爆発する「曳火式信管《えいかしきしんかん》」は1846年に英国で開発された。4年後には弾丸が目標に当たってから起爆《きばく》する「着発信管」が生まれる。さらに、二つの爆管をもち、時限と着発の機能をあわせもった「複働《ふくどう》信管」ができた。曳火機能がもし働かなくても、地面や固い物に当たれば爆発する。これができたので、曳火だけの信管は使われなくなった。

日本の近代的火薬製造は1874（明治7）年から始まる。現在、東京都北区十条駐屯地には自衛隊補給統制本部がある。そのあたり一帯こそは、明治の頃には火薬や弾丸製造の中心地だった。畑が広がる台地の上にあり、東に下りれば現在のJR王子駅、近くには赤羽、岩宿《いわじゅく》の交通の要所があった。音無川が流れ、荒川の水運も便利だった。王子製紙や十条製紙など製紙メーカーの工場も、ここにつくられたのも理由があったことだ。

板橋火薬製造所では明治20年代の末ころから、無煙火薬や黄色火薬の本格的な研究が始められた。1897（明治30）年には、所長島川文八郎[*17]少佐や松岡技師の苦心の結果、黄色薬を生産する技術のめどがたった。こうして日露戦争に備えての国産火薬の製造態勢は整えられていった。

陸軍は欧州各社と砲兵工廠に「速射砲」の競争試作をさせようとした。1896（明治29）年9月のことだった。現在、千葉市内から成田線で10分もいけば四街道《よつかいどう》という駅がある。そこの東方に広がる平地を下志津原《しもしずはら》[*18]といった。のちに陸軍航空隊が飛行場を造ったところである。

当時は、速射野砲のトライアルには最適な場所だった。そこでテストされたのは9

＊17　島川文八郎（1867～1921）　三重県津藩士の子、陸士幼年生徒から陸士入校。ベルギー、フランスに留学し、大尉の時、東京砲兵工廠板橋火薬製造所長、一貫して技術畑を歩んだ。日露戦争には野戦砲兵第三連隊長として出征、実戦でも統率、実戦指揮の巧みさを見せた。味方歩兵の突撃掩護で、あまりに近くに島川連隊の砲弾が落ちるので師団司令部から注意をうながす伝令が走った。それへの返答は『島川の砲弾には目が付いておる』と一喝した有名な話がある。戦後、陸軍省砲兵課長、兵器局長、技術審査部長などを歴任、中将になり技術本部長。大将になった。

＊18　現在は飛行場跡地の片隅に、陸上自衛隊高射学校がある。地対空ミサイルなどの教育、研究などをしている。

種類、10門にも及んだ。翌年10月、外国製速射砲の運行試験が箱根と三島の間で行われた。実際に、馬に引かせて、どれくらいの機動力があるかを調べたのだ。戊辰戦争の江戸攻めのとき、山砲をかついで箱根八里を運び通した記憶があったころである。また、西南戦争でも射程の長い野砲は輸送が難しかった。やむなく低威力、短い射程の山砲で戦った経験があった。

１８９８（明治31）年、有坂砲兵大佐が設計した砲[*19]の採用が決定した。一方で製造材料の買い付けのためにフランス、ドイツに出張した人々もいた。シュナイダー社、クルップ社に砲身、砲架、弾薬車、榴霰弾の弾体などを発注した。国産火砲といっても、設計が日本人によるだけで、材料はとても自前で造れなかった。

◆射程の短さと駐退復座機能

司馬遼太郎の『坂の上の雲』には、しばしば陸軍に対する偏見が見られる。その中に、砲の射程の短さを呪《のろ》う記述がある。砲の射程については、『どうも陸軍の軍人には、まあ、これくらいでいいだろうといった根性の貧しさがあった』と批判をしている。

これは当時の人たちにしてみたら、思いもよらない悪口だろう。当局者の頭から離れなかったのは、予想戦場の悪路と、地形と、軍馬の体格の貧しさである。なお、ついでにいえば、海上輸送能力や、港の整備程度であり、揚陸《ようりく》、揚搭《ようとう》、などの作業環境の貧しさもあった。近代軍でなければロシアとは戦えない。精一杯の努力をして近代装備や組織をつくっても、予想戦場になるところはまさに前近代の社会環境だった。

ロシアはカネがあふれるほどあった大国である。馬も素質の良い軍馬をいっぱい

＊19　諸元は次の通りである。砲身長は２２００㎜、29・３口径である。放列重量９０８㎏、弾丸の重さは榴弾で６・１㎏、内部に２３４個の子弾を入れた榴霰弾で６㎏、初速は４８７ｍ毎秒、発射速度は毎分３発だった。射程は最大で７７５０ｍとされていた。

もっていた。後の話になるが、ロシア野砲を鹵獲《ろかく》した[*20]が、日本軍馬は8頭でも引くことに苦労した。逆に、ロシア軍馬は4頭で日本野砲を軽々と動かしていたという。

砲の重量が軽いということは各部の強度を犠牲にしている結果である。砲身の長さや、鋼材の厚さ、砲架《ほうか》の頑丈《がんじょう》さ、その他、みな華奢《きゃしゃ》にできているといっていい。砲が最大の射程をとったとき、各部にかかる圧力はたいへんなものである。それに命中率はひどく悪くなる。砲身をはじめ、各部の痛みも大きい。命中精度が少々悪くなっても、それを補うくらい砲弾があればいい。砲身が痛んだら後方に回す。すぐに新製品が追送される。そういう軍隊、国家ならば、いくらでも砲の射程は増すことができただろう。

もう一つの誤解がある。それは、この三一年式速射野砲が「ガラガラ大砲」だったという俗説である。砲を撃てば、当然、発射の反動がある。それを受けとめるために、昔から砲兵は苦労していた。帆船時代の艦載砲も、太い綱で砲車が後退することを食い止めていたのだ。解決法の一つは、坂道をつくっておいて、砲が自然に元に戻るようにした。これを「ガラガラ大砲」といったものだろう。

この時代に考えられたのは、砲身に一体化したシリンダーを造って、そこに液体と空気を入れておくことだ。流体抵抗と気体の圧縮反発性を使うことだった。砲身が戻る力（後座《こうざ》）をおさえることは駐退《ちゅうたい》といい、元に戻すことを復座といった。

1897（明治30）年、フランスのシュナイダー社は「砲身駐退復座機[*21]」を実用化していた。つまり、砲架は動くことがない。砲身だけが後ろに退がり、また元の位置に戻るのだ。だから、照準をいちいちつけ直す必要がない。

では、三一年式野砲はどうだったか。フランスと同じような構造の機構はドイツの

＊20　戦闘中に敵の物資を奪取すること。

＊21　砲は発射されると反動で後ろへ下がる。砲架が動かず、砲身だけが下がるようにする装置を駐退機という。下がった砲身を元にもどすのが復座機という。

クルップも開発できていなかった。同様のものができるのは、1902（明治35）年の製品からだった。ところが、三一年式野砲は、砲車がさがらないように、また元に戻るようにした装置がついていたのだ。砲身ではない。砲架につけた車輪が回らないようにして、砲全体の後退を少しでも止めようとする工夫である。残された写真からは、砲の後ろに脚が一本ついていて、その中にシリンダーが埋め込まれているのが見える。その中には強力な皿状になったバネが入っていた。それと車輪につけられたワイヤーが組み合わされて、砲身の後退力を車輪に伝えない工夫がされ、バネの元に戻る力で砲全体を元の位置につけるシステムである。発砲直前の写真を見ると、そのワイヤーがよく見える。

三十一式野砲

◆増やせなかった榴弾

ロシア軍の野砲は1900年式といわれた。口径は76・2㎜、つまり3インチである。砲弾は立体物だから、日本軍の75㎜と比べると、その口径の差、わずか1・2㎜というが、弾丸重量はちがってくる。7・45㎏という資料もあるが、6・5㎏の記録の方が常識的な線だろう。砲身の強度が違うので、装薬量が大きく違う。日本の523gより多い840gである。これが初速と射程の違い[*22]になった。

日本の三一年式野砲とロシア速射砲の初対決は、5月5日からの南山の戦闘だった。それ以前の鴨緑江渡河と九連城戦闘での砲兵どうしの対決は、日本軍の野戦重砲兵連隊の圧倒的な勝利に終わった。クルップ社製の12㎝榴弾砲は射程の長さと、砲弾の大きさで、ロシアの野戦砲陣地を完全に叩きつぶしてしまった。

南山戦では、榴霰弾の射程が千mも劣っていることが分かった。砲車の重量が

＊22　487m毎秒対580m同、6200m対8750mという記録がある。

１０２０kgと百kg以上も重いのだ。さらに驚かされたのは、ロシア速射砲の駐退復座機構が、予想されたよりはるかに良く作動したことだ。日本の技術陣も外国砲を研究していたから、欧州軍隊の装備砲の不具合や故障の発生率はけっこう知っていた。だから、ロシア砲がこれほど優秀だったとは思っていなかった。

駐退復座機能が優秀だということは、射撃指揮にも関係してくる。中隊長が目標を決定して、各砲に角度（横方向を方位角という）を示し、ある目標を撃つとする。もちろん、観測所を使って、直接見えない目標を狙うとしてのことである（これを間接射撃という）。第一砲を撃ち、その弾着を観測所が報告する。修正した方位角を各砲に伝え、改めて射撃させる。これが、砲身だけが動き砲車が動かないロシア砲なら連続射撃も可能になる。しかし日本軍の砲車は動いてしまうのだ。ほぼ同じ位置に戻っても、方位角は確実に変わってしまっている。迅速射《じんそくしゃ》や急射など、とても難しかったという記録がある。

南山戦では苦戦した。日本軍が榴霰弾を撃っても、敵は屋根がある陣地にこもっている。攻める日本の歩兵は身を隠す穴もない。敵の榴霰弾に叩かれっぱなしだった。野戦で堅固に造られた陣地には榴弾こそ効果があったのだ。ところが、日本の参謀本部は依然として野砲には榴霰弾をと考えていた。

陸上自衛隊富士学校特科部が１９８０年に出した『日本砲兵史』によれば、定数は中隊段列と砲兵弾薬縦列《じゅうれつ》に合わせて３９２発、うち榴弾が56発しかなかったとある。縦列とは弾薬の運搬、補給を任務とする中隊規模の部隊をいう。

しかし、戦争途中、ついに榴弾用の鋼鉄が不足した。とうとう、普通の鉄で砲弾の弾体をつくるまで、日本の陸軍は落ちぶれてしまった。銑鉄《せんてつ》は弱く、炸薬が強ければ粉々になってしまって破片を飛ばさない。炸薬の力を落とせば、今度は威力が足りなくなる。日本の野砲は最後まで苦労をし続けた。

◆消耗《しょうもう》され尽くされた将校たち

戦争は短期で簡単に終わるものではなくなった。大きな会戦で戦争全体の決着がつくといった、これまでの常識は変わった。世界中から集まった観戦武官にとって、まさに次の大戦にとっての先行研究になった。

日本もロシアも、初めての大消耗戦を戦うはめになってしまった。消耗で何より大きかったものは何か。人である。その中でも幹部（将校と下士）がもっとも失われた。動員された陸軍軍人は、およそ１０９万人。うち戦地勤務者[*23]は同じく94万5千人で、全体の87％にあたった。軍属は同１２４万人、うち戦地勤務者は同百万人にのぼる。

軍人の中でもっとも損耗したのは兵科将校[*24]である。中でも高い戦死率を示したのは佐官《さかん》だった。大隊長や連隊長として攻撃の先頭に立ったからだろう。全体の12・8％というから、８人に１人が亡くなり、その3倍の戦傷者がいた。次は下士である。これもまた、分隊長や班長として兵卒の前に立った。第3位は尉官《いかん》になる。小隊長や中隊長だったからだ。

おおかたの人の想像を裏切るだろうが、戦死率がもっとも低かったのは兵卒である[*25]。5・7％であり、尉官の8・4％と比べると明らかに低い。小隊長をつとめた中尉や少尉は、下士、兵卒の先頭をきって立ち上がり、進まなければならなかった。中隊長の大尉も同じである。大隊長、連隊長も事情は変わらない。旅順の第一回総攻撃では、連隊長や大隊長の戦死があいついだ。

＊23　内地で留守師団や補充隊、学校や機関などで勤務したのではなく、臨戦地境を越えた人のことをいう。

＊24　陸軍兵科将校は、開戦の前、約６７００名だったが、動員で同１万８千名にふくれあがった。その約39％が戦闘で失われた。将校の４割が、戦死し、戦傷を受け、あるいは病気にかかった。下士と兵卒はあわせて同31％であるから、将校を先頭にいかに奮戦力闘したかがよくわかる。

＊25　出征者を多く出した村では、貧乏な小作人の子供は兵卒で無事帰還し、地主の息子は将校だったから「無言の凱旋」をしたという例も多かった。

奉天会戦[26]では、むざむざとロシア軍主力を逃がしてしまった。砲弾と兵力が不足したからである。さらに日本陸軍の内情は、もっと恐ろしい状態だった。『次の会戦をしようとしても将校が不足していた（大正時代の証言）』のである。

日本陸軍の兵科現役将校は、原則として陸軍士官学校（陸士）の卒業生だけだった。陸士の第一回卒業生は、西南戦争（1877）の年に任官した第1期生である。この時代から11期生までは卒業と同時に少尉に任官した。士官生徒時代という。

通算では12期にあたる生徒たちから制度が変わった。まず、中央幼年学校卒業者と、士官候補生試験[27]に合格した中等学校卒業者は、それぞれ兵卒の体験をすることになった。各地の連隊や大隊で、中学卒業生は1年間、中央幼年学校卒業者は半年の教育を受けた。この教育を受けた部隊を原隊《げんたい》という。一等卒（中幼出身者は上等兵）から軍曹までの階級に進み、陸軍士官学校へ入校する。1年7ヶ月後に卒業すると、曹長《そうちょう》の階級章に士官候補生の徽章《きしょう》をつけ原隊に戻る。半年間の見習士官勤務を終えて少尉に任官した。これを士官候補生制度という。このシステムは1920年まで続いた。

陸軍将校は若いうちから部隊の実情を知らなければならない。士官候補生は、いちおう一等卒から曹長までの階級を必ず経験することになった。これが、海軍将校[28]の育成法との大きな違いである。イギリス海軍をモデルにした日本海軍は、士官を貴族のように扱った。少年たちは海軍兵学校（陸士にあたる）や機関学校、経理学校に入校すると、すぐに海軍生徒の階級を与えられた。下士官の上、准士官の下という位置づけである。学校を卒業して少尉（機関・主計）候補生になると、准士官の上、少尉（少機関士、少主計）の下になった。水兵や機関兵、主計兵などの暮らしを経験することはなかった。

＊26　1905年3月10日、南満州の要地奉天（現・瀋陽）で、日露両軍の主力が激戦。日本が陸戦の大勢を決めた。

＊27　当時の中等学校卒業生の進路には、高等教育への進学者、官公吏、家業手伝いなどと並んで軍学校進学者や士官候補生などがあった。

＊28　海軍もまた兵科の士官だけを将校とした。機関科ですら、正確には機関科将校であり、兵科将校と区別された時代もあった。

将校（佐官、尉官）は高級（大・中佐）、中級（少佐・大尉）、初級（中・少尉）と三つに区別される。ただし、職務上では四つの階層に分けられる。第一は大佐と中佐で、歩兵・砲兵・騎兵（甲）連隊長あるいは工兵・輜重兵大隊長である。第二は少佐で歩兵大隊長や騎兵（乙）連隊長、第三は大尉で中隊長を務めた。そして、第四、初級士官である中尉、少尉は、おもに小隊長になった。将校には現役定限年齢があった。いわゆる定年である。大佐は55歳、中佐53歳、少佐50歳、大尉48歳、中・少尉は45歳だった。特別な例外はあったが、この定年はきびしく守られた。定年になると、後備役に編入され、第二の人生を歩むことになった。

後備役である期間は6年目の3月末日までである。それが終わると、退役となり軍事上の義務はなくなった。ただし、陸海軍士官は判事と同じように終身官だったから、生涯、その礼遇を受けることができた。

ところで、戦争中の損耗《そんもう》による将校の不足のことである。それを補ったのは、後備役と予備役の将校だった。予備役とは、定限年齢に満たないのに、健康上の理由や一身上の都合で、やむを得ず退職した人が編入された。

また、一年志願兵出身の予・後備役将校がいた。開戦から半年後、7月の数字では、予・後備歩兵少尉１７８６人のうち、約80％の１４００人余りが一年志願兵出身だった。同じく歩兵中尉１７８人中80名が一年志願兵出身である。

そして、野戦歩兵隊の中・少尉のうち5人に2人、大尉の6人に1人は予備役将校になっていた。これは、将校たちの根こそぎ動員が行われた結果だった。なんと有資格者の93・2％に召集令状[*29]が届いていたのだ。

＊29　ピンク色の紙でできていたので、俗に「赤紙」といわれた。「1銭5厘の葉書」というのは後世のデマである。実際は、役場からていねいに個人宛に届けられた。また、召集にも種類があり、動員時の名称は「充員召集」だった。

陸軍士官学校（現・防衛省『日本陸海軍写真帖』）Ⓚ

◆軍人の4人に1人は雑卒だった

陸軍は、戦時になれば動員体制をとる。戦時の特設部隊や機関も編成される。平時の師団は1万人前後が定数だが、野戦師団の人員は2万人くらいになった。この増えた分だけ、召集令状が発送されて予備役、後備役のベテランが集められる仕組みだった。

この頃、陸軍兵卒は現役が3年、予備役が4年、後備役が5年と決められていた。正確にいうと、徴兵検査では、壮丁《そうてい》はそれぞれの役種《えきしゅ》が決められる。役種とは、現役、補充兵役の区分をいう。現役になったら、その年末には指定された連隊や大隊に入営しなければならない。そして、3年間のつらい、きびしい兵隊生活が待っていた。

兵卒[*30]という言葉は、上等兵と1、2等卒を合わせた言い方である。3年間の兵役の中で、入営したときの2等卒は、一定期間を終えると1等卒になり、続いて優秀者だけが上等兵になった。3年間の現役生活で上等兵になれた者は、およそ3分の1といわれた。兵というのは単独任務を果たすことができる。卒という字には、もともと率いられるという意味がある。上等兵は分隊長も務めることもあった。

日露戦争に参加した陸軍軍人のうち兵卒数はおよそ67万6千人であり、雑卒《ざっそつ》[*31]は同29万3千人だった。准士官、下士、兵卒、雑卒の合計が１０６万3千人だから、兵卒は約63・6％、雑卒は同27・6％をしめた。つまり兵士の4人に1人は雑卒だった。雑卒とは馬卒、輜重輸卒《しちょうゆそつ》、砲兵輸卒、砲兵助卒、補助看護卒などをいった。どれだけ長く勤めても階級があがることがなかった。兵科の兵卒なら半人前の2等卒と給与は変わらない。雑卒の中では輜重輸卒が約26万5千人で大多数をしめた。

＊30　砲兵、工兵、歩兵、騎兵、輜重兵の各上等兵と1、2等卒と憲兵上等兵、経理部の1、2等縫工と同靴工、衛生部看護手と軍楽部楽手補（どちらも上等兵相当）。

＊31　馬卒、輜重兵科の輸卒、砲兵科の弾火薬を運ぶ輸卒、要塞砲兵の弾火薬を扱う助卒、衛生部の補助看護卒などをいう。平時の教育期間が短いかわりに、召集されれば万年2等卒であり、苦しい立場だった。

◆輜重兵と輸卒の違い

『輜重輸卒が兵隊ならば、チョウチョ、トンボも鳥のうち』と軽んじられたのが輸卒である。輸卒は輓馬《ばんば》や駄馬をひき、輜重車《しちょうしゃ》という荷車などを押して補給に従った。注意しなければならないのは、戦闘兵である本物の輜重兵との区別である。輜重兵は兵卒の中でも乗馬本分、帯刀本分[*32]であり、騎兵銃で武装していた。

輜重兵は乗馬長靴をはいている。腰には指揮刀をつり、騎兵銃を背負う。輸卒が教育召集でやったことは馬の世話と、荷物の積みおろしの訓練ばかりだった。その代わり、3ヶ月の教育召集が終われば家に帰れるはずだった。日露戦争当時の輜重輸卒には2種類があった。一つは徴兵検査[*33]で現役、もしくは第一補充兵役の輸卒とされた者。もう一つは、第二補充兵役の輸卒とされた者である[*34]。現役輸卒は輜重兵とともに入営し、3ヶ月の訓練を受けると家に帰る。帰休兵《ききゅうへい》と言われる立場で、在郷現役《ざいごうげんえき》と言われて残りの2年9ヶ月を家で暮らした。第一補充兵役に指定された者には、戦時にならないかぎり教育召集がなかった。しかし、これらは動員される時には戦時編制定員に含まれていて、第一線部隊の要員になっていた。気の毒なのは、第二補充兵役の輸卒だった。主に体格が悪く、そこに回された人たちだった。戦時になると召集令状がきて、短い訓練のあと、補助輸卒隊[*35]に組みこまれたのである。

第二補充兵役になった人たちには肉体労働に向かない人が多かった。『学校歴があるほど体格が悪くなった』と壮丁調査で書かれた時代である。新聞記者、商家の旦那《だんな》、豊かな家の子弟、事務系の勤め人が多かったといわれる。彼らがろくに軍服も支給されず、ぼろぼろの服を着て働く姿をみて、現地の中国人も「日本苦力兵《リーペンクーリー》」とバカにしたという。当時、中国人の最下層の人々は肉体労働者だった。その人々を苦力《クーリー》といっ

＊32　乗馬することが常態であること。帯刀とは、騎兵刀といわれたサーベルをつることで、帯剣とは短い銃剣を帯びることである。

＊33　「現役兵、補充兵配賦員数表」にしたがって、各兵科、各部に配当した。歩兵では現役兵よりわずかに多い程度の補充兵があり、騎兵では補充兵は少ない。輜重輸卒だけは補充兵がたいへん多い。1912年では現役1万5492人に対して補充兵は6万3012人だった。これは同年度の補充兵全体の中で41・2％にもなった。

＊34　輸卒と輜重兵の違いは、作家水上勉の小説『兵卒の鬣（たてがみ）』に詳しい。水上勉は大東亜戦争期、補充兵として教育召集を受けた。入営の指定部隊は京都墨染輜重隊だった。令状の上の方に○で囲まれた特の字があった。日露戦争に出征した父親は言った。『こりゃ、輸卒か、あかんなあ』。水上は意味が分からずに家を出たが、入営してすぐに自分の立場が分かった。

て蔑視していた。日本兵の中での苦力だったということだろう。補助輪卒隊に編入された人々の数は正確には分からない。部隊の規模から概算してみると、おそらく18万人くらいにはなったのではないか。

◆予備役幹部養成「一年志願兵」の制度

1889（明治22）年、陸軍は初めて予備役幹部養成の制度をつくった。これを一年志願兵という。1年というのは、ふつう3年間の現役に対して、1年間で現役期間が終わることから名付けられた。これに応募することができたのは、1893（明治26）年の『一年志願兵條例』によれば、次の通りである。

満17歳以上、満28歳以下であること。

官立学校、府県立師範学校・中学校、文部大臣が中学校同等と認めた学校、文部大臣が認めた学則をもつ、法律学・理財学・政治学を教授する私立学校を卒業した者。以上の条件を満たすか陸軍試験委員の試験に合格した者。服役中、被服・食料・装具などの費用を自弁し、将来、予備後備将校となる希望をもつ者は志願できる。

後の時代でいう、幹部候補生制度の始まりである。

特徴は費用の自弁《じべん》にあった。條例の第二条によれば、『糧食、被服、装具、兵器、弾薬ノ現品ヲ給シ被服費装具費、弾薬費及兵器修理費トシテ金六拾弐圓《ろくじゅうにえん》糧食費トシテ金参拾八圓《さんじゅうはちえん》ヲ納メシム又騎兵科ニ入ル者ニハ馬匹《ばひつ》ヲ貸与シ、馬糧《ばりょう》費、装蹄《そうてい》費、剔毛《てきもう》費、及馬薬費トシテ更ニ金七十五円ヲ納メシム』とある。

では、1893（明治26）年現在、どれくらいの男性が中等教育以上を受けていたのだろうか。まず中学校は全国で74校、実業学校28校、高等中学校（高校）7校、専

＊35　補助輪卒隊には陸上勤務、水上勤務、建築勤務隊の3種類があった。いずれも第一線に送る物資を扱った。陸上勤務とは馬車や駄馬、鉄道などを使った。水上とは河川やクリークを利用した船便で物資を運んだ。建築勤務補助輪卒隊は建築資材などを運んだ。

門学校533校、大学1校、師範学校47校、各種学校は1408校だった。

中学校の在学者は1学年あたり約4千名、実業学校同千名、高校は同2百名、専門学校は全在籍者同8千名、大学生は同4百名、師範学校2百名、各種学校は全員で同7万名という数字がある（文部省統計）。ただし、専門学校と各種学校は履修《りしゅう》年限がちがい、学年を正確につかめなかったので在籍人員をあげた。

また、『壮丁《そうてい》教育調査』によれば、1900（明治33）年の大阪府統計で、全受験者1万2千名のうち中学以上を卒業した者はわずかに31名だった。つまり千人のうち2人強である。

そして、入営前におさめる志願兵の百円という金額にはどんな重さがあったのか。東京の貧民層の生活を描いたレポートがある。それによれば都会の貧民層の日収は平均22銭だったという。人力車夫で日収30銭なら豊かな方だったらしい。月に25日働いたとして、ざっと7円。年収で84円である。

当時の小学校教員の初任給は8円とある。公立学校の教員の初任給では3人で暮らしていくのは、ちょっときつい。米1石（150kg）が6円の時代である。それに対して、高等官である帝大卒業の奏任《そうにん》文官は月俸50円だった。単純な比較はむずかしいが、1円に現在の8千円の使いでがあったら、官僚は月収40万円。百円はその倍である。制度の初めのころ、志願兵は年間3百〜4百名くらいだった。

一年志願兵は、学術試験、身体検査を受けて合格すると、各地の連隊、大隊に入営した。入営日は一般と同じく12月1日である。各兵科の入営者はそれぞれの隊に分かれる。軍医生、軍吏生《ぐんりせい》、薬剤生は歩兵隊に、獣医生は馬がいる騎兵隊、野戦砲兵隊、輜重隊に入った。軍吏生とは、のちの経理部将校であり、理財学（経済）もしくは商

東京専門学校（現・早稲田大学『早稲田』）Ⓚ

大学校（現・東京大学『東京景色写真版』）Ⓚ

業学の卒業証書をもつ者である。

服装は一般兵と区別するため、肩章《けんしょう》の周囲には黒白縄目模様でふち取りがあった。教育の責任は連隊長、大隊長にあるとされた。特別なカリキュラムが組まれ、一般の兵卒とは扱いが違っていた。入営4ヶ月後には、全員が1等卒になった。その2ヶ月後には上等兵を命じられ下士の勤務をとったという。

軍医、薬剤、獣医の各生はこのときに曹長の階級に進められる。軍吏生だけは各兵科と扱いが同じになるが、医師、薬剤師、獣医師免許制度との関係があったからだ。軍吏生にはとくに国家資格がなかったので、他兵科と足並みをそろえた。

入営から半年、軍医生と薬剤生は師団軍医部長、獣医生は師団獣医部長、軍吏生は師団監督部長（経理部は監督部[*36]という名称だった）の教育を受けた。一般兵科は教育を受けながら9ヶ月目には伍長《ごちょう》の階級に進み、下士の勤務を続けた。入営から満1年、終末試験が行われた。合格者は軍曹《ぐんそう》に任じ、落第者は伍長のまま予備役に編入した。この合格者のうちから、翌年、あるいは翌々年の3ヶ月の勤務演習を自費で受け、試験に合格した者を予備役少尉に任官させた。予備役の年限は6年4ヶ月、その後、後備役が5年間である。

『学徒兵と婦人兵ものしり物語』（熊谷直・光人社）によれば、1898（明治31）年の数字が分かる。志願者総数は1618名、採用試験合格者は728名、合格率は約45％であり、案外、厳しいものだった。軍医志望者は138名、軍吏希望者は138名、薬剤官は7名、獣医官は17名となっているそうだ。

日露戦争には、およそ4千名の一年志願兵出身の兵科将校が従軍した。うち、7百名余りが戦死した。士官学校の教育期間の長さに比べれば、ひどく短い期間で将校に

＊36　監督部と軍吏部は1883年から置かれた。97年には中将相当官の監督総監から大尉同の監督補が監督部。軍吏部は1～3等軍吏（尉官級）、計手、縫工長、靴工長の下士があった。1903年、統合されて経理部となって「主計」という名称が生まれた。

任官した人たちである。昭和になると幹部候補生という名称に変わった制度のスタートだった。

2　完成された連発銃・三十年式歩兵銃

◆戦争を支えたもの

日露戦争はからくも勝てた。その勝利は、綱渡りの連続のようなものだった。２年近くの消耗戦に、日本の生産力、国力はなんとか持ちこたえた。

幕末以来の、諸外国との不平等条約はまだ残っていたし、戦費の多くは外国からの借金にたよった。こまかな雑貨類を中国や朝鮮に売り、絹や綿糸といった軽工業製品をつくるだけの国がよくも頑張り続けたものだ。

戦費の総額は18億円余り、うち内国債はおよそ６億７千万円、外国債[*37]は８億円と言われている。その他は、地租、所得税、営業税という国税の他、国民からの徴税でまかなわれた。煙草の専売制などもこの処置の一つだった。

強大な外国と戦った。その無理は現代の私たちの想像をこえている。戦争を継続しながら、砲弾や砲身まで輸入していたのだ。

日露戦争の勝因はいろいろと分析されている。しかし、意外と目が向けられていないのは、その兵器や当時の技術についてである。また、兵站《へいたん》という戦争を支える裏方にも関心がもたれない。兵站とは「人・物」を前線に送りこむことであり、輸送連絡

＊37　極東の途上国が、大国ロシアとの戦争のため外国に借金をするのは並大抵のことではなかった。この時、外債募集に奔走したのが、後の首相・大蔵大臣で二・二六事件で凶弾に倒れた高橋是清だった。

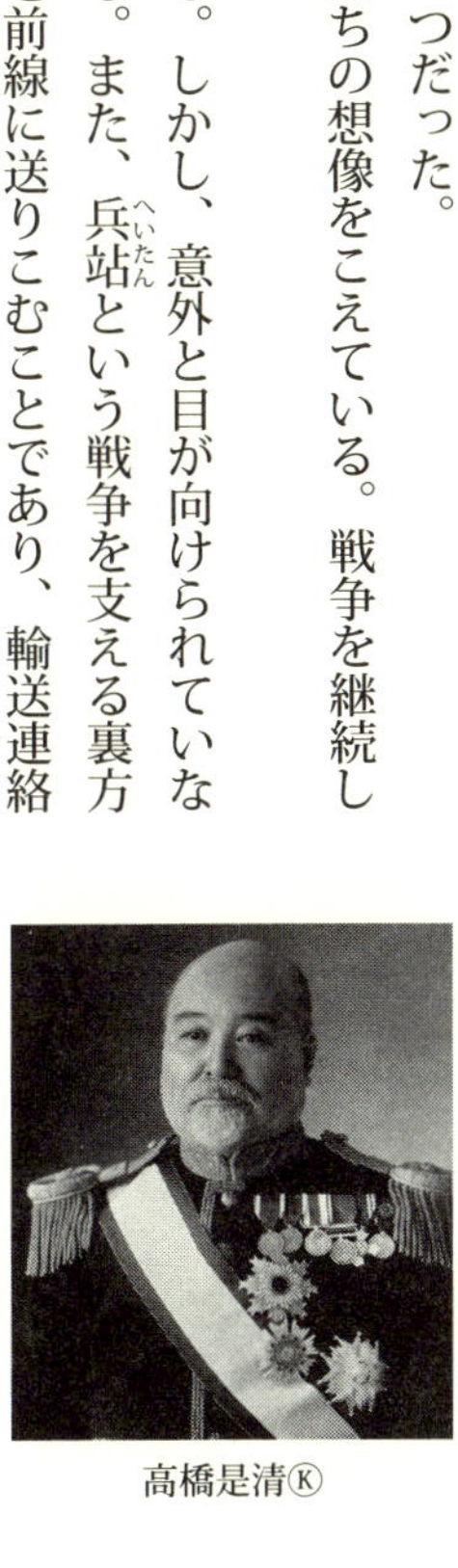

高橋是清Ⓚ

路を維持することである。

輸送（兵站）連絡路とは、本国から戦場までを結ぶ一本の道であり、無数に枝分かれをしていく。その最終点が敵とにらみ合う最前線の兵士だった。送られる物は、兵器、弾薬、医薬品、食糧、馬糧、燃料、被服などなど、およそ人が戦い、生き残ることに必要な物すべてになる。戦場とは人と人が戦う場所だけではなく、人が生き、暮らすところなのだ。

◆軍用銃への偏見と誤解

この戦争では、日本歩兵は主に最新式の三十年式歩兵銃で戦った。１８９７（明治30）年に制式化された小銃である。同じくロシアの歩兵は１８９１式歩兵銃をもっていた。どちらも、当時の世界では完成された連発銃と評価される。

その証拠は、三十年式歩兵銃を改良した三八式歩兵銃は、第二次大戦の終わりまで使われたことだ。ロシアの小銃の寿命はもっと長く、朝鮮戦争を戦いぬき、１９６０年代まで共産圏諸国陸軍の制式装備に残っていた。また、三八式は第一次世界大戦やロシア革命期、その後の戦間期（第一次世界大戦と第二次世界大戦の間をいう）を通じて、世界中に輸出された。スペイン戦争でもメキシコ製の三八式は使われた。しかも、扱いやすく命中率が高く、小口径弾（６・５㎜）でありながら威力があるという好意的な評判がのこっている。

「明治時代の旧式小銃を太平洋戦争でも使った愚かさ」とか、「小銃を自動化できなかったのは技術軽視だ」などの批判を聞くことがある。だが、陸軍の小銃が、重い長いという不評は明治、大正を通じて出されたことはなかった。なによりユーザーであ

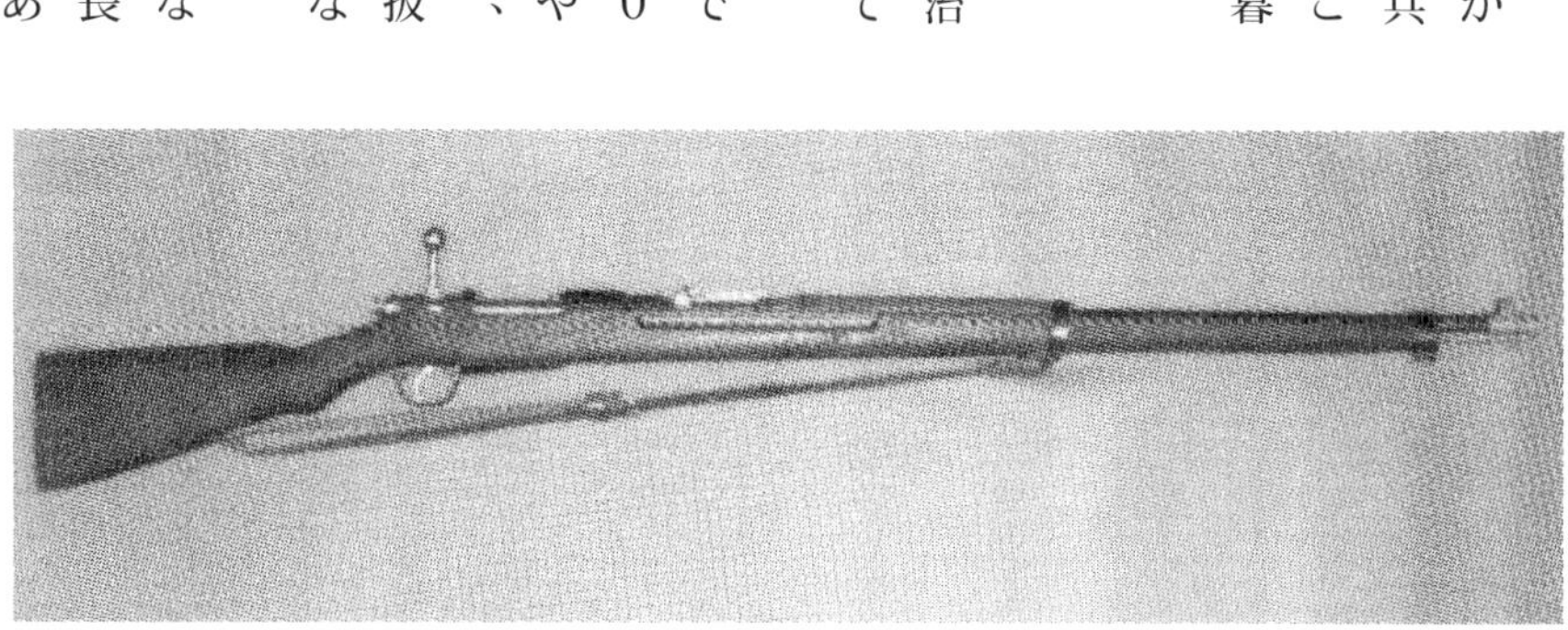

三十年式歩兵銃（＊三八式は俗称で、三十八年式が正式名称）

る軍人から、そんな不満が出たことはない。それが国際標準だと知っていたからだ。批判の元は、軍事教練を受けた世代や戦争末期に入営した知識人である。

さらに誤解を生んだのは、軍隊体験者の中からも、戦後の風潮に迎合した「米軍のM1ライフルのほうが良かった」という声が出ることだ。M1ライフルは三八式歩兵銃や、九九式（1939年制式化された7・7㎜小銃）小銃よりも400gも重かった。『行軍の時には、少しでも運ぶモノの重さを減らしたかった。紙一枚、小銃弾一発でも捨てられたらと思った』という野戦経験者の言葉をどう聞くか。

実は、列国の小銃の重さを比べれば、どこの国の銃も大差はない。だいたい4kg前後である。歩兵銃の長さを切りつめた騎兵銃（カービン銃）も、だいたい3・6kgほどである。重かった、長すぎたというのは、当時の国際標準よりも兵士の体格や体力が劣っていたことの証拠だろう。

軍用小銃は国際標準を満たさなければならない。より遠くから敵を倒せる命中精度と、肉眼では人が識別できない距離にも届かせる射程と、騎兵の突撃を阻止できる、すなわち馬をも一発でたおせる弾丸威力があること。これが軍用小銃の国際標準だった。

最前線で戦う兵にとって、軽い、短い小銃は理想である。しかし、それは敵兵の小銃より決して威力が劣る物であってはならない。威力とは、命中率や貫徹力、銃弾の直進性などを合わせたものだが、人が使うモノである以上、当然、多くの制約がある。

他の列国はどうだったのだろう。イギリスも、フランスも、ドイツも、ソビエト連邦も、どこの国も、19世紀末から20世紀初頭に開発された手動式小銃を主力にしていた。引き金をひけば、自動で弾丸が装填される銃を使ったのはアメリカ軍だけだった。

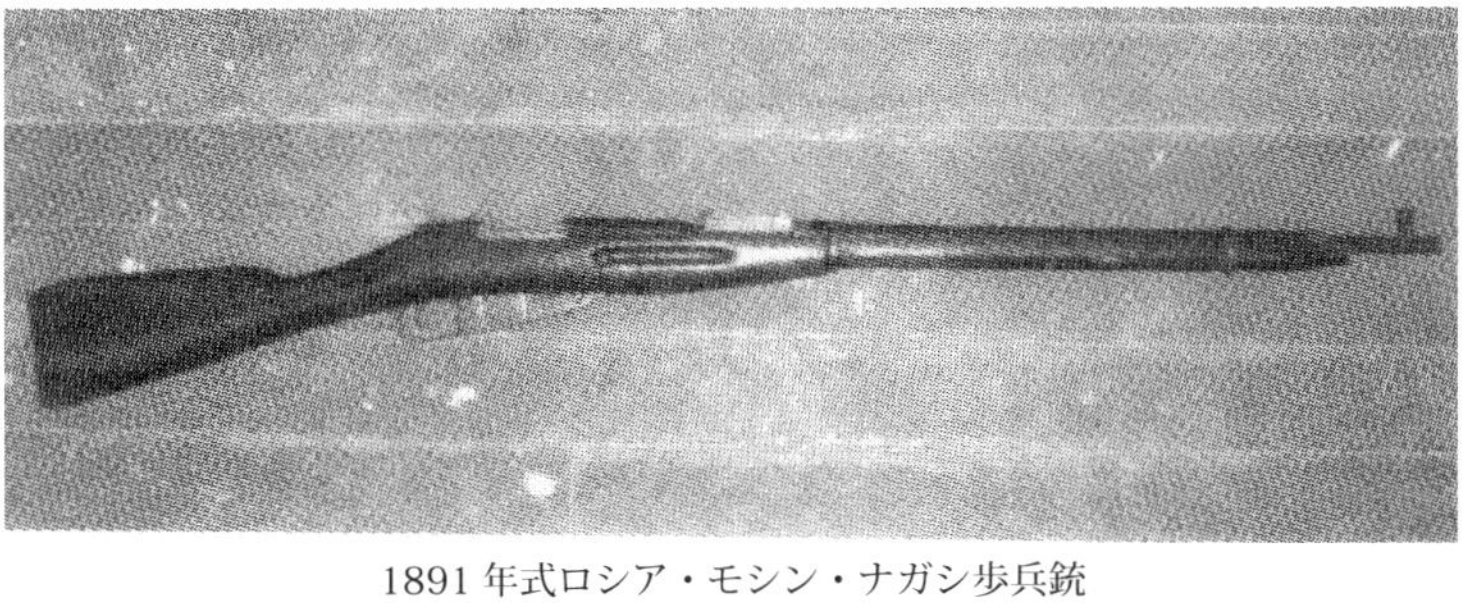

1891年式ロシア・モシン・ナガシ歩兵銃

アメリカが自動銃への装備更新ができたのは、自国の生産技術ばかりではなく、兵站連絡路を維持することへの自信があったからではないか。世界でただ一つの自動車大国だったアメリカだけが、最前線に小銃弾薬を送り続けるシステムやアイテム（ウェポン・キャリア）に自信をもつことができたのだ。

ドイツびいきだった戦前の日本では、フォルクス・ワーゲンの開発、アウトバーンの建設などドイツの技術力が宣伝されていた。今でもドイツ軍は機械化が進んでいたという誤解もある。しかし、その実態は、野戦重砲も馬でひくことが多く、兵站輸送の主力もまた馬だった。元陸上自衛官で技術史研究家徳田八郎衛《とくだはちろうえ》によれば、開戦時のドイツ軍フランス侵攻部隊の自動車化率は、わずか10〜15％だったという。当時、もっとも自動車化率[*38]が高かったのは筆頭のアメリカ軍を除けばイギリス軍だった。

ドイツにも、フランスにも、イギリスにも、ソ連にも自動銃を開発した経験があった。日本でも第一次大戦の研究結果から、自動装填式《じどうそうてんしき》小銃を研究・開発した事実がある。制式装備化が進まなかったのは、その製造コストの高さもあったが、なにより消費される弾薬の補給、前線への追送に自信がなかったからである。百万人以上の大陸軍をもつ国というのは小銃の整備数が中小国や海軍とは異なる。

日本の戦時動員数は、日露戦争当時、およそ110万人だった。そのうち小銃をもつ兵士が7割だとして約80万挺。その損耗分を考えれば、百万挺が必要とされる。また、戦争全期間を通じての消費を考えれば、一人あたり3挺から5挺の生産を想定する。

しかも、その弾薬数は、数百万発の単位どころではない。一人あたり5百発と仮定しても、ざっと5億発。単発式の旧式小銃の戦いだった西南戦争（1877年）でも政

＊38　各国の人口と自動車台数を比べた普及率を示す資料もある。アメリカは1台あたり4・4人、フランスは同じく23・3人、イギリスが同じく32人、ドイツは37・5台だった。ドイツ軍もフランス軍も、補給の大方は馬にたよっていたのだ。どこの国の軍隊でも、獣医将校がいるところに馬がいないわけがない。

府軍は1日に20万発を撃った。これは日産12万発の、当時の銃弾製造所の能力をはるかに超えていたのだ。熟練した兵士なら、手動装填の小銃でも1分間に7発が撃てたという。これに対して、自動になると40発の発射が可能だったらしい。

一人の兵士は弾薬を１００発くらい身につけて運び、後方に続く小行李《しょうこうり》（弾薬補給隊）にも60発が用意されていた。小行李に弾丸を送るためには弾薬箱を積んだ駄馬によるしかなかった。駄馬には取り扱い兵が1名はついたし、駄馬は馬糧を食べた。その馬の食糧を運ぶための駄馬も必要とした。毎日、馬は大量の水を飲んだし、伝染病にかかったり、荷物で背をいためたりしたこともあった。また、馬の弱点はひずめである。それを守るために蹄鉄《ていてつ》を打った。獣医官や砲兵、工兵の蹄鉄工兵たちの苦労もあまり知られていないが、馬というのは難しい動物だったのだ。当時の人々も、馬の代わりにトラックがほしかった。最前線まで、いつでも、どこでも効率よく弾薬を送りたかったのは当然である。

「長くて重い小銃は銃剣突撃のためだった」という話もよく聞く。これも兵器開発の歴史を知らない人のいうことである。戦争経験者からも、それを聞かされたことがある。従軍経験のある知識人の回想記などにもその記載があった。そのたびに、戦前の技術についての教育のレベルを知ることができた。軍国主義社会とは、皮肉なことに、国民が軍事知識にかえって疎《うと》くなることが、よく分かる。

三十年式歩兵銃、全長も重量も、三八式とまるで変わらない。それが開発された当時、日本陸軍には白兵戦や銃剣突撃を重視しようにも、誰もそんなことを考えていなかった。日露戦争の全期間をつうじても、白兵（刀や槍、スコップなど）による死傷者は全体の０・８％にしかあたらなかった。

1898（明治31）年の『歩兵操典』には、『歩兵戦闘は火力を以《もっ》て決戦するを常とす』とある。ドイツの『歩兵操典』をまる写ししたものだ。日清戦争でも、日本軍の歩兵は、中隊ごとに5百mくらいの距離から敵軍に射撃をあびせた。戦争の様子を描いた絵や報道では、あたかも銃剣や日本刀で清国兵をたおしたようなものがある。これはすべてウソである。日清戦争の勝利は、砲兵による制圧と、歩兵の統制された小銃射撃のおかげであった。

『歩兵操典』が改訂されて『射撃を以て敵を制圧し突撃を以て之を粉砕する』となったのは、戦後の1909（明治42）年のことである。（141頁参照）

陸軍が銃剣術を兵士に真剣に訓練し始めたのは、なんと日露戦争中のことだった。ロシア兵は白兵突撃を得意にしていた。銃剣[*39]を揃えて迫ってくる姿に驚き、怯《おび》え、何もできずに逃げ散る日本兵の姿。それは外国人観戦武官にとってよほど珍しかった。当時、白兵戦に弱い日本兵の様子は世界中に発信された。

ドイツ式直輸入の火力戦を重んじる日本軍の期待に反して、ロシア兵は逃げるどころか、撃たれても、仲間が倒れても、なお、銃剣で迫ってきたのだ。

日露戦争では大きな四つの会戦があった。大兵力を集めた両軍がぶつかり合うのが会戦である。遼陽、沙河、黒溝台、奉天の各会戦で日露両軍の銃砲弾の効力を比べてみた数字がある。効力とは、両軍が使った銃砲弾の数で、それぞれの相手の兵の死傷者数を割った数字である。それによれば、平均して日本軍は419発でロシア兵一人をたおし、ロシア兵は1037発を射耗することで日本兵一人を戦場から後退させた。きわめて単純な計算だが、命中率も2・47倍になる。日本陸軍は小銃射撃でロシア兵に撃ち勝ったといえるだろう。

＊39　三十年式歩兵銃に剣をつけた長さは、1・67mだった。ロシアの小銃の全長は1・73mである。ついでに後備歩兵旅団の兵がもった二十二年式村田銃の長さなどは1・47mにしかすぎない。ロシア兵に対決するなら、なお、全長をふやし、銃剣の長さも伸ばすほうがいいだろう。それをしていないのは、まさに、当時の陸軍には銃剣突撃を大切にする思想など、少しもなかったからなのだ。

長い間、火縄《ひなわ》銃（マッチ・ロック）が主力で、19世紀になってわずかに燧石《すいせき》銃（フリント・ロック）を実用化し、幕末期にあわてて小銃を輸入した日本。それが、わずか30年で、ヨーロッパ列強に負けない小銃をつくりあげた。全軍が、ほぼ同じ小銃を装備し、銃弾の補給に不自由することがなかった。その努力をあとづけてみよう。

◆幕末期は世界の技術開発期にあたった

明治陸軍の悲願は全軍の小銃弾薬の統一化であった。幕末以来の輸入銃、それを模造した国産銃、古くからあった火縄銃などを合わせると、日本には当時百万挺の小銃があったと言われる。輸入された小銃は１８６５（慶應元）年から69（明治２）年までの５年間で47万９７８１挺という数字がある。

これらの小銃は、銃器研究家須川薫雄《すがわしげお》によれば大きく分けて５種類になる。**①前装滑腔銃**、弾丸は銃口からこめて腔内《こうない》にライフルがないもの。**②前装ライフル銃**、弾丸は前からこめるが腔内にライフルがあるもの。**③後装単発ライフル銃**、紙でできた薬莢を使って12種類くらいあった。**④後装連発ライフル銃**、金属でできた薬莢を使う。銃身の下などにチューブのようになった弾倉がある。**⑤ライフル銃で初期のボルト・アクション式小銃**、金属や紙製の薬莢を使った。

一説によれば、これら50種類にもおよぶ小銃があった。陸軍は国内の治安行動の用意を怠れなかった。もう一つは諸外国に対して国家の独立を守るためにも、主力小銃を整備することと、統一された弾薬を決定しなければならなかった。

小銃弾とは、あらゆる兵器のうち、もっとも消費されるものだったからだ。製造、保管の面でも、補給の場合を考えても、統一されることは望ましい。また、中隊（百

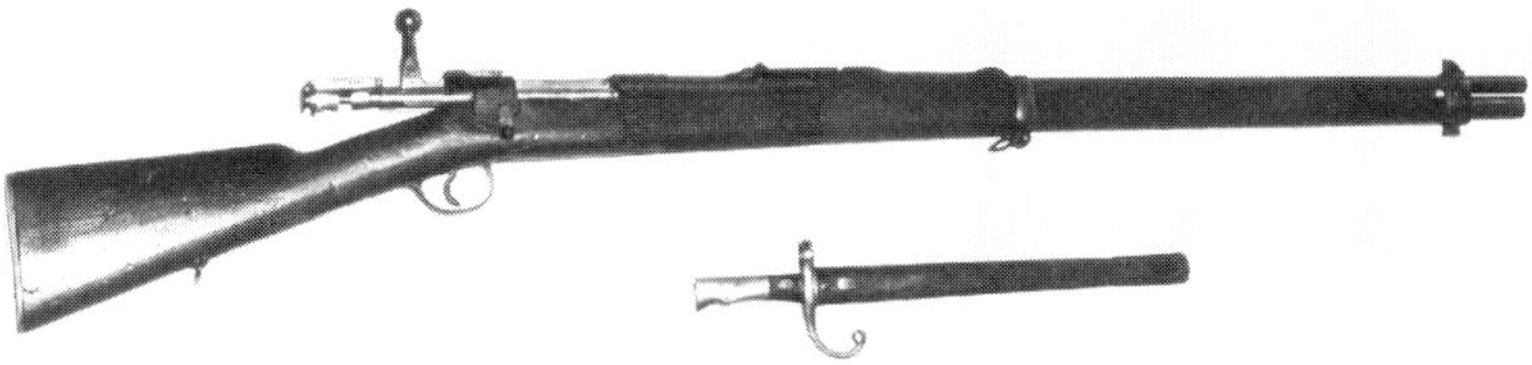

村田二十二年式小銃と銃剣

人から2百人）規模で統一された射撃もできるようになる。狙撃《そげき》ができない遠い距離にいる敵の集団にも頭上から弾丸を落とすことができる。

よく言われる有効射程とは肉眼で狙撃できる距離をさしている。東京タワーの高さが３３３ｍであることは知られているが、あのてっぺんに立つ人を下から見てみよう。かろうじて人であることが分かるだろう。戦場では、約５百ｍでねらいをつけて射撃を始めた。これに対して射程とは最大仰角《ぎょうかく》（たいていが45度）に撃ちあげて弾丸が到達する距離を水平面で測ったものをいう。

弾薬とは、飛んでいく弾丸本体と発射薬をおさめた薬莢部分をあわせた言い方である。古い鉄砲であれば、弾丸と発射薬は別々のものだった。金属製の薬莢ができて、弾丸と発射薬が一体になったのが19世紀半ばのことだった。これは、兵士の装填《そうてん》動作への熟練も不要にしたし、雷汞《らいこう》＊40の発明によって、不発もひどく少なくなった。

実用化したのはアメリカの銃工トマス・ショウである。初めて鉄製雷管《らいかん》をつくった。雷管とは、雷汞を金属容器につめたものである。１８４０（天保11）年にはオーストリア軍、42年にはイギリス軍が採用し、ヨーロッパ各国軍もこれにならいはじめた。

それまでの燧石《すいせき》銃と比べると、さらに有利なことがあった。撃つときに、大きなショックがなくなったのだ。それまでは火打ち石（燧石）を強く叩きつけるために、ハンマー（燧石をとりつけて引き金を引くと動く）に強いバネがついていた。そのため、どうしても射撃時にはげしいブレが起きた。これが命中率をひどく下げてしまっていた。それに比べて、雷管式の発射機構ははるかにソフトな動きしかしなかった。

戊辰戦争での銃撃戦は、戦国時代のそれと大きく変わった。それは、発射までの手間がずいぶん簡単になったことだ。弾丸の運搬、貯蔵、兵士への配分方法、兵士が身

＊40　18世紀の末ころ、フランスで発明されたという説がある。化学名を雷酸第二水銀という。水銀を硝酸にとかした溶液と、エチルアルコールを反応させてつくった。乾燥したものは叩いても、摩擦でも爆発する。これを銃の発射薬の起爆剤として使うことに目をつけたのはスコットランド人の僧侶だった。

につける弾丸の数量も大きく変わった。しかも、装填《そうてん》は銃身後ろから行われた。火縄銃や燧石銃では銃口から弾丸をこめた。だから弾丸の直径は銃身にうがたれた穴よりも小さくなければならなかった。それが銃身のうしろの閉鎖機構が開発され、高い精度の工作がされるようになった。

精度の高さは当然である。発射ガスを漏らさないためには、すき間を無くすことが必要である。それなのに、弾丸を装填するときには、なめらかに動かねばならない。密着と摺動《しゅうどう》という二つの相反するような機能を満足させられなければならない。

弾丸を銃身の後部、機関部から装填する。これを後装銃《こうそうじゅう》という。しかも、銃腔の内側にはライフルが切られたものが出現した。弾丸を回転させて、まっすぐ飛ばすための工夫である。銃弾は鉛であり、銃腔の内部はハガネでできている。わずかに銃腔の直径より大きい弾丸は、ライフルに食いこんで回転していく。これを施条銃《しじょうじゅう》という。いわゆるライフル銃である。

前装銃では、わずかに銃腔直径より小さい弾は、上下左右にぶつかりながら飛んでいった。施条銃は、ガスが漏れないことから射程（弾丸が飛ぶ距離）が伸び、弾丸速度もあがり、施条もされて直進性も高まった。弾丸速度があがったということは、物理学の衝突の法則を考えれば、小さい弾でも威力を増すということにもなる。

◆幕末期にあった小銃

陸軍が最初に行った大きな仕事は、戊辰戦争で使われた銃の回収と分類だった。日本の幕末期は、世界史上でみても、兵器技術の改変期にあたった。しかも、太平洋をはさんですぐ隣の大国であるアメリカ合衆国では、南北戦争が行われていた。ヨー

雷管式小銃のハンマー部分

ロッパでは、ナポレオン戦争後の混乱から立ち直り、各国は勢力を互いに伸ばそうとしていた頃である。日本には、各国の新兵器や、部隊の改編で余った中古兵器、南北戦争の終結で過剰になった在庫品などがどっとなだれこんだ。

ここで幕末、明治初めに日本にあふれていた小銃の主なものについて説明しておこう。まず、もっとも有名だったのがゲベール銃[*41]だった。燧石発火式と雷管式がある。もともとゲベールとはオランダ語のなまりで小銃のことをいった。１８５５（安政２）年には、幕府から各藩に小銃を勝手につくってよいという許しが出た。各藩では、領内の鍛冶屋に命じて量産したところもある。つづいて59（安政６）年には、武器の売買も自由化された。各藩は外国商人から、どんどん小銃を買い入れた。だから、現在も、各地の博物館に残るゲベール銃には統一された規格がない。

カラベインというのはカービン銃のことである。馬に乗る騎兵の装備で、馬上での取り回しがいいように銃身が短い。全長は１ｍ前後である。

ミニエー銃というライフルがあった。１８４８（嘉永元）年、フランス陸軍のミニエー大尉が発明した。弾丸は前からこめるタイプだが、銃腔には四条の腔綫《こうせん》が刻まれていた。１ｍにつき右回りに１回転だった。オランダ製の場合は、口径16・６㎜、全長は１・41ｍ、重量は４・５５４㎏。

アメリカ製のミニエー銃もあった。有名なレミントン社製である。口径は14・５㎜。全長はオランダ製と同じ。ただ、重量が４・０７３㎏と軽量化している。ベルギー製もオランダ製と同じ。イギリス製ミニエー銃は、１８５３年式エンフィールド銃と言われた。「鳥羽ミニエー銃」と言われたものもあるが、これは「タワー社」製のものを「トバー」となまって呼んだと考えられる。

＊41　インハンテリ・ゲベールというものがあった。インハンテリとは英語でいうインファントリー、すなわち歩兵のこと。直訳すれば歩兵銃である。弾丸口径は17・５㎜、全長は１・４９８ｍだから長大なものだ。重量も４・８㎏。前装で、銃腔の中にはライフルがなかった。燧石式と雷管式があった。外見での特徴がある。銃身と木部の銃床を組み付けるために真ちゅう製の帯が三つあった。「三つバンド」と呼ばれた。

前装式なのにライフルがあるとは、と疑問が出ることだろう。弾丸に工夫があったのだ。鉛製の椎の実型（球形ではない）の弾丸には（弾底）にくぼみがあった。そこに木でできた栓《せん》がはめてある。弾丸の重さは39・23gもあった。発射薬は5・3gというから、黒色火薬時代の重量比率が分かって興味深い。この発射薬は紙製の筒に入って弾丸と組み合わされる。発射されると、弾底の木栓はくぼみに押しこまれて、すそがスカートのように広がった。これがライフルに食いこんだのだ。ゲベール銃に比べると5倍以上の命中率だったという。

戊辰戦争の旧幕府軍と新政府軍との銃撃戦の優劣は、ゲベール銃とミニエー銃の差が決めたといっていいだろう。

◆日露戦場での実相

日本陸軍の戦い方を相手側から見た記録が残っている。ロシア軍将校の手記で、ロシアの新聞にのったものを日本人が翻訳したものである。翻訳・報告者は永田鐵山《ながたてつざん》*42歩兵大尉、当時、教育総監部の部員だった。

『日本軍はいつでも優勢でなければ、しかも砲兵火力による掩護の準備がなければ攻撃を始めることはない。日本軍は戦術要点だけでなく、一般に砲弾を散布する。直接射撃だけでなく、しばしば間接射撃も行う。観測所の助けで十字砲火、かつ斉一《せいいつ》射撃をし、ロシア軍砲兵の撲滅《ぼくめつ》を図り、そののち歩兵が射撃を開始する。歩兵の射撃は、はなはだ猛烈である。これはおそらく、すべての時機で優勢を得ようとして、無数の弾薬を消費することを恐れないからだろう。日本軍はしばしば弾薬が欠乏するまで迅速に射撃する』

＊42　永田鐵山（1884〜1935）陸軍士官学校第16期卒業。のちに陸軍統制派の中心人物として皇道派将校に憎まれ、陸軍省軍務局長として執務中、襲われて横死した。

永田鐵山Ⓚ

これが、ロシア側から見た日本軍、砲兵、歩兵の戦い方である。

また、1925（大正14）年、陸軍大学校長になった渡邊錠太郎《わたなべじょうたろう》中将[*43]（当時）は述べている。

『砲兵は、まず敵砲兵を求めて弾雨をあびせ、これを抑えつけてしまう。敵砲兵を片づけると歩兵は前進を始める。すると、敵歩兵は姿をみせてくる。はじめは徐々にではあるが、だんだん盛んに発砲してきて、わが歩兵の前進をさまたげる。そこでわが砲兵は敵砲兵に（射撃の）一部を向けるが、大部分は直接わが歩兵の妨害をする敵歩兵に向けて射撃する。わが歩兵は弾雨をおかしながら、味方砲兵の支援をうけて、だんだんと前進し、ついにわが射撃が効力を示しそうな距離に入る。それから歩兵も射撃を開始する。その後、歩兵は互いに掩護《えんご》しあい、敵を圧倒し、ついに五、六〇〇メートルの線まで近接する。このあたりで勝敗を決めてしまい、後は突撃すれば、敵はもう居たたまれずに逃げてしまうというのが、開戦当初の信条だった。白兵、すなわち銃剣はほんの跡始末に使うという考えだった』

戦死傷者の原因理由をみれば、野戦では銃弾、旅順要塞では砲弾によるものが多い。白兵による死傷など、ほとんど見られない。1％もなかったのが実態である。

◆白兵戦を好んだロシア軍

日本陸軍が手本にしたドイツ陸軍は火力主義である。歩兵の小銃火は敵を圧倒するべきものであり、歩兵は小銃弾で戦うものだった。ドイツ陸軍の操典には、次のように書いてある。

『歩兵戦は射撃効果に依《よ》り決せらるるを例とす』

＊43　渡邊錠丈太郎（1874〜1936）愛知県出身、中学に進めず現役兵から陸士8期に入校。陸大17期首席卒業。歩36連隊中隊長で日露戦争に出征。負傷、ドイツ、オランダ駐在。青年将校に憎まれ2・26事件で襲われ、拳銃で応戦、殺害される。

さきの渡邊大将の日露戦争での実戦談をきいてみよう。

『自分が敵から五、六〇〇メートルの距離に迫り、連発銃で雨あられと弾丸をあびせたら、敵はとうてい居たたまれないだろうと思ったのが存外《ぞんがい》だった。敵は名にし負う防御にかけては地から生えたかと思うようなロシア兵で、なかなかもって、五、六〇〇メートルくらいの小銃戦では駆逐《くちく》されるどころか、三、二〇〇メートルと迫っても、容易に動こうともしない』

ロシア兵の闘志、恐るべし。陣地にこもり、一歩も退かなかった。欧州の軍隊一般の常識をこえて頑強だったのだ。日本歩兵の三十年式歩兵銃はよく当たる銃だった。正確な射撃で圧倒し、敵の気力を奪ってしまう。敵が後退するところをさらに小銃火で追い撃ちをする。敵がいなくなったところを突進し、残された負傷者や、逃げ遅れた敵を銃剣で制圧するのが突撃である。

日本の歩兵操典には次のように書いてあった。

『突撃は敵兵既《すで》に去りたるか若《も》しくは僅《わずか》に防支《ぼうし》する陣地に向て行うに過ぎざるものとす』

ところが、ロシア兵は逃げなかった。接近して互いに爆薬を投げ合うような距離になる。すると、ロシア兵は銃剣突撃をしてくるのだ。手にするモシン・ナガシ小銃の銃剣は、銃口にネジで止められていた。兵士たちが勝手に取りはずすこともできなかったようだ。銃をかまえてねらった時には、重心位置が前のほうになる。しだいに前下がりになり、疲れてくれば保持するだけで大仕事である。ロシア軍小銃の命中率が低いのは銃の性能だけの問題ではなかった。

ロシアの戦闘教令（１９０４年）では突撃について、次のように書かれていた。

散兵壕で待機する兵士

『歩兵はその最終の射撃位置に停止することなく、急進して突撃におもむくべし』、また、『攻撃の有効なるとき歩兵は銃剣及び射撃をもって敵を追撃し、前進すべし』とある。

日本陸軍の歩兵将校たちもこう思った。『防御工事もないような平坦で視界も開かれた戦場だったら、おそらく五、六〇〇メートルという距離で火力によって勝負が決まり、大勢が定まることだろう。しかしながら、陣地によって頑強に抵抗する敵に対しては、最後の決勝は銃剣突撃にあることを信じる』

あるいは、さきの渡邊大将も、

『ついには頑強な敵に、最後のとどめを刺すのは依然として銃剣でなくてはならない。そういう平凡な、古めかしい真理が今も変わらないと覚《さと》ったのである』

とふり返っている。

◆当時の要塞戦の常識

19世紀の戦争の常識でいえば、要塞を攻めるときには一定の人員の損害を見こむのは当然だった。現代の常識で、当時の軍人の判断や行為を非難してはならない。

旅順要塞というと、おおかたの人はコンクリートで固められたダムのような設備を思う。山肌を固め、あるいは長い城壁をもつ西洋風の城を思い浮かべないだろうか。[*44]

旅順の要塞は、およそ25㎞の半円形の円周に25個以上の堡塁《ほるい》があった。堡塁というのは、防衛の拠点になるところで、砲台や銃眼《じゅうがん》をそなえている。また、守備兵が休息したり、待機したりできる居住性もあった。堡塁と堡塁の間は、日本軍でいう散兵壕、のちにいう塹壕《ざんごう》で結ばれている。塹壕は地面をジグザグに掘っていけばよい。ただ、

＊44　司馬遼太郎も「ロシアは二〇万樽ものセメントを使った」と書いた。しかし、その表現をされてしまうと、ああそうか、二〇万樽かと思うばかりで、実際の風景を思い浮かべられる人は少ないのではないだろうか。残されている写真も、堡塁に付属した兵舎などがあるが、それも誤解されやすい光景だろう。

これも1本だけではなく、3本が造られていた。そして、この途中にも兵員が待機でき、将校が事務をとれるような掩蓋《えんがい》がある施設が備えられていたのだ。

　実は、日本兵の突進を食い止めたのは、この塹壕にこもるロシア歩兵と鉄条網《てつじょうもう》だった。映画や小説の描写だけでは分かりにくい戦場の実態はそこにあった。第二軍軍医部長だった森鴎外が、『土ぶくろ　十重《とえ》に二十重《はたえ》に　積み重ね』とうたったのは、まさに塹壕の外側に築かれた土嚢《どのう》の防弾壁である。

　しかも、旅順の地形は、まるで炭鉱のボタ山のような低い高地がならんでいる。突進する日本兵は、つま先立ちになって息せき切って敵陣に向かって登り続けた。射撃も下から撃ちあげるとなかなか当たらない。空に向かって飛んでいくという思い出話もある。

　それに対してロシア兵は、こぶし下がりに撃ち続ければいい。しかも、ロシア軍は旅順艦隊の軍艦から、対水雷艇用の小型機関砲までおろして陣地に配備していたともいう。

　旅順戦の日本兵の死傷者の傷の多くは、銃弾によるものだった。*45 また、敵味方の接近戦が激しかった要塞戦では、爆薬を投げ合ったり、ロシア兵によって海軍の機雷を投げ落とされたりといったような戦い方が見られた。おかげで、「爆創《ばくそう》」と分類される死傷者もふえた。手榴弾《しゅりゅうだん》と言われる手投げ弾の原型も登場したらしい。

　白兵創《はくへいそう》による負傷者は全部の負傷者の中では4・5％でしかなかった。また、その8割は後送もされず、部隊で治療することで治るといった軽いものだった。入院患者の中では、わずか0・8％にしか過ぎなかったのだ。

二〇三高地（『明治卅七八年海戦史』）

＊45　第1回総攻撃では、大江志乃夫によれば、全死傷者の中で銃創のよるものが占める割合は72・8％、第2回が60・7％、第3回で56％にもなった。砲弾創は、それぞれ20・6、26・7、16・4％だった。このことからは掩護するための砲弾が味方を傷つけることもあること、敵味方が近づいている状態では砲撃を控えなくてはならないことがわかる。

◆旅順要塞攻撃談―現場の大隊長の思い出話

旅順を攻撃した歩兵第12連隊大隊長の話。第二回の総攻撃の話である。

『まず攻撃工事をほどこし、そうして突撃陣地を構築してそれから攻撃―突撤《とってつ》にかかる、こういう順序だった。その突撃陣地をこしらえるまでの作業を攻撃作業といって、これが9月の1日から10月30日までの仕事であったわけである。なぜ、この攻撃作業をしなければならないか。第一回の総攻撃がなぜ失敗に終わったかということを簡単にお話ししておかないと、少しお分かりが悪いだろうと思う』

旅順要塞戦の実態が分かる談話なので、原文の気分を損なわない程度に現代語に訳してみる。

『旅順のような完備した防御設備をもったところでは、その前正面千メートルくらいの間は、まあ隙間もなく、すっかり銃砲弾の網をおっかぶせるようにしてありますから、どんなことをしても、いかに肉弾といっても、昼間は前進できない。これを昼間前進しようと思えば、その時もっておった砲の数が五倍、弾薬二十倍、それだけの力で敵陣地へ射ちあげている間に前進するより、まったく手がない』

ところが、それができなかった。第一回総攻撃のときには、夜間に敵陣に接近し、600mくらい進んだ。

『敵の鉄条網をこえて、どどっといきなり肉弾《にくだん》で跳びこんだ。たいていのところは、鉄条網の針金にひっかかる、越えようというときに射ちかけられて、肉弾ことごとく地に伏してしまう。あるいは、多くの場合戦死、負傷するということになるが…』

400m余りを突進したのだった。場合によっては、油断した敵のすきを突いて突入に成功した部隊もあったが、後方の要塞からの銃撃で全く身動きできない。夜が明

応急処置だけの仮包帯所

けると敵の攻撃はますます激しくなる。

困ったのは掩護《えんご》だった。弾薬を送ってやることも、食糧も届けることもできない。大砲で助けてやろうとしても、敵はどこから撃ってくるのか分からない。砲兵隊は2千mも3千mも後ろから見ているから、斜面にぴったり貼《は》りついている味方がどれかもはっきりしなかった。

『（砲兵隊は）うしろであっけに取られて見ているだけです。だから、どうしても歩兵部隊が、全体が敵に接近して、昼間堂々と接近して、その中から肉弾を跳びこませることにしなければいけないというので、攻撃作業という仕事をして、突撃陣地までは、攻路を穿《うが》って隠れて行けるようにし、なお敵の近くまで小銃、機関銃をならべて、直接突撃部隊を助けて行くことができるようにしなければならない。これが要塞戦の特徴であることです』

◆戦闘の教訓化

軍隊はいつも研究と改善をおこたらない。

第2軍司令部は１９０４（明治37）年5月の南山の戦い、6月の得利寺、8月から9月にかけての遼陽《りょうよう》の会戦、そして10月には沙河の会戦を戦った。

その司令部が出した『戦闘動作及通信勤務ニ関スル注意』は、まさに当時の陸軍の実態を表している。ここでは、遠藤芳信の論文に多くをよって解説したい。

敵戦線の状況偵察や、情報伝達、通信連絡がまずかったとされている。その結果、攻撃目標が適切に設定されていないという。銃砲声が激しい方に、どうしてもひき寄せられてしまう。騎兵将校斥候《きへいしょうこうせっこう》*46の報告が、はっきりしないものが多かった。

＊46　斥候とは敵情の視察にむかうことである。ふつう小規模な場合は上等兵を長として2、3名、下士を長とすれば10数名、将校を派遣すれば数10名の規模になる。騎兵はもともと偵察、視察能力が高いので、その中でも将校斥候はかなり確度の高い情報をもたらすことが期待されていた。

また、歩、砲兵の協力では、通信連絡がうまくいかなかったために、敵味方の区別がついていたのか分からない事例があった。そして、下級者の報告を受ければ、その内容をそのまま取り次ぐだけという指揮官がいた。自分の適切な判断、所見を加えなければならないという。それが、細部について、追求・確認しないで、下級者の報告を、そのまま上級者への報告にしてしまうという態度が目立った。

戦後になるが、陸軍軍制調査委員（会）は、実戦の結果による各軍団隊からの提出意見をまとめて審議して、結果を陸軍大臣に報告した。

それによれば、戦闘正面を拡大すること、密集せずに散開すること、散兵線での運動範囲の拡大志向をめざす意見が見られると遠藤は指摘している。また、砲戦が行われている間にも、歩兵は前進を始めるべきだという主張もあったという。

隣の兵との間隔をあけて、ばらばらに行動しろ、横一列になった隊形でも自分で判断して行動してもよいといったことである。機関銃の射撃をあび、速射性の高い小銃の狙撃を受ける。そうであれば、これまでの『歩兵操典』どおりの集団行動、統制された戦闘態勢というものは通用しなくなった。

◆偕行社の記事には反省があふれていた

「偕行社記事」に目を通すと、戦闘単位である中隊レベルの兵卒の行動の問題点が、かなり具体的に書かれている。

まず、前進方法である。ロシア軍は兵卒同士、ゆったりとした間隔で前進するので損害が少ない。それに対して、わが兵は「集団スルノ弊《へい》」があるという。最初の前進するときから密集しがちであり、動き出しても一、二歩の間隔しかとらない。これは、平時の訓練が実戦的でなかったからだ。また、各兵の判断訓練が足りなかった。戦闘中に、いまの状況を考えて、自分は何をすればよいかをすぐに判断できず、右往左往してしまう。いつも、誰かの指揮下に入ることばかりを考えて、誰かが動けば、それについていってしまう。

敵にとっては密集している日本兵ほどよい射撃目標はない。また、他の地点の散兵線は手薄になった結果、容易に敵の前進を許してしまう。ところどころで密集してしまっては、前面に対して火力が平均的にならなかったのだ。

地形や地物の利用が下手なことも指摘されている。中には、身体を隠すことは卑怯《ひきょう》だという誤った観念からか、わざと露出した姿勢を見せる者がいた。頭や首を散兵壕から出してキョロキョロする下士・兵卒も多かった。そうすると、ロシア兵は、そのあたりに銃砲火を集めてくるから損害が増えてしまう。どうしてそうなってしまうのか。自分の身を守るために、最小限の情報収集や観察で、周囲の状況を判断する訓練ができていない。また、視覚のみにたよって情勢を考え、同時に、自分の目に見える範囲内だけで戦うといった未熟さがある。

歩哨《ほしょう》や斥候にも問題点が多かった。ロシア兵の歩哨は身を隠して警戒する。それに対して、日本兵は自分の身体をさらして監視に立つ。狙撃に倒れる者が多かった。斥候行動もロシア兵に比べて、まずさが目立った。ロシア兵はしばしばトリックを使った。わが歩哨の判断を誤らせるためだ。わが斥候兵はどうかといえば、敵に見られても心配しない。むしろ身を隠すことや、偽装することは怯懦《きょうだ》だと思っている。

こうした欠点は、長い間、自分で考えることを禁じてきた社会の常識のせいか。また、戦場で身を隠すことは臆病に見える、そういった他人の評判を気にしてしまう。

そんなあり方に起因してしまうのか。

◆銃剣突撃を振りかえって

先にも登場した歩兵第12連隊の大隊長は、1935(昭和10)年には陸軍中将になっていた。思い出話の最後に、こういうことを言っている。

『昔から勇壮、悲壮な戦いにはよく屍《しかばね》を乗りこえて進むということがある。屍を乗りこえて進むということが非常に偉いことであるように考えるが、今日はそんなことはできない』

昔の屍を乗りこえて行くというときは危険がない。乗りこえていって、敵と出会って初めて接戦する。それが今日の戦争では、屍を乗りこえる間に自分は叩きふせられている。言葉は同じでも、昔の戦とは状況が違っているということだ。

それからもう一つ、言っておきたいという。『肉弾、肉弾というけれど、肉弾では鋼鉄の弾丸にぶつかって倒れるのは当たり前である』。だから敵に出会うまでは、側面から、背後から銃砲弾で敵を抑えつけて、体当たりするところまでにしてくれなければ肉弾の値うちがない。肉弾が銃砲弾の代わりをすると思ったら、大間違いである。

3　二十八糎榴弾砲の伝説

◆薩英戦争とアームストロング砲

戦前、日本の海岸には要塞があった。重要な港、海峡、島などにおいて防御施設をつくり、軍艦攻撃用の重砲（口径10cm以上）を海に向けた。それを重要視したのは島国である以上、当然のことだった。しかも、新政府の要人は幕末期以来いつも外国勢力の侵入にあってきた経験者ばかりである。海岸には防衛用の要塞を造るのが当然だった。

砲の進化には、前装から後装へ、球形弾から炸薬を内蔵した先鋭《せんえい》弾へ、滑腔《かっこう》から施《し》条《じょう》へという変化があった。砲身の前から装薬と球形弾をこめた。それが後ろから装弾して砲尾を完全に密閉できるようになると、砲弾の形も変わってきた。ライフリングができるようになると、椎の実形の砲弾（長弾）が工夫される。その中には炸薬《さくやく》が充《じゅう》填《てん》されて、固い物にふれれば爆発するようになった。あるいは時限装置*47がつけられて、空中で、あるいは着弾してから遅れて爆発した。爆発にともなう火薬ガスの膨張や、衝撃波、飛び散る弾丸の破片などで被害はいっそう深刻化するようになる。

後装式のライフル砲の炸裂弾を世界で初めて浴びたのは、幕末の薩摩藩軍だった。生麦事件《なまむぎじけん》*48の解決がもつれて、英国がとった外交の結果である。

1863（文久3）年7月、英国艦隊7隻は薩摩に来航した。総砲数は89門を数えた。旗艦はユライヤラス、コルベット艦と砲艦がそれぞれ3隻である。

7月2日の夜明け前、英国海軍の得意技、カッターやボートで停泊中の敵船を襲うという戦いから始まった。接舷《せつげん》もされて乗りこまれたという記録がある。薩摩軍はあっという間に3隻の汽船を失ってしまう。このとき、抵抗もせずに捕虜になったのは船奉行添役《ふなぶぎょうそえやく》（士官）だった五代友厚《ごだいともあつ》*49と寺島宗則《てらしまむねのり》*50である。二人はそれぞれ藩所有汽船の船長だった。見張りも立てていなかったのか。勇猛な薩摩隼人《さつまはやと》にしても、ほんとう

＊47　球形弾の時代にも、火縄などをつけて爆発時間を管制する工夫はあった。榴霰弾などは重要な弾丸だった。

＊48　1861年、横浜居留地から馬に乗って出かけた英国人4人がいた。現在の横浜市鶴見区生麦で帰国途中の薩摩藩の行列に出会った。大名行列は後にいう戦闘行軍である。供先を割った人馬は敵対行動ととられてもしかたがない。

＊49　五代友厚（1836～1885）　藩の儒者の家に生まれた。57年、藩命で幕府の長崎海軍伝習所に入所する。英艦隊に拉致され、帰国できず亡命生活をおくる。維新後は参与、外国事務掛、大阪府判事（知事にあたる）を歴任して、外交・貿易事務や大阪造幣寮の建設にもかかわった。69年には退官、実業界に入る。

の戦争に慣れていなかったことが分かる。
汽船を奪われた薩摩軍は、午前10時ころ、いっせいに艦隊に対して砲撃を始めた。*51しかし、弾丸のおおかたは届かない。砲台10個所、砲の総数85門とはいうものの、大部分はオランダ製の旧式滑腔砲で弾丸も球形だった。もちろん、椎《しい》の実形《みがた》砲弾もわずかにあり、内部に炸薬をつめてあるものもあった。ただし、みんな前装式だから、発射のつど、いちいち砲身内部を清掃した。砲煙は周囲にただよって視界を悪くする。のちの元帥東郷平八郎海軍大将も少年兵として台場を走り回っていた。

イギリス艦にはアームストロング砲が試験搭載されていた。その採否が英国でも議論されていた、いわくつきの砲である。この砲については１２０ポンド砲といわれている。弾丸重量と考えるとおよそ55kgくらい。後世の感覚では口径15cm。この炸裂弾《さくれつだん》の威力は、勇猛な薩摩軍をたいそう驚かせた。射撃の正確さ、それに発射速度の高さは、ことに印象深かった。

結果は、薩摩側の戦死５名、重軽傷者10数名である。しかし、艦砲の射撃で、砲台のすべてが破壊され、民家３５０戸、武家屋敷１６０戸、寺院４ケ所、藩の工場である集成館や鋳銭所も焼かれてしまった。そのうえ、拿捕船《だほせん》3隻に加えて、他に5隻が炎上させられてしまう。これに対して英国側の損害は戦死13名、負傷50名と提督から報告されている。

しかし、このアームストロング砲は実戦でテストの結果、欠陥品だったことが分かった。30発を撃ったときに、火門孔《かもんこう》（砲尾尾栓《びせん》にある）の部分がガス圧で破裂したというのだ。耐久性がないことが判明した。製作者のアームストロングは、せっかくの海軍工廠《こうしょう》での地位を失ってしまった。イギリス海軍は、この後装砲を艦からおろして、

*50　寺島宗則（１８３２〜１８９３）薩摩藩出水郷脇本の郷士の子。伯父の蘭法医の養子になり松木弘安と名乗った。江戸に遊学、藩近代化事業にかかわる。維新後は外務大輔（次官）や外国官判事などを歴任、駐英国公使をへて１８７３年、参議兼外務卿に就任、精力的に不平等条約の改正に努力した。相互対等の原則を曲げず、欧米に対しては自主外交、アジアへは条理外交といまも評価する声が高い。

*51　大砲の操作には多くの人がかかわった。什長（分隊長）、覘役（照準手）、玉薬役（炸薬担当）、太鼓役（命令伝達や合図）、玉竿役（砲身を掃除する）、口薬役（装薬担当）、打役（射手）などが当時の記録に見える。

また前装砲に戻すという決断をした。しかし、アームストロングはくじけなかった。私設の鋳砲所を開いて、後装砲にさらに改良を加えていった。

◆砲身強化の技術

砲身にはたいへんな圧力がかかる。重い砲弾を火薬ガスで撃ちだす。膨張するガスが出て行けるのは砲口しかないが、砲弾がじゃまをする。砲弾を押しながら外へ出ようとするが、それも全方向へ向けて力を発揮するのだ。後装式は砲尾を大きなネジや鉄板でふさぐようにするが、アームストロングの初期の失敗は砲尾の閉鎖機の脆《もろ》さだった。

では、砲身製造技術はどのように進んでいたのだろうか。この後装式施条砲が開発されるまで、主に砲身は単肉《たんにく》とされていた。単肉とは一本の鉄棒に、そのまま穴を開けたものをいう。砲腔をとりまく外側を腔肉《こうにく》というが、それをいくら厚くしても強度はあまり高まらず、その限界まで予想できるようになった。腔肉は厚くすれば重くなる。重い砲身は、それを支える砲架を重くしなければならず、馬で砲を牽引《けんいん》する時代では、重くすれば、そのまま機動力が低くなる。艦載砲も事情は変わらない。砲甲板に重量がかさむものを載せれば、フネの安定性に欠けることになる。

まず、砲身には、たがをはめた。それを二層以上打ちこむか、焼きはめにして組み立てると、ガス圧に耐えられる力が高まった。１８５０年代には、次々に装箍《そうこ》砲と言われるこのタイプの砲身が発明された。アームストロングも１８５５年に野砲を試作している。これは鋼鉄製の内筒に鉄製のシリンダーを何重にも巻きつけたものだった。これらを単肉と区別して層成砲《そうせいほう》（ビルトアップ・ガン）と呼ぶ。

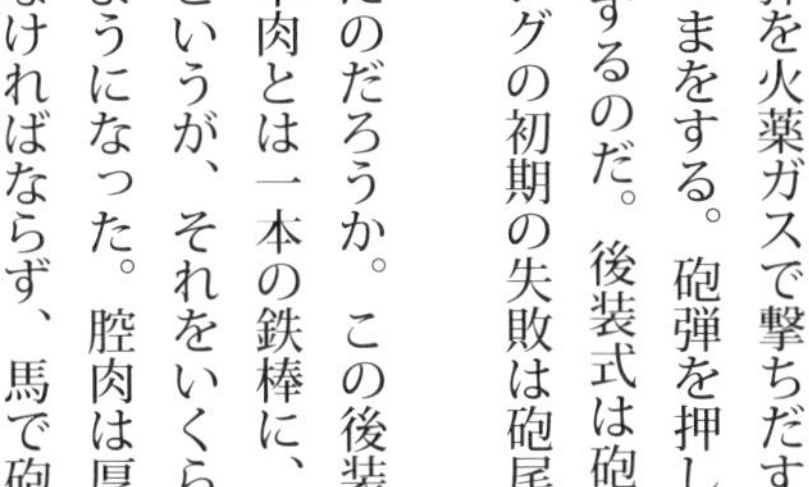

砲尾のネジ式閉鎖機（陸自203ミリ自走榴弾砲）
（北千歳駐屯地第１特科団）

技術の進歩はまだ続く。60年代には、装箍砲は鋼線砲にとって代わられるようになる。鋼線砲（ワイワウンド・ガン）とは鋼製内筒のまわりに鋼線を巻きつけるものだった。このあたりの事情は、詳細な図も含めて小山広健の『図説世界軍事技術史』にのっている。

これらの他には、オーストリアのユカチウスが開発した圧搾式青銅砲《あっさくしきせいどうほう》もある。青銅製の砲身の内腔を計画した口径より、少し小さく造っておく。この中へ鋼鉄製の圧搾《あっさく》桿《かん》を水圧機で圧力をかけながら押しこんでいく。無理やり内径が広げられるのだ。この方法は地下資源が少なく、製鋼や製鉄技術で遅れていたオーストリアやイタリアで発達した。

日本陸軍は、こうした世界の状況の中でイタリアの技術指導をうけ、圧搾式青銅砲を採用することになった。これが、日清戦争の主要装備となった七糎《センチ》（㎝）野・山砲である。野砲は初速４２８・６ｍ／秒、山砲は同２５６・６ｍ／秒で、それぞれ最大射程は５０００ｍ、３０００ｍである。野砲は輓馬《ばんば》４頭でひき、山砲は砲身と砲架に分解して駄馬４頭にのせて運んだ。

１８８６（明治19）年から88年にかけて、陸軍砲兵隊は旧式火砲と交換して、この口径75㎜の青銅砲で初めての対外戦争を戦うことになった。制式名は7糎だが実際は世界標準の75㎜だった。重量は４００㎏、砲尾には鎖栓《ざせん》式と言われる片側に開く閉鎖機がついていた。

◆海岸砲の製造と配備

明治新政府は海からの敵を恐れた。幕府時代にはロシアによる北方への侵攻、イギ

山砲の砲身を駄載する（日中戦争時）

リス軍艦の長崎港侵入、ロシア軍艦の対馬占拠、琉球へのアメリカ艦隊の強引な寄港など、技術格差を見せつけられた海からの侵入をひどく警戒したのだ。

それでは、どんな砲をもてばいいのだろうか。ここでもイタリア将校の指導をあおいだ。1887（明治20）年には口径12㎝から28㎝までの7種類の砲の制式化を行った。うち27㎝加農《カノン》だけは国産化のめどが立たず、フランスに発注した。

このうちの二八糎《センチ》榴弾砲が先に述べた装箍《そうこ》砲だった。鋳鉄《ちゅうてつ》を内筒に鋳《い》こむときに、中心に管を通して水を注ぐ。急激に冷やして硬化させて、その上に鋼鉄のたがを二重にはめ込んだものだった。

1892（明治25）年の制定当時は、据えつけるにも一週間がかかった。高低射界という砲身の俯仰《ふぎょう》角度（上方や下方に向けられる角度）は68度からマイナス10度とされる。つまり、曲射もでき、要塞に接近した敵艦にも斜めに撃ち下ろす機能もあった。砲弾や装薬の装填も人力ではできず、クレーンで行った。

旅順の攻囲戦では18門が内地から運ばれた。運搬、据えつけには50日間もかかったが、昭和になってから組み立て式木材砲床《もくざいほうしょう》が工夫されて、特殊重砲運搬車に載せて13t牽引車で引っぱるようになった（『陸軍火砲の写真集』）。

試験射撃は東京湾観音崎砲台で行われた。射角を62度にとって距離8千50mの標的に発砲。12発中9発が命中したという。しかも、的の中心から2m、4mに各1発ずつ着弾した。榴弾砲はなかなかの完成度を見せたといっていい。

フランスに発注したのは、加農《カノン》は大きな初速を出さねばならなかったからである。長大で、高い腔圧を必要とする。つまり発射のときの砲身内の火薬ガスの圧力に耐える砲身が国産では造れなかった。「加式[＊52]30口径27糎加農[＊53]（明治21年購入）」の砲身の長

＊52　外国製輸入兵器には兵器製造会社の頭文字が漢字で示される。加式とはフランスのカネー社の製品である。他にドイツのクルップ社製は「克式」、フランスのシュナイダー社製は「斯式」、同じくサンシャモン社製は「参式」といわれた。「斯加式」とは、シュナイダーとカネー社が合併した後の製品の名称である。

＊53　カノンはもともと「筒」を表すラテン語から生まれた。初めは大砲すべてを指したが、時代が下がるにつれて平射をする砲だけをカノンというようになった。平射とは射撃角度が45度以下の射撃をいう。そのためにふつう砲身が長く、初速が大きく、遠距離射撃に向いているものである。日本陸軍はこれに「加農」という字をあてカノンと読ませた。

＊54　砲身の長さは10口径で、重さは約10tだったといわれる。公表されている要目は、初速142〜314m／秒、最大射程7800m、弾丸重量は217㎏である。

さ[*54]は、30㎝×27であり、ざっと8mを超えた。こうした砲身を国産化することは、とうていできないことだった。加農は侵入してくる敵艦の鋼製の舷側《げんそく》を平射で撃ちぬくことを目的にした。

大阪砲兵工廠では1889(明治22)年には、イタリアのグレゴリニー鋳鉄を使って二八糎榴弾砲を製造した。翌年にも、1門をつくり東京湾要塞に据えつけた。91(明治24)年には国産原料で兵器を造るという方針で、釜石鋳鉄[*55]を使うことになった。試製砲の性能は満足がいくもので、以後、国産の釜石鋳鉄がこの砲の製造には使われるようになる。

1902(明治35)年、築城本部[*56]において砲工兵合同会議が開かれ、15㎝砲2門を据えつけた要塞砲塔の設計要領が決まった。これによって東京湾第二海堡[*57]に置かれる砲塔は国産することに決定した。ところが、大阪砲兵工廠提理《ていり》[*58](長官)に打診すると、それは難しいという。砲塔の製造経験がない、砲塔の円蓋《えんがい》(上部の覆い)は工廠では生産できないというのだ。そこで、年末にドイツのクルップ社、フランスのサンシャモン社に、それぞれ2門ずつを発注することにした。完成期限は05(明治38)年4月30日として、03(明治36)年8月クルップ社と、12月にサンシャモン社と契約を行った。大型砲の製作期間がいかに長いことか。

クルップ社の製品は04(明治37)年12月に竣工、ドイツで試射が行われた。すぐにも送って欲しかったが、時はバルチック艦隊が日本に向かっていた頃である。途中、海上での捕獲を恐れ、発送は大幅に遅れて、05年9月にようやく日本に到着した。第二海堡に据えつけられたのは翌年の1月だった。サンシャモン社の砲は05(明治38)年9月にできて、翌年6月に同じく第二海堡に配備された(『日本陸軍兵器沿革史』)。

＊55　岩手県釜石に建設された製鉄所でつくられた鋳鉄。

＊56　築城とは古くさい言葉だが、野戦築城などと使い、陣地をつくることをいう。これは、要塞を建設する計画を立てたり、実行、資材の補給などを監督したりする官衙のこと。

＊57　海堡とは海岸要塞の堡塁である。東京湾の東側、木更津市の南にある富津岬の先端から西に向かって3個の島に堡塁が造られた。東から第一、第二、第三と名づけられた。第三海堡は人工島で、関東大震災で壊されてしまった。

＊58　日本では死語になった。「大字典」にしか載っていない。「すべをさむること。またその職」とある。台湾では今でも株式会社社長、公司の長を提理という。

これを写真で見ると、砲塔に2門の砲が連装されている。戦艦の砲塔そのものである。砲兵工廠では、これが造れず、海軍もまた軍艦に国産大型砲塔をのせる技術はなかったのだ。

◆旅順港で榴弾砲が沈めた敵艦はなかった

日露戦争で日本の第3軍は旅順要塞を攻めあぐねた。ベトン（コンクリート）製堡塁は、ふつうの野砲弾をはね返してしまった。司馬遼太郎によって、すっかり悪者になった伊地知第3軍参謀長は、そんな物（二八糎榴弾砲）は要らないと言ったそうだ。だが、その証拠は実はないという。作家の創作ではなかったか。

また、攻城砲兵司令官が「持ってきたって、砲床はベトンで固めることになる。一ヶ月も二ヶ月もかかる。間に合うものではない」と言ったという。これも司馬は専門家の陥る過ちだという。伊地知参謀長は欧州留学が長かった砲兵である。海岸要塞の榴弾砲が、野戦攻城でどれほど役に立つかという疑問はもっていたことだろう。先にも書いたように、二八糎榴弾砲は軍艦に対抗して、垂直に砲弾を落下させて甲板をぶち破るために開発された砲である。しかも、弾丸は製造されて20年近い時がたっている。火薬は経年《けいねん》変化というが、変質しやすく、効果が低くなっていることが予想される。

むしろ、海軍陸戦重砲隊の活躍を知っていた参謀長は、射程が長く威力が大きかった対艦船用カノンを送ってもらいたかったのではないだろうか。また、砲兵司令官は、当時のベトンの養生《ようじょう》期間の常識[*59]を述べたにすぎない。東京湾要塞に据えつけた頃には、たしかに2ヶ月を要したのだ。のちに明らかになったが、要塞攻撃で大きな貢献をし

＊59　コンクリートはセメントに水を混ぜ固めたものをいう。古いものをローマンセメントといい、これは天然のセメント、つまり石灰石と粘土が混ざったものを焼成してつくった。ところが、天然なので石灰石と粘土が混ざる比率が一定ではなかった。完全に乾くまで1ヶ月や2ヶ月かかるのもふつうである。

＊60　第3軍の要請で750名の陸戦重砲隊が編成された。8月7日から旅順港の背面から距離8000から9000mで射撃を始めた。弾丸は12㎝だったが、時間と弾丸数に制約がなく、弾着修正が自在だったため、正確に命中した。

たのは、二八糎榴弾砲、工兵隊の活躍と海軍陸戦重砲隊[*60]の射程の長いカノンだった。あまりに歩兵の肉弾攻撃の効果と、二八糎榴弾砲のことばかりを強調するのは不公平といえる。

二八糎榴弾砲には、後に述べるさまざまな欠陥はあったが、その大口径が役に立った。直接、厚いベトンを撃ちぬくことは、滅多になかったが、激震を与えて、内部の壁を飛ばしたり、構造材に圧力をかけたりした。

工兵隊は堡塁の真下までトンネルを掘り、多くの犠牲を出しながら、コンクリート壁を爆破した。工兵将校や下士の戦死率は、歩兵科に次いで高かったのだ。そして、アームストロング式15cm、同12cm、同8cmのカノンを揚陸《ようりく》し、奮戦した海軍将兵の活躍も忘れてはならない。

日露戦争では、世界的にも陸海軍協同がうまくいった例とされるが、旅順にも東郷司令長官の具申により、合計44門の砲が集められ、乃木軍司令部の指揮下に入った。

戦前の日本では、二〇三高地の陥落と旅順港内の敵艦撃沈が結びつけられ、二八糎榴弾砲の人気は絶大だった。つい先頃まで、二〇三高地に観測所をすえて、港内の敵艦を次々と沈めたという通説が常識だったのである。

ところが、防衛省防衛研究所には興味深い報告書が残っている。陸軍省編纂『明治卅《さんじゅう》七八年戦役陸軍政史・第三巻、付録』[*61]にある『旅順港引揚戦艦ニ対スル廿八珊米《にじゅうはちセンチメートル》榴弾砲命中弾ニ関スル調査報告』である。発行日付は明治38年9月11日になっている。すでに『大阪砲兵工廠の研究』の中で、三宅宏司が詳しく紹介しているが説明してみよう。

陸軍技術審査部の武田砲兵大佐と上田砲兵中佐によって書かれた報告書は、日露戦

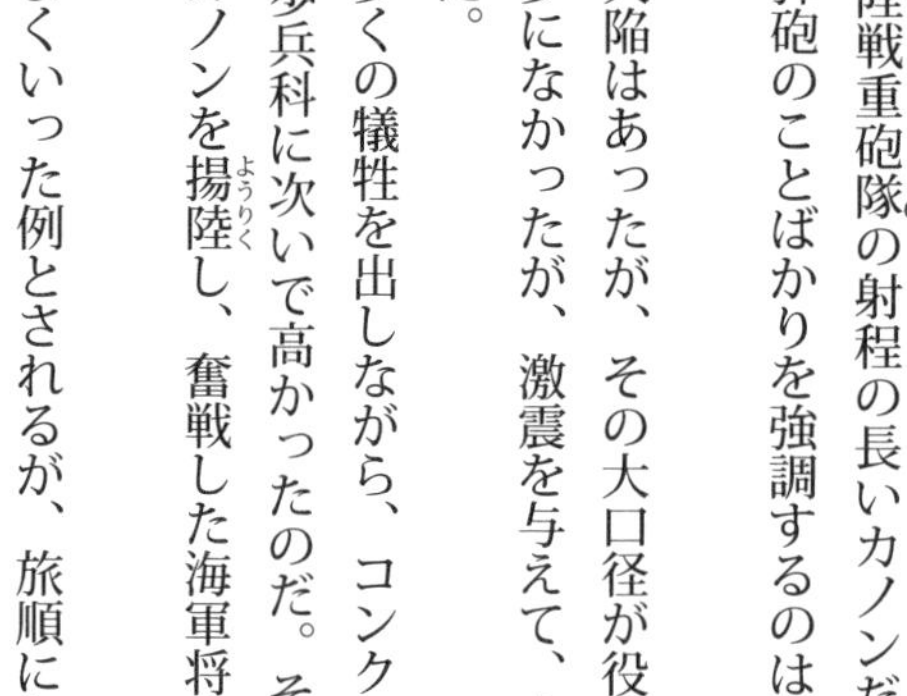

砲身が後座中の三八式十糎加農

＊61　全10巻、防衛研究所戦史室にある。日露戦争が切迫した1903年の末から06年の5月の外征軍凱旋復員がほぼ終わった時期までの、陸軍省が処理した軍政事項を各期に分けて、事項別に編纂した編年史料である。『戦役統計』と合わせて基本資料となるだろう。戦史室には第4巻（運輸及び通信）が欠けているそうだ。

史の真実の追究の難しさを感じさせる。

旅順港内で沈没した戦艦や巡洋艦を調べると、弾丸の効力は艦体の致命傷になったとはいいにくい。つまり沈没原因は他にあるというのだ。また、海軍関係者に聞いた話として、全部の艦の艦底にあるキングストンはすべて開かれていたという。キングストンとは艦底弁と言われ、開放すれば海水は艦内に侵入する。つまり、自沈していたのではないかと想像できる。また、沈没地点は、みな浅瀬だった。速射砲や副砲などはみな外され、要塞防御に回されていた。もちろん、乗組員はみんな陸上に上がって要塞防衛にあたっている。

自分たちでしかけた爆薬の破壊口は舷側に限られていて、修理が可能になるようになっていたともいう。ロシアは旅順が回復されたら、自分たちで引き揚げて修理ができるように、わざと爆薬で舷側を破壊し、艦底の弁を開いていたのだ。

また、日本側に引き揚げられて軍艦「相模《さがみ》」と名づけられたペレスウェットについての報告書もくわしい。同艦に命中していた28cm砲弾は27発、うち防御甲板を貫いて、進んだ径路を研究できたものが9発あった。その結論は、『想像セシヨリハ一層微弱《びじゃく》タルニ一驚《いっきょう》ヲ喫セシ所ナリ』である。

「微弱」だった理由は、二人の砲兵将校によれば、第一に信管が不完全だったことをあげている。砲弾の発射時の激動で信管が変形してしまう。そのため炸薬に点火しないで不発に終わっている。あるいは点火しても、不完全爆発になっていたことである。

第二に炸薬に黒色火薬[*62]が使われていたことだ。やはり発射したときの衝撃で、火薬が弾体の中で後ろに固まってしまう。加速度と反作用の結果だろう。次に、命中すると、今度はその衝撃で一部を残して弾頭の方に動いてしまう。だから、爆発しても弾

＊62　硝石・硫黄・木炭を混合してつくった。摩擦や、衝撃によって発火しやすい。弾丸を撃ち出す火薬を「装薬」という。装薬は砲身の中で急激に爆発しては危険なので、むしろ、ゆっくりと燃えた方がいい（緩燃《かくねん》性という）。黒色火薬は、爆発的に燃えてしまった。これに代わったのが綿火薬（ニトロセルローズ）である。これは爆発速度を自由に変えられるので現在も使われている。

体全部を破壊できない。破片が大きいままで飛び散ってしまった。

　また、三宅はさらに重要な書類を発見した。1905（明治38）年2月8日に寺内陸軍大臣は遼東守備軍司令官に調査を命じていた。19日の「内諜《ないちょう》」には、次のようなことが書かれている。要約する。

『ロシア海軍将校から聞いたある外人の言葉だが、わが二八糎砲の弾丸は、防護甲板に当たるとそこで爆発してしまった。その鋼板を貫徹して致命傷を与える余力はなかった。むしろ喫水線付近に落ちた弾丸が、まるで水雷のような威力をしめした』

　ここでも、やはり被害者側からの証言で、砲弾の弱点が指摘されている。興味深いのは、後に海軍が開発した水中弾のヒントがあるかのようである。舷側のアーマー（防護帯）に直撃するより、手前の海面に落ちて水中を直進する弾丸の方の威力が大きいということだ。ともあれ、二八糎榴弾砲の弾丸の欠陥が見えている。

◆日本製の弾丸が撃ち返されていた

　偕行社は日露戦争のまとめを独自に行った。貴重な資料、『砲兵沿革史』が陸上自衛隊小平学校の図書室にある。その中に奈良武次中将の思い出話がのっている。奈良中将は旅順攻撃戦のとき、攻城砲兵司令部[＊63]次級部員で砲兵少佐だった。

　旅順要塞が開城した後のことである。日露双方の交渉委員がさまざまなことを協議した。ある日、奈良少佐が引渡委員長であるロシアのベイリー少将の官舎で昼食をとったときのことだった。

『書棚に二八糎砲弾の信管を縦にわって断面を示したものが置いてあった。ベイリー少将は、日本の不発弾がとても多いので、これを研究した。不具合を直して黄金山の

＊63　要塞攻撃の砲兵運用を統一指揮するために設けられた。野戦に特設される司令部。司令官は少将、スタッフにあたる高級部員は大佐、次級部員は中佐・少佐の職だった。

クルップ式二八糎砲で撃ち返したが不発はなかった』と、少将は説明した。同時に、奈良少佐は思い出したことがある。

『わが二八糎榴弾砲の砲床《ほうしょう》に、敵の大口径弾が命中し爆発したことがあった。砲床の点検に向かって射撃してもかまわないことを確かめた。そのときのことだ。敵弾の弾底が捨ててあったので、何気なしに手にとってひっくり返してみると、「大阪砲兵工廠」の文字が鋳込《いこ》んであった。日本製の弾丸が敵の手にわたっているのではないか。これは、みだりに口にできないと心配していた』

弾底とは長い円柱の形をしている砲弾の底をいう。信管が作動して爆発すると、弾殻と言われる胴体部分は粉々に飛び散るが、弾底は残ることが多い。

実は、日本軍はせっせと二八糎砲弾をロシア軍陣地に撃ちこんだ。それが不発弾になる。ロシア側はそれを掘り出し、改良した信管をとりつけて、日本側に撃ち返していたのだった。なんのことはない。包囲されて補給がないはずなのに、ロシア軍は景気よく撃ってくる。わが軍がせっせと砲弾を補給していたのである。

また、ライフリングされた砲身から撃ちだされた弾丸が、再使用できるのかという疑問が起きる。それは、弾丸にはライフル・マークと言われた施条痕《しじょうこん》がつくからだ。溝になっているから、二度も使うとガスがそこから洩《も》れてしまう。ところが、二八榴のライフルは右回り、ロシアのクルップ砲は左回り、ちょうど逆さまになっていた。かえって、きっちりと密着して、正確に飛んだという。

信管の不備について考えてみよう。もともと砲弾についていた信管は対艦船攻撃用である。垂直に近い角度で落下して、甲板を貫いてから爆発するように考えられている。だから、固くて厚いコンクリートや、やわらかい土に落ちたときにも、想定した

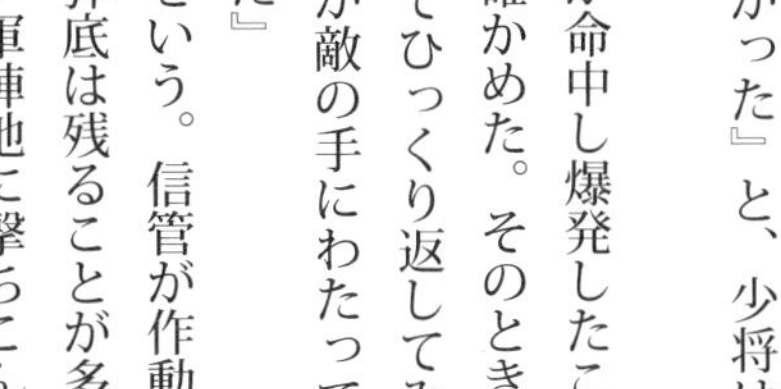

四五式二四糎榴弾砲の砲床の組み立て

深さで爆発するように調整するのは難しい。

そのうえ、生産力に劣る日本では、野戦用の砲弾が最優先、次に砲弾、最後に海岸大口径砲弾とするしかなかった。大阪砲兵工廠ばかりか、小銃や軽火器を担任した東京砲兵工廠でも兵器、弾丸の製造に追われていた。

このころ、生産を依頼された民間企業のリストがある。芝浦製作所、日本電気、池貝鉄工、石川島造船、精工舎、宮田製作所、汽車会社、新潟鉄工、愛知時計製造組合など東京周辺で100社余り、それ以外で20社余りが生産に協力した。会社名をみると、現在も防衛産業に名を連ねる各社の歴史が思われる。

戦後になって、信管は改良され、砲弾に中に充填《じゅうてん》される火薬も黄色薬になった。28糎榴弾砲は1914（大正3）年の青島要塞攻撃にも参加した。また、関東軍が黒竜江沿岸にも12門を展開したことがある。

4 まだ間に合わなかった馬の改良

◆貧弱な国産馬

「生喰《いけずき》」と「磨墨《するすみ》」といえば、ある世代なら「宇治川の先陣争い[*64]」を思い出すことだろう。いまも宇治川の流れは急だが、源平合戦のその頃は、もっと激しかったにちがいない。その名馬たちの体高は、どれくらいだっただろうか。実は、生喰[*65]は145cmにしか過ぎなかった。源義経の愛馬、「青海波《せいがいは》」にしても、142cmだったとい

*64　1184年、都を守る木曾義仲を攻めた源義経の指揮下にあった二人が、どちらも頼朝から与えられた名馬で先陣を競った。

*65　気性が荒く、興奮すると何でも食いついたらしい。生喰とは、そこからきた名前だという。

う。同じく「大夫黒《たゆうぐろ》」にいたっては、4尺6寸というから139㎝である。現代では、147㎝以下はポニーとされているから、源平時代の軍馬がいかに小さかったか想像できる[*66]。いまのサラブレッドの平均体高は160から165㎝である。

1878（明治11）年のパリで開かれた万国博覧会に、日本から出品された2頭の馬の体高は4尺5寸（136㎝）だった。どちらも宮内省の持ち馬で、大いばりで出品されたものである。人気はあった。すぐに買いたいという申し出が殺到したらしい。ただし、素晴らしい馬だからではなく、『馬に非《あら》ずして猛獣なり』と現地の報道にある通り、欧州では150年ほど前に絶滅した未改良の馬にあたるとして珍品扱いされた結果だったという。武市銀治郎《たけいちぎんじろう》の『富国強馬』で紹介されたエピソードである。

パリ万博から、およそ20年後、義和団の乱[*67]が起こった。1900（明治33）年6月のことだった。前年に立ち上がった暴徒たちは、ついに北京に入った。日本とドイツの外交官が殺された。列国は居留民や外交団保護のために共同出兵を行った。そのときのことである。『日本の騎兵は馬のような猛獣に乗っている』と西洋人からびっくりされた。

猛獣と言われたのは、多くの民間からの徴用馬が去勢されていなかったからだ。牡馬《ぼば》は猛々《たけだけ》しい。しかも、訓練が未熟だったから、しばしば暴れた。それによって負傷した兵卒や馬卒、輜重輸卒などは数え切れない。

日露戦争は、われわれの父祖の血と涙と汗で戦われた。そして、馬格が劣り、訓練も不足していた多くの「もの言わぬ戦士・軍馬」によって支えられていたのだ。

ロシアのコサック騎兵は強かった。それは乗馬の伝統があるだけではなかった。馬の大きさが違っていたのだ。日本の騎兵は、斥候や連絡に出て、コサックに追跡され、

＊66　戦国時代や江戸時代でも、『馬は肩までの高さ四尺をもって小馬とし、一寸、二寸、三寸と数え、四寸からはヨキと唱える。五寸はイッキとよみ、中馬である。六寸はムキ、七寸をナナキとし、八寸、九寸（145～148㎝）を丈に余るとして龍馬と称す』などといっていた。

＊67　山東省の農民の間に起こった秘密結社。白蓮教の一派とされる。日清戦争後、列強の要求におされる清を助け、洋人を倒そうとしたのが北清事変である。

逃げ切れずに殺されたり、捕獲されたりした例が多い。騎兵の馬術や戦闘力、判断力の差だけが原因ではない。ほとんどが馬の体格の差によって負けていたのだった。

◆軍馬の故郷

防衛大学校元助教授武市銀治郎の『富国強馬』は一般向けに書かれた、おそらくただ一つの「日本の軍馬」の歴史だろう。以下、多くを武市の著書からひかせてもらう。

在来の日本馬は小さく、[*68] しかも後肢《こうし》に力がなかった。武市の指摘によれば、『旧幕時代の乗馬法が馬体を収縮させて前駆《ぜんく》の動作に重きを置いたため、自然後駆の方は閑却されて推進力の乏しい体型に変化していった』という。高貴な武士を乗せて、疾走することもなく、堂々たる行進をするなら、前脚が目立ったほうが力強い。「あがく」動作などは、馬が猛っていると好ましく思われたようだ。

ところが、近代軍の軍馬[*69]に要求されたのは、強い推進力と持久力である。軍馬は後駆が発達していなければ役に立たなかったのだ。

軍隊の運搬手段は洋の東西を問わず馬だった。3種類の軍馬が必要とされた。まず、乗馬[*70]である。騎兵はもとより、兵站輸送部隊の護衛にあたる輜重兵《しちょうへい》、佐官以上の将校、また乗馬部隊では全員が馬に乗った。

つぎに輓馬《ばんば》。砲車をひく馬である。輓曳《ばんえい》とは馬で牽引することをいった。日本では、馬車が発達しなかった。道路事情もあったし、人力で荷車などを牽くことが多く、輓馬はあまり馴染みがないものだった。

最後に駄馬《だば》である。駄鞍《だあん》という装具を背につけて、荷をそれに載せて運ぶ馬である。山がちな国土で平坦な道が少なかったころ、馬が背で荷を運ぶ景色はよく見られた。

＊68　1887年、全国の隊馬のうち5尺以上のものは0・9%にしか過ぎない。4尺8寸未満の馬が84・1%も占めていた。10年ごとのグラフがあるが、97年でも、それぞれ3・6%、71・2%である。

＊69　将校乗馬、部隊保管馬、軍馬補充部保管馬と貸付予備馬などを全てをいう。

＊70　陸軍服装令によると乗馬本分者は将官および佐官、陸軍大学校学生、憲兵隊、工兵隊、鉄道隊、電信隊の兵科尉官など。参謀、副官、獣医官、乗馬部隊にいる各部将校相当官などである（一部を示した）。

驚くべきことに、明治の初めのころ、国内に軍馬そのものがほとんどいなかった。歩兵、騎兵、砲兵、工兵の４兵科は創設されたものの、歩兵将校の乗馬をはじめとして、騎兵隊の乗馬、砲兵の砲車をひく輓馬、工兵資材を背に積む駄馬もいなかったのだ。

歴史的な説明は専門書によってもらうことにし、１８８７（明治20）年12月の陸軍騎兵局の調査による現在馬数をみよう。全陸軍[*71]の保有数は乗馬３３３０頭、駕馬《がば》（繋駕からきた言葉でのちに輓馬になる）９７６頭、駄馬１０７０頭、合わせて５３７６頭にしかすぎない。

日清戦争に備えての軍備充実の結果である、１８９０（明治23）年の師団平時編制の軍馬の数をみよう。師団の総人員は９１９０人で、馬数は１１７２頭である。[*72] 日清戦後、１８９６（明治29）年には「軍馬補充部」が置かれた。本部は東京に置かれ、全国に支部を設置した。武市の労作によれば、日露戦争終結まで、北海道釧路、青森県三本木、宮城県鍛冶谷沢、岩手県六原、福島県白河、兵庫県青野、鳥取県大山、宮崎県高原、鹿児島県福元の支部があった。このうち出張所や派出部がないのは、釧路と福元だけである。軍馬の故郷は、北海道、東北を主に、中国山地や九州南部だった。

◆人間が大砲を牽いた日清戦争と改良策

日清戦争の動員計画では、人員22万５８０名、馬匹《ばひつ》４万７２２１頭、野砲２９４門を集められることになっていた。

軍馬の徴発は、全国で飼われていた約百５０万頭のうちから３万５０３２頭を選ぶことになった。日清戦争で戦地にわたった馬は約２万５千頭、内地にあった予備馬は

＊71　全陸軍は常備団体配備表（明治21年５月）によれば、近衛、第１から第６までの７個師団、要塞砲兵、警備隊、憲兵隊、屯田兵その他である。

＊72　馬数の内訳で最大数は騎兵大隊で、人員５１２人に対し４６２頭、つづいて砲兵連隊で７７２人に３１１頭、輜重兵大隊６２２人に２９８頭になる。工兵大隊は19頭、歩兵連隊も14頭ずつだった。砲兵連隊の馬数の少なさは野砲大隊２個、山砲大隊１個という編制もあり、当時の野砲は４頭輓曳（これに使う馬を駟馬《しば》ともいう）である。

2万頭である。しかし、徴発馬は体格貧弱、資質劣悪で、使いものになる馬は少なかった。おかげで、戦闘員4万人から5万人くらいに対し、軍役夫13万人を雇うはめになった（諸職工や鳶《とび》職まで入れれば15万人にもなった）。本来、軍馬がするべき仕事を人間が行ったのである。

馬についても悲しい記事が多い。訓練されていないから、集まれば噛《か》みつく、暴れる、言うことをきかない。ある砲兵連隊では、馬によってケガをした人が3百名近くになったという。そして、馬の犠牲も大きかった。内地でおよそ3千頭、外地では8千5百頭余りが死んだ。

1895（明治28）年10月、『馬匹調査委員会』が発足した。日清講和から半年後のことである。委員長金子堅太郎《かねこけんたろう》は報告の中で、国内馬の中に軍馬の資質を備えているものが非常に少ないことを指摘した。

馬匹改良は優秀な種牡馬《しゅぼば》によることが方針とされた。優良な、望ましい品種の子孫を残していくしか方法はない。これを血液昂進《けつえきこうしん》といった。そのために種馬牧場、種馬所の設置が、ただちに許された。明治の末年までに全国で19個所の牧場と種馬所が設けられる。

◆砲兵輓馬の問題

「重砲あって重輓馬《じゅうばんば》なし」という事態に陥ったのが日清戦後の砲兵部隊だった。1900（明治33）年8月1日、臨時重砲兵中隊の臨時編成が命じられた。12糎榴弾砲4門と人員296名、馬匹136頭が定数だった。北清事変で暴徒がこもる北京城の外壁を撃とうというわけだ。75㎜の野砲や山砲では威力不足である。

日清戦争時代の軍馬（人間より低い）

＊73　1894年、日・独・仏の三カ国の軍馬の比較が『富国強馬』にのっている。それによれば、騎兵乗馬の平均体高は日本4・72尺（143㎝）、独5・32尺（161㎝）、仏5・17尺（157㎝）で明らかに小さい。また、北清事変のころの欧州馬と日本馬の体重を比べると、輓馬の平均体重が123貫（約460㎏）対90貫（約340㎏）と大きな開きがあった。

ドイツの教範からあわてて輓曳法《ばんえいほう》を学んでから、1門あたり6頭で出動したとある。この砲の細目は分からない。おそらく要塞に据えられていたものだろうか。

このとき、鉄道隊と野戦電信隊が初めて出征して活躍した。各種器材も馬の背に載せて運ばれたことだろう。しかし、欧州軍隊の軍馬と比べると、[*73] まことに貧弱なものだった。

危機感はつのった。1901（明治34）年、とうとう「去勢法《きょせいほう》」が公布された。種牡馬に指定された優良馬のほかは、満3歳から15歳未満の牡馬は、みな去勢されることになった。しかし、実際のところ、それの完全な実行はなかなか難しかった。民間畜産家に強制することができなかったし、日露戦争が起こったこともあったからだ。

1903（明治36）年、農商務大臣あてに寺内陸相は希望を述べている。平時において毎年必要な補充軍馬数は乗馬約2500頭、駄馬450頭である。戦時には、全国の13個師団に対して、乗馬約11万9600頭、輓馬約21万8400頭、駄馬約11万8300頭が必要であるという。合計では、45万6300頭にものぼる。[*74] このころ、全国の馬の飼育頭数はおよそ百50万頭と推定される。

輜重輓駄馬《しちょうばんだば》が増えるのは当然といえる。陸軍は平時から、多数の馬を飼っておくほどの予算も世話する人もなかったのだ。

野砲は6頭でひいた。弾薬車と砲車を連結してトレーラーのようにして動かした。前方へ向かって左側の馬を服馬《ふくば》といい右側を参馬とよんだ。馭兵《ぎょへい》は服馬にまたがり、右手に長い参馬鞭《さんばべん》と言われたムチをもった。弾薬車には操縦をし、ブレーキをかける馭者が乗っていた。砲車（砲身と砲架と車軸・車輪）は900kgあった。これに人が乗り、弾薬車をひく。

＊74　戦時には、それほど馬が必要なのだろうか。平時には乗馬が2万1234頭、戦時には5万3722頭でおよそ2・5倍。砲兵輓駄馬は7589頭から2万8215五頭とやはり、4倍近い増加ぶりである。何より多くなるのは、輜重輓駄馬であり、1829頭から7万7273頭と43倍にもなっている（『日露戦争の軍事史的研究』）。

野砲兵の砲車（弾薬車と連結し6頭立てでひく）

◆日露戦争でも人が砲を運んだ

徒歩砲兵第1連隊という部隊があった。旅順の攻囲戦に参加した部隊だが、その編制の中にクルップ式15cm榴弾砲大隊があった。このクルップ砲の詳細は不明だが、後の四年式（大正4年制式制定）15cm榴弾砲の要目は分かる。口径は149・1mm、放列砲車重量は2800kg、弾丸重量は36kgである。そのままでは輓馬8頭でも牽《ひ》けない。*75 砲身車と砲架車の二つに分解して、それぞれ6頭で牽引した。

徒歩砲兵第1連隊がもった克式《くしき》*76一五糎榴弾砲も同じ仕組みだったという。全備砲車というから砲架と駐退器などがついた車を32人でひく。砲身を10人で運び、砲架前車を16人で、えんやらえんやらと動かしたようである。中隊は4門をもつ。実に232人が必要だった。さらに砲床材料、工作材料、資材、観測通信器具などをのせる輜重車31台分があったという。輜重車は4人でひくから、それだけでも124名。1個中隊が移動するときには、356名が曳《ひ》き綱をかついで腕に通し、胸にまいて、「おいちに、おいちに」と喘《あえ》ぎながら進んだに違いない。これを陸軍では「臂力搬送《ひりきはんそう》」*77といった。

近衛輜重兵大隊は、悪路の中、鎮南浦から鳳凰城付近まで50日間の行軍をした。35人の入院患者を出したが、馬は62頭が死んだ。他に損耗が10頭。

輜重兵第2大隊では気候の変化、疲労蓄積、栄養不足で鞍傷《あんしょう》が続出した。鞍《くら》が馬体にこすれて、傷がつき、炎症を起こしたり、皮膚が破れたりしてしまった。規定通り糧食を運ぶために、将校の乗馬を代用し、将校たちは馬に乗らずに指揮をとった。

戦闘を記録した戦史には、こうした事情はさらりとふれられるか、あるいは背景の

*75 さきに書いた日・独・仏の比較には、さらに興味深い数字がある。砲兵輓馬の平均体重にふさわしい輓曳力は日本87・7貫（約330kg）に対して、要求されたのは110・4貫（同414kg）だった。独・仏ともに、体重にふさわしい輓曳力は127・7貫（同480kg）で、要求されたのは独99・7貫（同370kg）、仏は106・4貫（同400kg）でしかなかった。馬の余力から考えても、日本馬は体力を消耗し続け、次々と戦場で倒れていったのだ。

*76 クルップ社の製造になる砲を克式といった。ほかにフランスのシュナイダー社の製品は「斯式」、同じくカネー社のそれは「加式」などといった。

*77 大西巨人の『神聖喜劇』の中には、三八式野砲を臂力搬送する訓練の様子がある。教育掛助手、神山上等兵の『オッチャニッソラ、お手々をそろえて、お足をそろえて』と軽妙なかけ声をかけて皆を誘導する場面がある。

一つとしてしか描かれないことが多い。教科書にいたっては、何も書いていないのがふつうである。日本軍は補給や兵站を軽視した。そういう認識は誰もがもってはいるだろう。だが、それが何からもたらされたものなのか。現在、それはどう改善されているか、あるいはされていないのか、誰も話し合うことはない。

◆第一次世界大戦とシベリア出兵

第一次大戦初期にフランス軍は95万5千頭を民間から徴発した。開戦後5ヶ月間で8万2千3百頭が損耗する（8・6％）。カナダや南アフリカから購入し、1916（大正5）年には、176万3千頭が戦線で活動していた。最終的に損耗は約55％にもなった。

イギリスは開戦時に20万4千頭を動員し、[*78] 15年までに57万4150頭にまで増やした。イギリス軍の損耗馬数は32万7790頭で、損耗率は全徴発馬数の約57％にもなった。

ドイツも動員初期には123万6千頭を集め、62％にあたる70万頭を失う。ロシアは、大戦に関連して千万頭を失っているという。

日本もドイツの植民地青島《ちんたお》を攻撃した。馬たちの去勢が、まだ完全に実施されていない。またまた、取り扱い兵たちに死傷者が出た。

そして、悪名高いシベリア出兵である。1919（大正8）年8月、チェコ軍救援の名目で日本陸軍はアメリカ軍、イギリス軍、フランス軍、イタリア軍、支那軍（大正6年8月にドイツに宣戦を布告している）とともに、ウラジオストックに上陸した。問題は各国の撤兵《てっぺい》時期である。列国は翌年には帰国したが、日本だけは22（大正11）年

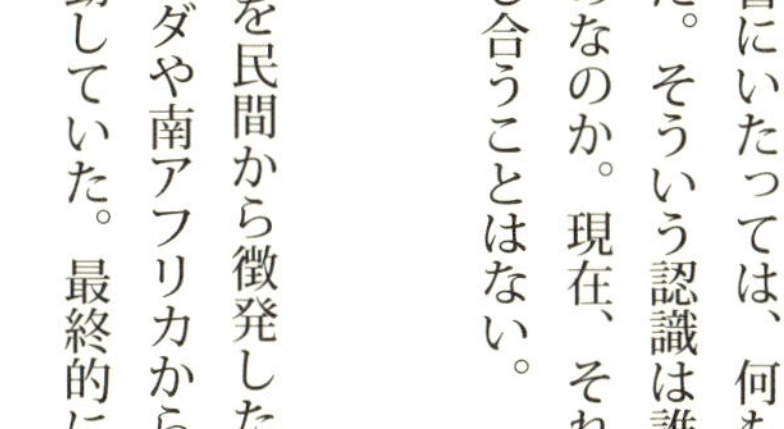
戦地での馬と兵士（日中戦争時）

＊78　イギリスが本国内で徴発できたのは45万頭にしかすぎなかった。大戦前の13年にはイギリスの農業用馬匹の総数は約160万頭でしかなかった。武市は『富国強馬』の中で、『国内農家の畜力資源を大きく減殺することとなった』と指摘している。

まで駐留を続けてしまう。

極地に近いシベリアで越冬をしたのだ。国産馬はロシア馬や現地の蒙古馬に比べて、ひどくひ弱だった。

『風土の変化で感冒《かんぼう》に冒されるもの多く、加えて、どこにも厩舎《ぎゅうしゃ》がなかったため、十数日間は山間もしくは野原にほおっておいた。このため、病馬が続出した。…ロシア産や蒙古産の馬なら冬季でも河川の氷をわり、穴をあけて、その水を飲ませても平気なのに、日本の馬は零下十度以下の気温の水では、あまり冷たいため飲まない』（『富国強馬』仮名づかいや漢字を改め現代語訳した）

◆機械化しても馬は増える

第一次世界大戦の教訓があった。それは、馬の重要性がますます意識されたことだ。日本陸軍はさらに危機感をつのらせた。[*79]

まず、騎兵である。騎兵は世界大戦で、その役割を終えたといわれていた。たしかに日露戦争を観戦武官として実見した英国陸軍の中将は、『騎兵にできることといったら、歩兵のためにメシを炊《た》いてやれるくらいのものだ』と書いている。ただ、彼が見た風景は、旅順という攻城戦であり、敵の機関銃弾が飛んでくる場所だったのだ。

実際には、山間地や不整地、道路が整備されていないところで騎兵は大活躍した。また、夜間や悪天候で航空機が飛べないとき、騎兵の偵察、連絡能力はおおいに役に立ったのだ。イタリア軍などは軍馬の不足でしばしば作戦にミスをおかした。

輜重隊も同じである。機械化しても馬の必要性は低下しない。機械化部隊は、燃料という補給や集積にひどく厄介なものを必要とする。機械化すれば何でも省力化でき

日露戦争時代の軍馬

＊79　近代になってからの戦争では馬の必要性は高まるばかりだった。出征馬数を参戦軍人１００人あたりで表した数字がある。武市の調査によれば、１８６６年の普墺戦争では16頭、70年の普仏戦争では17頭に増え、１９０４年の日露戦争では20頭になった。そして、14年からの世界大戦では33頭と、増える一方なのである。

ると思っている人がいる。たしかに、最前線の戦闘員の数は減らすことができる。その代わり、後方にあって支援する人数は機械化部隊ほど多くなる。

そこで日本陸軍がとった手段は種牡馬《しゅぼば》を輸入して、在来和種を減らしていくことだった。種牡馬の中に占める小型の和種のしめる割合は、１８９７（明治30）年には80％だったが、１９０６（明治39）年には20％に減っていた。それが11（明治44）年には、わずか１％になったのだから、関係者の努力はたいへんなものだといっていい。

◆維新以来60年ついに欧米馬に追いつく

１９２４（大正13）年３月、06（明治39）年から始まった馬政第一次計画の第一期18年は終了した。続いて12年間の第二期計画が実行に移された。

第一期では総馬数の３分の２におよぶ血液昂進《けつえきこうしん》を達成した。計画的な優良種の種付け、あわせて去勢などが行われた結果である。第二期の12年間という期間には、合理的な理由があったと武市はいう。第一年に種付けし、翌年に生まれた馬が種付けできるほど成育するには４年かかる。つまり繁殖成績は７年目にはっきりする。さらに第２世代の種付けが終わり、その成績が判明するのは12年目である。そうすれば馬の２世代にわたって、血液の昂進が整理され、種類固定の状況を観察することができる。

国防上の観点から、つまり戦時動員の要求から、国内での総馬数は百50万頭を望まれた。さらに増殖すれば、もっと良いことになる。戦時に徴発、動員できる馬は、総飼育数の３割程度といわれる。この時代、それから考えると、45万頭は確保できていたことになる。

現在では馬は競馬場か、馬術クラブか、ごく限られた場所でしか見ることはできな

昭和の軍馬（砲兵重輓馬）

い。だが、昭和30年代まではちょっと田舎に行けば、農耕馬や、荷馬車をひく馬を見ることは珍しくなかった。大正時代から昭和戦前期までは馬は、ごく身近な動物だった。手元にある1938（昭和13）年の『日本國勢圖會《こくせいずえ》』を開いてみてもそれが分かる。[*80]

ともかく馬政第一次計画の30年は大きな成果をあげた。毎年の生産頭数は約12万頭となり、着々と優良な馬が育っていった。昭和の初めには、とうとう欧米諸国の軍馬に負けない体型、体力をもった馬が日本中にいたことになる。

5　日露戦争でまたも襲った脚気の惨害

◆陸軍兵站の概観

兵站《へいたん》（ロジスティック）[*81]とは戦地にある野戦軍と、国内の「策源地《さくげんち》」を結ぶ物資、人員などを運ぶ物流ラインとシステムをつくりあげることをいう。国内で集められた物資や人員、あるいは占領地で調達したそれらを管理し、搬送・配送する拠点に集める。通信連絡網をつくる。それらのための設備・機材を整備し、運用する。そのための部隊やそこで働く軍人、軍属もふくめて、すべての物流システムを兵站と呼んだ。

国内外各地の兵站基地から、内地にある「集積基地」に人員や物資は送られる。これは、今ふうにいえば、配送センターといった方が分かりやすい。ここから戦地にある「集積主地」に船で運ばれることになる。戦地にある集積主地は、さらに野戦軍が

＊80　畜産の項には「全日本家畜在高」という表がある。昭和10年末の数字だが、馬は144万8500頭が内地に、朝鮮には5万2600頭、台湾には500頭、樺太に1万2500頭、関東州には1500頭となっている。内地で飼っている豚は106万3千頭だから、馬の多さは群を抜いている。

＊81　陸上自衛隊では、ロジスティックスに「後方」という訳語をあてている。だから、師団ごとにある後方支援連隊は英語では、ロジスティックス・サポート・レジメントという。

行動する地域にある「兵站主地」へ人員・物資を送る。

この兵站主地には兵站地区司令部があり、補給廠《ほきゅうしょう》や兵站病院が置かれる。さらに、この出先が「兵站地」と言われ、そこが師団の物資集積所となる。ここまでの径路には輜重兵の部隊は関わらない。兵站を支えるのは膨大な人員である。*82 平時には、このシステムは見ることができない。平時から準備されていた「戦時補職*83」に就く少数の現役軍人と多数の召集された予備・後備軍人で成り立っているからだ。

師団集積所から前線の各部隊に物資を送りこむのは、各師団に属する野戦輜重兵である。輜重兵大隊は本部と4個の糧食縦列《りょうしょくじゅうれつ》（中隊）と馬廠《ばしょう》で編制される。人員、1570名、馬1204頭、輓曳《ばんえい》されるものや人力でひかれる車輌（荷車）の合計は967台である。

武器・弾薬・糧秣の前線への送付。前線部隊に補充される人員の世話、負傷者・患者の後送、それらを受けもつ輸送路の整備。それぞれの手段・方法を考え、実行するのも仕事のうちになる。また、用済みになった軍需品を回収し、再利用の方法なども企画する。前線に送りこんで使われた後の空き缶や、損傷した軍靴《ぐんか》や、帯革《たいかく》、背嚢《はいのう》などの装備品もむだにはできなかった。できるだけ回収して、補修したり、資源につくり直したりしていた。

野戦師団の編成表をみると、歩兵連隊にも配属された輜重兵と輜重輸卒がいる。これは、行李《こうり》*84といわれた輸送専門部隊である。2675名を定員とした歩兵連隊には、3名の輜重兵下士と12名の兵卒が指揮した182名の輜重輸卒が配属されていた。3個大隊に等分されて、それぞれ配属される規模だったことが分かる。

＊82　1924年の『陣中要務令』による兵站勤務の定義は次のようになっている。これは明治時代とほとんど変わりがないのであげておく。

『馬匹及び軍需品の前送、補給作戦に必要なき人馬物件の収容、後送、交通人馬の宿泊、給養及び診療その他、野戦軍の後方連絡線の確保、遺棄軍需品の蒐集利用、戦地における諸資材の調査利用ならびに民生等を包含する（元は旧漢字、カタカナ）』

＊83　現役軍人は平時のポストと戦時職をもっている。たとえば平時の歩兵連隊附中佐は、戦時の後備歩兵連隊長という戦時補職をもっていた。平時職がない予備役・後備役将校は戦時職だけをもっている。

◆脚気の惨害は、戦時給与令のせいだった

日露戦争では、またも脚気《かっけ》が日本軍を苦しめた。そして、それは兵站に起因する。『明治卅《さんじゅう》七八年戦役《せんえき》陸軍衛生史』にしたがえば、戦死が約4万6400人、戦傷が同じく15万3600人、合計でおよそ20万人となっている。戦地で入院した患者は約25万1000人だから、病者のほうが戦死傷者よりも5万人も多い。

入院患者の半数近くにのぼったのが「脚気」患者だった。脚気による入院は11万1000人で、部隊にいる患者は約14万人だという。あわせて25万人の発病者がいたのだ。野戦軍全体の4人に1人が、開戦前でも陸軍では流行しなくなっていたはずの脚気にかかってしまった。ただし、脚気衝心《かっけしょうしん》（心臓マヒ）による死者の数は不明である。

この原因は、日清戦争と変わらない。「戦地での主食は白米」という考え方と、貧弱な副食が、残された資料や日記などからみえる。鱈《たら》とされているのは乾燥した塩味の鱈であり、鰹というのはカツオブシ、雑魚というのはニボシのことである。いずれも味噌汁のダシとして使われている。固形物ではない。その他には、かんぴょうや缶詰の肉、魚肉、漬物が主であって、まさに模範的なビタミン欠乏食だった。

1日に白米を6合（900g）支給するという戦時給与令は改められていなかった。日清戦争であれほどの惨害をこうむっていながら、なお、陸軍は白米だけを支給し続けたのである。白米は科学的にみれば、たしかに麦より栄養価も高く、カロリーも高かった。だから、陸軍軍医団の上層部は麦を支給することに消極的だった。高い地位についていたドイツ留学組は細菌による感染説を信じている。陸軍衛生部の中央と、

＊84 行李には「大」と「小」の二種類があった。食糧や被服、天幕などの生活資材を運ぶのが「大行李」、弾薬などの戦闘資材を扱うのが「小行李」とされた。行李は大隊本部の指揮下に入った。大行李は中隊に配属されることもあり、そのときは行李隊といわれ、小行李は弾薬小隊などといわれた。

現地の部隊を預かる軍医たちの間では麦を食べさせることについては正反対の態度をとっていたのだ。

師団軍医部長たちは中央に出かけて米麦混食を主張する。会議では、すぐに反対の声が出た。戦地で主食を複雑にするのはよろしくない。麦は虫がつきやすい。変敗《へんぱい》しやすい。味が悪いなどなどの理由である。炊くことも面倒だなどという意見も出た。兵站関係者からも補給のわずらわしさ、保存についての施設建設の手間や、経費についても不安が出る。

副食については、あまり議論された記録がない。ビタミンは、まだ存在しないのだから、栄養学的な観点からは誰もいわない。軍隊の指揮官たちは元士族が多い。銀メシで腹一杯にする。おかずの善し悪しをいうなど、武人の沽券《こけん》に関わるとも思っていたらしい。現にローストビーフに代表される海軍の食事を、質素を旨とする軍人にふさわしくない美食として悪口を言っていた人もいる。

また、現場の指揮官たちにしてみれば、明日の命をも知れない部下たちにせめて銀メシを食べさせてやりたい[*85]。そういう温情もあったという。後知恵であれこれ批判することはやさしい。だが、この時代の「当たり前」を現代の善悪観で処断するのはむずかしい。庶民は軍隊に入って、初めて白米を腹一杯食べていたのだ。

しかし、脚気患者は確実に増えつつあった。そのことを内地の世論も許さなかった。新聞や、医学雑誌には、戦場の実態を知らせる記事がのっていた。勇敢に戦った結果の戦闘死や負傷なら、まだあきらめがつく。それが、兵士たちは脚気で次々と倒れている。平時には麦を食べさせて脚気の発生はおさえられた。なぜ陸軍は麦を戦地に送らないのだ。そういう声が国民の全体的な世論になってきた。

*85　この時よりも20年経った大正末期の「偕行社記事」に、地方の歩兵連隊の主計官が、入営前の兵卒の常食を出身地域別に調べた記録が残っている。白米を主食にしていたのは全体でも30％にも満たない。麦食は16・4％を数え、麦と甘藷（サツマイモ）、米と甘藷という者も合わせて8％、米麦甘藷の組み合わせも11％を数えている。県庁所在地や軍港の町では米食の比率は増えるが、郡部や島に限っていえば白米食は2割にも満たない。

最前線と後方にいる人たちとの感覚の違いが、そこにあった。戦争2年目の3月、寺内正毅陸軍大臣から訓令が出された。寺内もまた、若い頃から脚気症状に悩み、漢方医からのすすめで麦を食べ、症状を軽くした経験もあったのだ。「主食として日量で精米4合、挽割麦《ひきわりむぎ》2合を食べさせよ」という達しである。

総量の1日6合は同じだったが、麦を3割支給されることになった。炊《た》くことが面倒だなどというのは、現場の軍隊の実情が分からない人間の屁理屈である。人間は戦時になって軍隊にいれば、やれと言われたことは何とかやってしまう。麦を食べられるように炊くことは、兵士たちにとって難しいことではなかった。

◆白米ばかりの戦地での給与

ある曹長の戦地日誌がある。兵站部倉庫に糧食を受け取りにいった細目が書いてある（8月8日）。精米6合（約900g）、粉ミソ5匁《もんめ》（約19g）、エキス同、乾物（ダイコンの切り干し）20匁（75g）、砂糖3匁（11g）、塩乾物（イワシの干したもの）30匁（約100g）、福神漬け10匁（約40g）、茶1匁（3・75g）が1日あたり一人の支給量である。

8月11日の稿には、将校以下39人の3日分の食糧受給量[*86]が書いてある。たっぷりの白米と、塩気の多い、味気ない副食ばかりである。まさにビタミン欠乏食の典型だった。それでも兵站倉庫に近い技術部隊である。牛肉缶詰や牛のテールなどが支給されている。まだ変化があってよかったといえる。

ついでに、第1師団の野戦病院の献立がある。朝はワカメのみそ汁、昼はカツオダシの汁で煮たカンピョウ、夜は芋と麩《ふ》の煮たもの。別の日は、朝が梅干し一個とみそ

＊86 内訳は廠員14名、衛兵15名、倉庫衛兵10名となっている。精米7斗2合（約105kg）、牛肉缶詰3貫100匁（約11・6kg）、エキス（粉末ショウユ）585匁（2200g）、福神漬け1貫170匁（4400g）、乾物（牛テール）2貫340匁（8800g）、砂糖351匁（1320g）、茶117匁（440g）。

漬けダイコン二切れ、昼は干した塩タラと切り昆布の煮付け、夜はカンピョウの煮付け。これらが入院患者食である。記録に出てくるのは白米ばかりになっている。事実、現場の軍医たちの希望があっても、１９０４（明治37）年４月までは麦は送られて来なかったのだ。麦の代わりに「乾麺麭《かんめんぽう》＝乾パン」を送るといった施策もとった。これは欧米列強のマネである。ビスケットとスープ、肉の缶詰が基本の欧米軍隊の携帯口糧《けいたいこうりょう》に、なんとか近づけないかというのが悲願だった。

　米飯を炊くというのは戦場では不便なものなのだ。まず、薪《まき》を集めなければならない。水でとぎ、飯盒《はんごう》に入れて火を焚《た》くことになる。その煙や匂いは、どうにも消せない。しかも、炊きあがった飯はもちが悪い。暑ければすぐに腐るし、寒ければカチカチに凍ってしまう。白米の中には多くの水分が含まれている。何とかならないか。ハード・ビスケットがある。これなら軽いし、傷みにくい。これを重焼乾麺麭《じゅうしょうかんめんぽう》といった。ただ、名称が悪かった。「じゅうしょう」が重傷を連想させた。そこで乾パンというようにした。

　米を炊く軍隊。これは日本人の基本的な習慣である。乾パンにスープ、肉の缶詰でどれだけ兵士の心は満たされただろうか。ちょっと外国旅行をすれば、炊きたての飯に、サケの切り身、熱々のみそ汁、白菜かダイコンの漬け物が懐かしくなる。そういった人間には、海外で戦争をするのは難しい。

◆補給の苦労と米麦

　開戦２年目の１９０５（明治38）年３月、とうとう『出征部隊麦飯喫食《ばくはんきっしょく》ノ訓令』が出た。全軍に主食に麦を３割支給することになった。４月には、戦地入院脚気患者がおよそ3500人と最盛期のおよそ4分の1に激減した。

補給関係者の苦労話がある。東京毎日新聞、大阪毎日新聞社の企画による『日露大戦を語る』という冊子にのっている。昭和10年の奥付があるから1935年のこと、およそ30年前の出来事を振り返って将軍たちが語り合っている。その中に、満洲軍倉庫長[*87]だった日疋主計監《ひびきしゅけいかん》の思い出話がある。補給径路は二つのルートに分かれていた。一つは旅順近くの大連と柳樹屯《りゅうじゅとん》に陸揚げされ、鉄道で北方に送られる。もう一つは、直接、内地から営口《えいこう》に海路輸送されて、鉄道または遼河の水運で北方に送られるものである。

ところが、鉄道の輸送力に大きな問題があった。鉄道のゲージ（軌間）である。後の戦車の稿でもふれるが、ロシアの線路は5フィート（1524㎜）で、日本の鉄道は狭軌《きょうき》、3フィート6インチ（1067㎜）だった。これを敷き直さなければならなかった。そうしなければ貨車も機関車も使えなかった。そして、線路の幅が小さければ貨車もまた小さい。機関車の力も当然、弱い。輸送力に響いてくるのは当たり前のことである。米の話も出てくる。仮名づかいなどを直しておく。

『いったいに日本人の常食は米麦で、なかなか外地では手に入らない。ことに米は白米、麦は割麦であるから、そこに一層の困難がある。しかし、ここに一つ考えなければならないことがあります。白米は腐りやすいということです。大連でも柳樹屯でも貯蔵白米を八百石も九百石も腐らせました。その他のところでも、白米を腐らせたのは驚くべき数量です』

1石といえば150㎏、百升《しょう》にあたる。兵1日の定量が6合（900ｇ）だから、8百石といえば、ざっと13万3千人が1日で食べる量だ。部隊数でいえば5個師団の

＊87　満洲軍には他の軍司令部のように、経理部、衛生部、兵站部がなかった。内地に兵站総監の隷下に倉庫が編成された。衛生材料は野戦衛生長官（平時職は陸軍省医務局長）、獣医材料は陸軍省軍務局長（獣医部がなかった）、輸送は野戦通信長官の命を受けるという複雑さがあったために、開戦当初は苦労があった。

一日分である。『玄米ならもっと良かった。麦も割麦とはツマリ腹を開いているのですから、これも保存が難しい』ともいう。若い頃に日疋主計は北京に駐屯したことがある。そのとき、ドイツ駐屯軍の医官が来て、日本軍の糧食は6時間もたないだろうと言われた。6時間どころか3時間で凍ってしまうと答えたことがある。『欧米の軍隊のような食物をとることは、日本人の国民性から言って、あるいは難しいかもしれませんが、何とか改善の必要があると思います』とまとめている。

◆内地からの追送主義と国民性

満洲軍への補給は「追送《ついそう》主義」をとった。満洲を不毛の地と考えていたからである。追送主義とは「現地調達主義」の反対で、何でも内地の策源地《さくげんち》から送り出すということだ。それが兵站、輸送の混乱をさらに招いた。『金さえ出せばいくらでも物資が集められた。銀を用意しておけば、現地の人は喜んで軍票《ぐんぴょう》と交換してくれる』

軍票というのは軍が発行する紙幣である。現地では銀が主に流通していたが、それさえ準備しておき、交換も自由にしておけば、銀貨のかわりに紙幣が通用したのだ。倉庫長はこの方法で、各支庫や遠隔地の部隊では生きた牛や野菜を買い上げさせたという。用意したのは食糧ばかりではない。馬のためには干し草もいるし、藁《わら》も必要とした、冬になれば薪炭《しんたん》もいるし、冬用の被服も用意しなければならない。ところが、本国では、どうしてもこれらへの配慮が足らず、打つ手が遅くなった。

倉庫の建築も本国に設計図などを送って伺いを立てたら、なかなか回答がこない。そうこうしているうちに、寒気がやってきて地面が凍ってしまった。工事ができなくなったこともある。ある日、児玉総参謀長*88にこぼした。すると、児玉はこういった。

＊88　児玉源太郎（1852～1906）長州支藩の徳山藩士。台湾総督の時には「民政に軍は介入せず」の方針を貫いた。内務大臣から参謀本部次長、満洲軍総参謀長。何をやらせてもうまくやる人といわれた。

児玉源太郎Ⓚ

『それは第一に委任条件が少ないからだろう。どうも日本のやり方はいけない。初めから大体の計画を立てて、委任の範囲を大きくして、当事者に適当に案配《あんばい》する余地のあるやり方がいい。どうも、日本のやり方は初め小にしておいて、だんだん大にするというやり方が多い』

本国からは、何でも追送主義、指図主義で大いに困ったという。例をあげれば、馬の干し草である。現地で十分間に合う。送らなくていいと連絡しても、すでに内地で用意しているから送るといってくる。内地には内地の事情があるのだが、ただでさえ輸送力が足りなかった現場では、不要な物まで送られてくることに困っていた。

第三章　金もない、資源もない日露戦後

1 日露戦後のアノミー（無規範）社会

◆日露戦後の政情と国防方針

1911（明治44）年、辛亥革命《しんがいかくめい》[*1]によって清朝は滅んだ。ところが、広大な中国は一枚岩とはいえない状況だった。全国各地にそれぞれの思惑をもった政治勢力が、それぞれの武力を背景に割拠していたのである。

日本がこの時期に抱えていた問題は、大きく分けて三つだった。

第一に、安全保障上では中国政府とわが国の関係の取り方である。北京をおさえている袁世凱《えんせいがい》[*2]を相手とするか、孫文[*3]等を中心とする南方の革命勢力を支持するかという選択の問題があった。第二には、厳しい財政状況の中で、さまざまな勢力、官僚や政治家、陸海軍人などが、それぞれに国家の未来予想図をもっていた。その計画を実現するために、みなが予算獲得にしのぎを削ったことである。最後の三つ目には、戦争で得た大陸での特殊権益を、どう守り、発展させていくかという課題があった。

陸海軍は、最後の課題に応えるために、初めて明確に攻勢戦略を打ちだした。

『我国権を侵害せんとする国に対し、少くも東亜に在りては攻勢を取り得る如くするを要す』と明記されたのは、『明治四十（1907）年日本帝国ノ国防方針』の一節である。これまでのように敵の侵攻を待って、自国領域内で戦う守勢は否定された。対象となった想定敵国はロシア、アメリカ、ドイツ、フランスだった。日英同盟に対抗

*1 1911年辛亥の年、清朝を倒し中華民国を樹立した民主主義革命。10月の武昌蜂起に始まり、翌年1月、孫文を臨時大総統とする南京臨時政府が成立したが、革命勢力が弱体であったため、北洋軍閥の袁世凱と妥協、袁が大総統に就任した。

*2 袁世凱（1859〜1916）清朝末期の軍人・政治家で、李鴻章の死後、清朝最大の実力者となったが、辛亥革命では革命派と結び、清朝の宣統帝を廃位して臨時大総統に就任。独裁政治を行い帝政実現を図ったが失敗。

袁世凱

する二国間同盟は、露仏、露独、露清と考えられていた。ロシアの復仇《ふっきゅう》戦に備え、平時25個師団、戦時50個師団の規模を考えたのが陸軍である。海軍も大陸権益防衛のため、当面の敵はロシアであることを了解していた。海軍にとっては、アメリカは近い将来に戦うような相手ではなく、あくまでも軍備の標準国でしかなかったとは、戸部良一の指摘である。

　陸軍の大陸における攻勢計画は、朝鮮の釜山《ぷさん》を起点とする縦貫鉄道を南満洲鉄道に接続する。速やかに奉天付近に兵力を集中して、ハルビンを攻略、東清鉄道を分断してウラジオストックを攻略して戦争を終わらせる。

　海軍はアメリカに対しては、その極東海軍を撃滅し、根拠地であるフィリピンを攻略し、本土から駆けつけるアメリカ艦隊を迎撃して決戦とする。ドイツやフランスに対しても、それらの極東艦隊を撃破し、根拠地たる青島《ちんたお》、トンキン、サイゴンを覆滅《ふくめつ》するといった計画だった。北のロシアを討ち、南に進出する。これを「南北併進《なんぼくへいしん》」といった。

　ところが1909（明治42）年前後の国際情勢は、日・英・仏・露の4ヵ国が連携し、独・墺・伊が手を結んでそれぞれ対抗するといった状態だった。極東に限ってみると、日露は協力してアメリカと対抗するといった転換期にあたっていた。

　では、政府の外交政策はどのようなものだったのだろうか。黒野耐《くろのたえる》によれば、1910（明治43）年9月には『対外政策方針』が閣議決定されている。国力の発展のためには、アメリカ、清国との通商を伸ばさねばならない。移民はアジアに向ける。とりわけ中国本土に多くの日本人を送り出そうという。日英同盟は「骨髄」として重視し、英独関係に注意を払う。よって、ドイツは敵性国家である。ロシア、フランス

＊3　孫文（1866～1925）
広東省出身。日清戦争後、清朝打倒の蜂起をするが失敗し海外で亡命生活を送る。1905年、東京で中国革命同盟会を結成し、三民主義を主唱した。辛亥革命後、南京で臨時大総統となるが、まもなく袁世凱に譲位。のち袁と対立し国民党を創設するも北京で病死。

孫文

は東亜で利益を共有する友好国という扱いになる。アメリカとは移民問題や商業で軋《あつ》轢《れき》を生む可能性があり、協商していこうというのが政府の方針だったのだ。このように、陸海軍の軍略と、政府の政略は大きな齟齬《そご》を見せていた。

教科書の書き方から、陸軍と政党の対立と理解されがちなのが、2個師団増設問題である。1913（大正2）年度予算で陸軍は在朝鮮の2個師団増設を要求した。第二次西園寺内閣はこれを拒み、上原勇作陸相は内閣を通さず帷幄上奏《いあくじょうそう》を行って天皇に単独辞表を提出する。おかげで、内閣は倒れた。横暴な陸軍というイメージがあるが、ことは単純ではない。

陸軍は17個から25個師団体制を整えるために、まず、3個師団の増設を要求した。そのうち2個師団増設の着手が認められたのは1907（明治40）年度予算である。残りはいずれ財政状態が良くなってからという譲歩付きだった。しかも、その財源は朝鮮、満洲に駐屯する軍隊を削減した経費が充てられた。同年7月には日露協商が結ばれ、ロシア軍の満洲からの撤兵も順調に行われていた状況である。

陸軍の25個師団も、海軍の八八艦隊も長期的な目標だった。決して、陸海軍が厳しい財政状況を無視してごり押しに自分たちの要求を通そうとしたわけではない。むしろ、「政戦一致」を唱えて、協力を要請していたのは軍部だった。西園寺こそ、国防方針を内覧し、天皇の権威をバックに財政面から関与する拠りどころを手に入れていたのが実態である。

◆講和に納得しなかった国民

戦前の学校教育では、戊申詔書《ぼしんしょうしょ》*4は「教育勅語（1890年）」とならんで大切にされ

西園寺公望Ⓚ

た。教科書にも載り、子どもたちは音読もさせられて、主旨の徹底がはかられた。

戊申とは１９０８（明治41）年のことである。日露戦後の社会には個人主義が広まり、社会主義思想が流行した。すでに明治20年代には労働組合がつくられ、労働条件を良くすること、社会的地位の向上などをうたう運動家も増えていた。しかし、組合活動も活発化せず、共済資金の財政難もあった。同盟《どうめい》罷《ひ》業《ぎょう》（ストライキ）などの発生に対して、治安警察法（１９００年）が出され、一部の職業的社会主義者たちは啓蒙活動を繰りひろげるしかなかった。

しかし、ようやく進んできた中等教育の拡充や、学校教育の定着の中で、近代的な教育は個人の自由への志向も育ててきたといえる。

中でも都市の住民や、地方の指導者の中には、当時としては学歴のある階層が増えてきた。そうした人たちに受けいれられたのは新聞や雑誌である。初期の新聞は主に政治を論じる高級紙・大新聞と、ゴシップを主にのせる小新聞に分かれていた。インテリが読む大新聞と、庶民を相手にするイエロー・ペーパーともいえる。

戦争はどちらにとっても部数を上げる最高の機会だった。戦前には政府の弱腰を攻撃し、国民の危機感をあおり、戦時中は日本陸海軍の健闘をたたえた。そこには、冷静に事実を報道しようとする姿勢は見られない。

大国ロシア、白人国家に戦争をいどみ、どうやら勝てた。しかし、国民としては、その結果、手に入れた代償にはとても満足がいくものではなかった。ロシアは賠償金も払う気がなく、領土の割譲《かつじょう》にも応じようとしなかった。ポーツマス講和会議の当初、日本が手にしていたモノといえば、すでに占領していた遼東半島と、東清鉄道南満洲支線[*5]のみだった。

＊4　１９０８年10月13日、明治天皇が出した詔書で、日露戦争後、国民が浮華に流れているとして、戒める内容だった。

＊5　ロシアが清国から旅順・大連を租借するとき（１８９８年）、ハルビンから分岐して奉天を通り大連まで通した鉄道のうち、長春から大連までの支線。

これだけではどうにもならない。一か八かで戦争を続けるしかないかと思っていた矢先のことである。ロシアは南樺太をゆずることを申し出てきた。交渉にあたっていた全権団は、これでよしとしようと考えたが、国民世論はそれを許さなかった。

政府は、日本が置かれている危機的な状況を正しく国民に伝えていなかった。戦争を継続するにはカネがいる。外国に債券を買ってもらう、国民に増税を納得してもらうことで何とかしてきた。同時に、こうした、日本の貧しい実態を、諸外国に知られてはならなかった。破産寸前の国の債権を、どこの誰が買おうとするだろうか。だからこそ、国民にもメディアにも実態を知らせてこなかったのだ。

◆疲弊、銃後のありさま

砲弾は不足していた。奉天《ほうてん》の会戦でも、後退するロシア軍を追撃する力がなかった。ある師団参謀は、追撃をすすめる上級司令部の幕僚に、『長蛇《ちょうだ》が逸《いつ》するのを待ちつつあり』と返答したくらいである。

１９０４（明治37）年11月、千葉県国府台《こうのだい》にあった野戦砲兵第1連隊補充隊に入営した作家長谷川伸は、弟子に次のように語り残している。

『入営しておどろいたのは、着せられた襦袢《じゅばん》と袴下《こした》のボロ加減だった。それに銃剣も支給されなかった』。しばらくして満洲で鹵獲《ろかく》したロシア兵の銃剣が送られてきて、何とか格好がついたという。班内には藁《わら》がしいてあって、二人で1枚の毛布で寝た。食事も米と麦の比率が規定とは逆になっていた。麦7米3だったという。ひどいのは副食で、水曜と土曜の昼飯だけはご馳走だった。とはいっても、コノシロ（魚の一種）の煮付けとカマボコ1切れ、芋の葉っぱの煮たようなもの少し。他の日は毎日、切り干し大根にワカメが少々、兵士たちが「寝藁《ねわら》」といっていた酢醤油をくぐらせた物ばかりらしい。棟田博の『陸軍いちぜんめし物語』にのるエピソードである。

馬の不足も深刻だった。馬の損耗率は人間より高く、20・6％におよんだ。[*6]

１９０４（明治37）年の現役兵徴集人員は、前年に計画された数より１・４倍にもなった。歩兵科だけで１・６倍である。[*7]

徴兵検査を受けた若者の、５人に１人が現役兵か、補充兵かになった。もちろん、入営したのは、そのほとんどだっただろう。どこの家でも、働き手の主力を取りあげられたのである。准士官・下士も不足していた。

陸軍は補充源を手に入れるために、すでに１９０４（明治37）年９月に徴兵令を改正し、後備役を５年から10年に延長していた。旅順要塞第一回総攻撃と遼陽会戦での損害の大きさに驚いたのである。兵卒にしてみれば、後備役があけるのは満33歳のはずだった。その後は国民兵役に編入される。よほどのことがなければ、国民軍が編成されることはない。安心して家業にいそしんでいたところ、38歳までの延長となり、まさかと思っていた召集令状を受ける人も出た。

当時の30代は今のような青年ではなかった。肉体労働はきびしい。農山村や漁村では、働き手の中心になるのは10代の半ばから20代後半になるまでで、30歳になれば中老と言った地方もある。５万人余りも後備兵が召集されたが、その平均年齢は35歳である。

もともと、開戦するにあたっても、あらゆる面での準備不足は否定できなかった。小銃、機関銃の銃身の材料、弾薬、架橋のための資材なども、直前になって外国に発注するような始末だった。

＊６　この損耗を補ったのは、日本中の田畑で働く馬や、荷車をひき、山道で荷を背負って歩く馬だった。国内の民間保有数の11・５％が徴発され、購入されたと大江志乃夫は書いている。

＊７　この年の受験壮丁人数は40万８０３１人、そのうち５万５９８０人を徴集する予定だった。それが、７万８１８０人に増やされた。全体の19・２％にも及んだ。

◆悲願だった不平等条約の改正

国家財政にゆとりがなかった原因の一つには、幕末以来の不平等条約がある。関税自主権がない。その上に治外法権を認めてしまった。輸入品への課税が自由にできない。それでは国内産業が順調に育つわけもない。領事裁判権を与えたことも大きなキズだった。外国商人や、商社と紛争になれば相手国の領事が判事になった。日本人に不利な判決が出るのが当然だった。

1886（明治19）年に起きた海難事故、ノルマントン号事件[*8]は、今でも教科書に載るほど有名である。

また、同年、長崎では上陸した清国海軍水兵が酒を飲んで大暴れ。逮捕した警察官に暴行を加える。さらに水兵たちが数百人で警察署を襲撃。鎮圧した警察官と水兵、両方に多数の死傷者が出た。この事件もウヤムヤのうちに幕が引かれた。

関税自主権についても、まとめておこう。幕末の開港とは、欧米先進諸国の工業生産品と、農業国だった日本の生産品がじかに競争することを意味した。

たしかに、外国との貿易は日本の商品生産を大きくのばした。生糸《きいと》、茶、蚕種《さんしゅ》（カイコの卵）などが大量に輸出された。輸入では兵器や船舶、軍用の毛織物などと、綿糸・綿布などの綿製品が大部分を占めた。このように農産物や、その加工品の輸出と、工業製品の輸入を続けていれば、いずれ日本の経済構造は、いわゆるモノカルチャー化する危険があった。モノカルチャーとは、特定の生産品にだけ依存する状態である。

1880（明治13）年ころになっても、生糸や茶の国内生産高の80％近くが海外に輸出されていた。生糸輸出額は全輸出額の中では40％を占め、茶や水産物を加えると、

＊8　紀伊半島沖で英国汽船が遭難したが、英国人船長ら乗組員は、日本人乗客23名を救助することなく脱出。神戸でイギリス領事が出した判決は船長無罪。国内世論は大騒ぎになった。

全輸出額の70％近くになってしまった。そうした一方、毛織物はすべてが輸入、綿糸や砂糖は国内消費の６割以上、綿織物は３割以上、鉄は７割以上が輸入にたよる始末である。

伝統的な綿織物も、イギリスからの安価な綿糸で織ったものが有利となれば、綿作、製糸業はおとろえていった。これがなんとかなったのは、日清戦争をはさんだ１８９０年代の機械力の導入からである。

不平等条約の原因は、徳川幕府の交渉担当者たちの不勉強があった。また、それにつけこんだ列国の図々しさがある。しかし、その程度のことは当時の国際社会では当然だった。19世紀の世界はダーウィニズム、進化論がもてはやされ、優勝劣敗《ゆうしょうれっぱい》、適者生存が当然だという考えが主流だった。

世界史的に見ても、当時の国家というのは、どこかの植民地になるか、あるいは強制を受けて屈服するか、または支配し、要求する側に立つか、どちらかの道しか選べなかった。

◆賠償金をよこせ

まず、国民は賠償金がほしかった。政府は賠償金を30億円とる気だったという。１９０５（明治38）年度の一般会計は臨時軍事費を入れて、８億８７９３万７千円だった。戦争中の２カ年では、およそ17億円が使われたという。

また、日露戦争を語るときに、昭和になっても使われた言葉があった。『二十億の資材と二十万の生霊』と言われた。すると、政府は使った金を５割り増しで回収しようとしていたのだ。国民は、数々の戦争協力税がなくなり、暮らしが楽になることを期待していた。戦後不況は、すぐ目の前に見えている。戦争中のインフレにも苦しめられてきた。

桂太郎内閣は、戦争の財源を外債と国民への増税にもとめてきた。帝国憲法下の直接税は地租、営業税、所得税である。この三つの中では、長い間、地租の割合が最も高かった。日清戦争後、日本には産業革命と消費革命が進んだ。資本主義が成立したといっていい。戦争前の１８９３（明治26）年、株式会社の資本金総額は3億円だった。戦争後の97（明治30）年には7億円になり、日露戦争直前の１９０２（明治35）年には11億円になった。

工業生産高も、綿糸、製紙で１８９２（明治25）年に比べて96（明治29）年は2・1倍、畳表は4・55倍になっている。このことは興味深い。畳表が5倍近い増加ということは、この頃から農山村にも畳が入ってきたということだ。畳は高価なものだったことは想像できる。ミエをはって借金をして畳を入れた農家が破産したという話があるくらいである。

資本主義の発達で、企業がたくさん作られた。また、働く人たちの勤労所得もふえた。それにつれて企業の売り上げや個人の所得が大きくなった。増収となった営業税や所得税も政府の財政を支えるようになってきていた。

戦時中の増税は大きかった。地租は地価の2・5％だったものが、田畑の場合は5・5％にふえ、市街地は20％にもなった。１８９７（明治30）年、銀座の地価が坪３００円という資料がある。現在の4丁目交差点の場所だ。すると、坪当たり7円50銭だった地租が、60円にも上がったことになる。

そして、所得税は、誰もがそれまでの1・7倍を納めることになった。『非常特別税法』がその元である。井口和起によれば、１９０４（明治37）年4月と12月の2回にわたって行われた非常特別税法で、国民は03年に歳入として国家に納めた税金と同額を、もう1回支払ったという。

この増税は時限立法だった。戦時中だけの措置だったはずである。それが簡単な手続きだけで、政府のいうとおりに恒久化された。国会も戦時中のことであり、非常時だという政府の説明で納得せざるを得なかった。その結果、ざっと7割の増収になった。それでもロシアから賠償金が取れれば、きっと生活は良くなるだろう。暮らしも豊かになって、戦時中の苦労の幾分かもいやされるだろう。みなそう考えていた。

しかし、ロシアは賠償金など払う気はなかった。負けたという自覚もなかった。ロシアは満洲での次の決戦に備えて、ヨーロッパ・ロシアから兵力や物資を送り続けてもいたのである。

◆領土をよこせ

次に国民が要求したのは領土である。植民地の獲得には、国家の経済上の問題もあるが、国内の人口を外へ出して働き口を与えるという目的もあった。すでにアメリカやハワイには、日清戦争後から移民が始まっていた。

当時の国民の気持ちは、国家の発展と国力の伸張、国民の自我の拡大が一致していた、この時代を正しく理解しないと、その気分は分からない。

国家と国民が一体感をもっていた時代だといっていい。世界の中で、自国の地位が高まることが、そのまま自分の存在が大きくなっていくことだと実感する人が多かったのだ。

ロシアは樺太《からふと》の南半分の割譲をするという。しかし、国民の多くは、もともと1875（明治8）年にロシアから強制された「樺太・千島交換条約」[*9]が問題であると信じていた。樺太は、わが国固有の領土だったと思っていた。それを国力のないことにつけこんできたロシアに強引なやり口で奪われたと考えていたのである。せめて、樺太の先、沿海州[*10]くらいは手に入れたい。あるいはバイカル湖以東の土地を取ってしまえという強硬論まであった。

しかし、そんなことが出来るわけもない。国際交渉は相手があることである。それでも新聞は国民をあおった。中でも、9月1日の大阪朝日新聞は第一面に大きな黒枠でかこんで、「講和」ではなく「請和條件」と見出しを作った。同じ「コウ」でも「請う」である。さらに、その下には草むらの中で折れたサーベルとドクロがかかれていた。ドクロのうつろな眼窩《がんか》からは涙が流れ出ていた。「英霊は泣いている」というわけだ。

9月5日、腹を立てた国民は日比谷公園で抗議集会（講和反対国民集会）をひらいた。警視庁はあらかじめ開催を禁止し、大会役員たちにも予防検束《けんそく》という強い手段をとった。しかし、定刻の12時前には、すでに群衆は3万人をこえていた。警官隊が止めるにもかかわらず、人々は公園内に入っていった[*11]。

日本が置かれている状態を冷静につかんでいたのは、政府と軍隊上層部だけだっただろう。官にいるか、あるいはその間近にいれば、もう国力がもたないことはすぐに分かった。それが分からなかったのは新聞記者や庶民である。情報公開も進んでいなかったし、調べる方法も見つからなかったことだろう。

同時に、当時の教育の貧しさについても言わなければ片手落ちだろう。これもまた、

＊9　黒田清隆の樺太放棄の建議によって、駐ロシア公使榎本武揚が交渉にあたった。幕末に雑居の地とされた樺太全島がロシアにわたり、カムチャツカ半島にいたるまでの千島列島が日本の領土になった。

＊10　日本海に面し、中心都市はウラジオストック。ロシアと清は長く国境問題で対立していた。1689年にはネルチンスク条約が結ばれ、アムール川（黒竜江）流域をめぐる両国の紛争が終わった。国境はアルグン川、シルカ川支流のゴルビツァ川、外興安嶺を結ぶ線とされ、清にとって有利な国境線だった。ただ、オホーツク海にそそぐウダ川一帯は未決となった。これが後に1858年、新たなアイグン（愛琿）条約で問題になる。

＊11　新富座の演説会場に行くまで群衆は交番や電車を襲い、内務大臣官邸、国民新聞社は焼かれ、騒動は翌日まで続いた。6日には勅令で東京市内・府下五郡に戒厳令がしかれた。

国家や国民生活のレベルのことになるが、日露戦争の頃、中・高等教育を受けた人は、まだ同世代の2％にもなっていなかった。[*12]

国民は失望した。働き手を取られ、増税に苦しみ、戦争が終わってもいいことはなかった。不況で失業者が増えた。都会では人力車夫へ転向する人が多くなった。

１９０６（明治39）年1月には福島地方で、餓死者、凍死者が出た。前年の東北地方の窮民、およそ35万人という。3月、非常特別税法が改正公布された（実施は4月）。平和回復時にはなくなる約束だった増税が当分、続くことになった。

学生の思想・風紀が好ましくないと文部大臣が訓令。演説中に初めて「社会主義防止」の言葉が出た。前年、10月、ロシアの首都ペテルブルグで労働者代表ソビエトが成立し、第一回総会を開いた。議長はトロツキーである。

ロシアや中国はすぐそばにある。太平洋をはさんでアメリカという超大国に囲まれるのが、日本の永久不変の地政学的位置である。中国やロシアにとっては、太平洋に乗り出す場所にふたをするように伸びているのが日本列島。アジアの地図を左回りに90度回してみるがいい。「狭い」かもしれないが、その存在自体が、ロ中両国にとって目障りなことは確かに分かる。それは現在にもつながっている問題なのだ。

◆戊申詔書《ぼしんしょうしょ》の語ったこと

国民全体が目標を失い、規範のない社会が生まれてしまった。戊申詔書は次のようにいう。

『上下《しょうか》心ヲ一《いつ》ニシ、忠実業ニ服シ、勤倹産ヲ治メ』ることが大切だ。つまり、国民は上から下の階層まで、きちんと仕事をしなさい。投機的な気分に乗ったり、無駄づか

＊12　１９０５年、尋常科中学生（五年制）は全国で約10万5千人、高等学校生同5千人、大学生同6千人という時代である。夏目漱石の『坊ちゃん』の想定時期はこの頃だが、物理学校（現東京理科大学）は当時でいう専門学校になる。官公私立合わせて１２６校、在学生４千４百人というところだった。

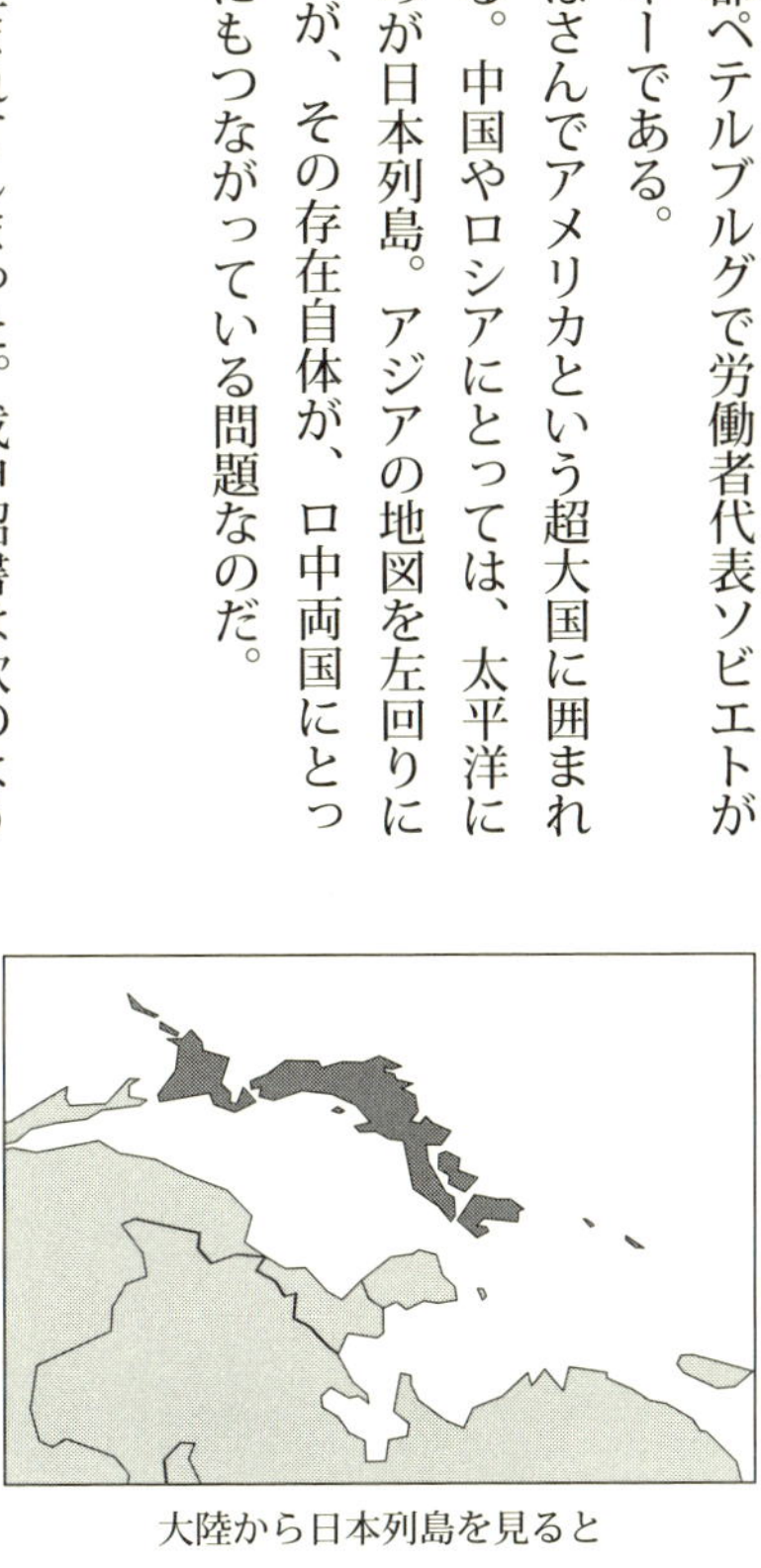

大陸から日本列島を見ると

いをしたりしないようにせよ。『惟《こ》レ信、惟レ義、醇厚俗ヲ成シ、華ヲ去リ実ニ就キ、荒怠相誡《いまし》メ自彊《きょう》（強）息《やす》マサルヘシ』とあるように、社会が混乱していることを悲しんでいるように読める。

じっさい、国民の気分は、資本主義の発展の中で浮かれてもいた。また、世代の差が見えてきた時代でもあった。関川夏央が指摘しているが、夏目漱石が書いた『三四郎』にもそれをうかがわせる記述がある。漱石は、作中人物の廣田先生にこう言わせた。

『近頃の青年は、我々世代の青年時代と違って自我が強くていけない』

１８８２（明治15）年以降の生まれは、新しい学校制度によって育った。幼い頃に、漢学の洗礼を受けなかった世代にあたる。大正時代の白樺派[*13]作家はほとんどが、その生まれである。関川の指摘を借りる。有島生馬は明治15年、志賀直哉は16年、武者小路実篤は18年、園池公致、木下利玄は19年、里見弴《とん》は21年に、それぞれ生まれている。

それ以前に生まれた知識人は、漢文学の素養の上に西洋の学問を重ねた。夏目漱石のロンドンでの苦悩、あるいは森鷗外のドイツでの煩悶《はんもん》は、同世代の留学を経験しない人たちには分かりにくいものだっただろう。西洋では個人社会はすでにできあがっていた。社会の中での自分の役割を果たすことよりも、個人の自由や独立を重視することが常識になっていた。西洋の学問や思想は、その上に成り立っているといえる。

江戸時代の日本の社会は、「役《やく》の体系」として組織されていた。役とは、社会のなかで個人が担当する役割と、その役割にともなう責任を合わせた意味をもつ。人が役割によって定義され、役割とは離れては考えられないような社会が「役割社会」である。この伝統はいまもある。

＊13　同人雑誌『白樺』を中心に活躍した文学者グループで、大正文学の主流をなした。個性の尊重、自我の確立、生命の想像力をうたい、人道主義・新理想主義・個人主義を追求した。

これに対して、社会を独立した個人の集まりとしてとらえる文化がある。役割は、そこから派生した機能にすぎないと考える社会が西欧風の近代国家である。あらかじめ決められていることが少ない社会といってもいい。個人の責任で考え、判断し、実行していかなければならない。

漱石や鴎外は、そうはいかなかった。個人の志向よりも、国家の要請を大切にする。家族や自分の所属集団の利益を考える。集団からの役割期待にもこたえようとする。漱石は文部省の国費留学生であり、鴎外は陸軍軍医としての公費留学だった。それぞれが、何らかの心の傷をおって帰国するのも当然である。

ところが、１８８２（明治15）年以降生まれの、新しい教育制度で育った知識人たちは自由にふるまえる。同じ時代でも、教育水準が高い階層では近代的な人間関係の考え方が広くゆきわたる。個人主義的な考え方が受け入れられやすい。

その代わり、彼らの周囲を取りまくのは、古い日本の制度や気分だった。大正デモクラシーの中で、多くの若者たちが苦しんだのもしかたがない。

まとめていえば、日露戦後の社会は二極分化が大きく進んでいった。これから紹介する兵卒たちの脱営や命令違反、反抗などは、社会のアノミー（無規範）を象徴していたというのが、竹山護夫、前坊洋《まえのぼうよう》の分析である。

◆歩兵第1連隊兵卒集団脱営事件

１９０８（明治41）年3月3日、すでに暗くなった夕方六時がすぎた頃、大久保（戸山）射撃場から駈《か》けだした部隊があった。山手線の内側の、その射撃場のあたりは、現在は、すっかり市街地になっている。そこは戸山原《とやまがはら》*14といわれていた。

*14　現在の早稲田大学理工学部があるあたりの線路を越えた反対側、私立海城学園がある。そのさらに東側、明治通り（環状5号線）までの間に射撃場はあった。３００ｍの射撃ができた。

部隊の指揮者は下士だった。全員が三十年式歩兵銃をにない、銃剣をさげ、弾薬盒《ごう》をベルトにつけ、水筒などを肩からさげた完全武装である。彼らは、その日の朝から射撃演習をしていた歩兵第1連隊[*15]第2大隊第5中隊の2・3年兵たちだった。

中隊長によって、全員、駆け足で30分以内に赤坂区檜町の兵営まで帰るようにと命令されたのだ。その距離はおよそ6㎞になる。

檜町とは元防衛庁のあったところだ。現在は防衛省も市ケ谷に移転しているが、それまでは六本木の交差点に近い歩兵第1連隊の兵営跡で業務をとっていた。武装した部隊の行軍は、ふつう50分で4㎞を歩き、10分の休息をとる。緊急時の強行軍の場合だけは歩度6㎞と言われていた。1時間で6㎞を歩く。重い装具をつけ、銃をもち6㎞の行軍はほとんど前のめりになって小走りでいくようなものだ。6㎞の道のりを、武装して30分以内で駈け通せというのは、あまりに無茶な命令だった。

しかし、兵卒たちは走った。中には訓練の連続で、昼食をとっていなかった者もいた。それでも、彼らは走り続けた。落伍者もなく、全員が30分で兵舎に帰ることができた。もっとも、後の報告書では、到着時に2名の兵が意識を失ったという。鍛えられた2年兵、3年兵だけだったからできたのだろう。

なぜ、そんなことになったのか。日露戦争の野戦帰りの中隊長にとっては、兵たちの訓練に対するだらけた態度が許せなかったからである。

歩兵の生命は射撃である。昭和の陸軍になっても、歩兵の表芸は射撃、行軍、銃剣術と言われた。中隊長の体験した戦場では、白兵突撃をかけてくるロシア兵に対抗するには、正確な射撃しかなかった。ぐんぐん近づいて来る銃剣を振りかざしたロシア兵。多くの兵卒はそれに怯《おび》えてしまった。恐怖心から銃の肩づけもできない。下を向

＊15　第1師団第1歩兵旅団に属する連隊。兵たちの徴募区は麻布連隊区。すべて「一」から始まるので「頭号連隊」といわれた。軍旗も特別に扱われ、他の連隊の覆いは無地だったのに、「歩一」だけは錦の織物だった。

第一師団司令部
（東京南青山『日本陸海軍写真帳』）Ⓚ

いて、銃をかかえるようにしてしまう者が多かった。結果、銃口は上がり、空中に弾丸をばらまくことになった。そこにロシア兵が突っこんできたのだ。銃剣を着けるひまもない。ほとんど無抵抗のまま、刺殺されたり、たたき伏せられたり、逃げ出したりもしたのである。

中隊長はこの日、銃剣を銃口につけたままで据銃《きょじゅう》練習[*16]を行わせた。明らかに虐待である。それに、的に命中弾を出せなかった3年兵を殴ってしまった。さらに反抗した顔つきを見せたその兵を蹴りたおした。そして武装した駆歩行軍6㎞を命令した。

後の憲兵隊長の報告書では、これだけで「陵虐《りょうぎゃく》」と言われた陸軍刑法にふれる犯罪だった。軍法会議に回されれば、軍務に従事中の下級者への暴行罪として、3ヶ月以上4年以下の軽禁錮。職権を濫用《らんよう》しての陵虐罪は1ヶ月以上2年以下の軽禁錮である。

軍は、それまでも「私的制裁」をきびしく禁じていた。まず、ふつうの将校、とりわけ中隊長がすることではない。しかも、この中隊長はけっして無能な将校ではなかった。むしろ、誠実で、正直、勇敢で責任感にあつい男だったといっていい。

その夜、2、3年兵たち37名は、歩哨をあざむいて衛門を通りぬけた。大隊長の私宅に直訴《じきそ》をする目的で脱営[*17]したのだ。この事件は大江志乃夫が『凩《こがらし》の時』という史伝スタイルをとった作品に詳しく書いた。兵卒たちは軍法会議で処断された。無断脱営はともかく、徒党を組んで行動したからだ。中隊長をはじめ、連隊幹部たちもそれぞれ行政罰を受けることになった。なお、このときの連隊長は宇都宮太郎[*18]歩兵大佐だった。

*16　地面に腹をつけ体を伸ばした姿勢で銃を構え照準を合わせることを据銃姿勢といい、この運動をくり返すことを据銃演習という。

*17　兵営の表門、裏門はともに厳重に監視されていた。風紀衛兵が歩哨に立っている。出入りが原則自由なのは士官、准士官だけで、認められた外出のほかは下士や兵卒は勝手に出られなかった。また、陸軍刑法では、脱走し6日以内に帰らないと逃亡罪になった。

*18　宇都宮太郎（1861〜1922）　佐賀藩士の子。陸士士官生徒7期、陸大卒業後、参謀本部出仕、インド差遣、台湾平定に従軍。日露戦中はイギリス公使館付、明石元二郎と協力して諜報活動を行う。帰国後、歩兵第1連隊長として射撃指導に熱心に取り組む。脱営事件を巧みに処理した。参謀本部第2部長、第7師団長、第4師団長、朝鮮軍司令官、のち大将に進む。

◆帰れなかった3年兵たちの不満（歩兵在営2年に短縮）

兵卒の集団脱営は、前年にも起こっていた。場所は北海道旭川である。1907（明治40）年3月、野戦砲兵第7連隊第4中隊の兵卒37名が日夕点呼《にっせき》後、八時半から集団で兵営をぬけ出して市内の旅館で宴会を開いた。飯がまずい、粗末だ、これでは健康ではいられない。中隊付の中尉がひどい扱いをする。この砲兵たちが主張したところである。翌朝、五時ころには自分たちのデモンストレーションの目的を達したと全員がそろって兵営に帰った。

次の事件は1月26日のことだった。歩一の脱営の2ヶ月前のことだった。第4師団から、新設される第16師団に移ることになっていた歩兵第38連隊の兵卒が集団で帰営しなかった。京都市郊外の深草にあった連隊から日曜外出した3年兵の19名が帰ってこなかった。中隊長代理の中尉と中隊付曹長が冷酷な扱いをするというのが彼らの言い分だった。京都の市内を歩き回り、翌日、先斗町《ぽんとちょう》や北野天満宮で全員が逮捕された。

そして、四つ目の事件は、歩一の脱営の直後に起きた。第16師団の大阪駐屯部隊の兵卒10数名が夜中に裏門歩哨の目の前を突破して脱営した。その日、早く日課を終えた彼らは酒保[*19]で夕方から酒を飲み、大声を出してさわいでいた。週番下士[*20]がそれを注意した。そのことが気にくわない、外で飲み直そうということになった。

これらの事件を、これまでの研究者は多く「戦勝陸軍のおごり」と解説してきた。軍紀の弛緩《しかん》は、そうした「だらけ」から生まれたと解釈していた。また、あるいは非人間的な天皇制軍隊の体質のせいと書いてきた。

だが、この背景には別の要因があった。どの事件も中心になったのは、1905（明治38）年入営の3年兵である。彼らは、ひどく不公平な状態に置かれていた。陸軍

＊19　兵営内にあった売店、日用品が売られ、日課時限が終われば軽食や飲酒もできた。

＊20　大隊ごとに置かれた週番司令のもとに各中隊の週番士官、週番下士、週番上等兵が服務した。営内の取り締まりや命令の伝達などを行った。

は07（明治40）年から翌年にかけて全軍の編制の大改正を行った。

たとえば、第1師団は、07（明治40）年9月18日から隷下《れいか》に歩兵第49連隊（甲府）と歩兵第57連隊（千葉県佐倉）を受けいれた。その代わり、群馬県高崎の第15連隊、千葉県佐倉の第2連隊を手放すことになった。歩2は水戸に移り、歩15とともに新設の第14師団（宇都宮）の隷下に入った。

　師団の増設のための部隊の入れかえや、新設が続いた。戦争の末期には第13、14、15、16の4個師団が編成された。[*21] 1906（明治39）年1月6日、『兵力の均衡を得んがために臨時設置せられたる野戦第一三乃至《ないし》第一六師団は平和克復後と雖《いえど》も…之を常置するを要し…これを平時編制内に入れ、常備団体とする』と4個師団は常設されることになった。これによって、増加される歩兵連隊数は合計16個。また、07（明治40）年には、第17、第18の2個師団の増設が決まった。ロシアの報復戦に備えるためである。

　とにかく、毎年の現役兵、補充兵、とりわけ歩兵の数を増やさねばならない。しかし、労働人口の確保も必要である。そこで、陸軍は現役在役3年間の原則は守ったが、歩兵にかぎって在営2年帰休1年というシステムを考えついた。この制度は07（明治40）年12月の入営兵から始まることになった。歩兵1個中隊の平時編制の兵卒定員は150名だった。3年制では、毎年50名ずつの新兵が入営してきていた。07年の入営兵からは各中隊に75名になる。だから、この年では各中隊で25名の過剰人員ができる。つまり、05年の入営兵の半数が余っている。

　1908（明治41）年の12月には50人が定員オーバーになり、06年入営の3年兵全員が過剰人員になる。だから、06（明治39）年組は全員が帰休できた。問題になるの

＊21　師団は2歩兵旅団と1砲兵連隊、1騎兵連隊、工兵、輜重兵が各1大隊。各歩兵旅団は2歩兵連隊。1歩兵連隊は3個大隊で作られる。各大隊は4個中隊で、中隊番号は第1大隊第1中隊からの通し番号をつけた。このように順序だてて制度化することを建制といった。制度化された編成を編制という。

は、05（明治38）年入営の3年兵である。07（明治40）年10月29日、勅令によって、成績良好な者を帰休させることになった。運悪く、その選抜にもれた者は、同期の半数が嬉々として帰郷する姿を見せつけられた。帰れなかった者は他にもいた。成績優秀のため初年兵の教育掛《かかり》助手として残された人たちである。

兵営に残された兵卒はどうか。優秀でないという烙印《らくいん》をもらったようなものだ。この時代、上等兵になれたのは、上位3分の1くらいである。上等兵にもなれず、帰休もできなかったでは、故郷の家族はがっかりもし、周囲は軽んじもしただろう。誰もが軍隊の生活は苦役だと思っていたし、それだけに無事、満期を迎えて帰郷する青年たちは「人生修業」をしてきた存在だとされた。

こうした失望感をもった3年兵たちが素直に猛訓練に耐えるわけがない。ましてや、当分、戦争などは起きそうもない。世間は目標を失い、人はそれぞれが個人的利得の追求に励んでいた頃である。

2　軍隊という組織

◆兵力は歩兵大隊の数で表す

海軍の軍備拡張は、まず艦船の数が増える。フネという大きな機械が増えるわけだ。その次に、それを操作する人員が必要となる。しかし、人が増えるといっても、軍艦を1隻造ったとして、その乗組員はせいぜい数百人から千人余りの数にしかすぎない。それに比べて、陸軍の軍備拡張は何よりも兵卒の増加、つまり徴兵数が多くなることに結びついた。

歩兵は兵力数をいうとき、大隊がいくつあるかで考えた。４個中隊で構成される大隊は戦術単位と言われる。[*22]これは一人の指揮官の号令で動かせる最大の部隊規模にあたる。

はるか昔から現代にいたるまで、洋の東西を問わず、戦術単位はそれくらいの人数である。３個大隊で構成された連隊で兵力を測ると、その担当する正面の幅が広くなりすぎる。ちなみに、日露戦争中は歩兵１個中隊が展開すると、その正面幅は１００ｍとなっていた。大隊では、ほぼ４００ｍになる。戦場の地形の複雑さを考えると、連隊の１２００ｍでは単位が大きすぎる。ちょうどよい比較基準になるのが大隊というわけだ。たとえば日露戦争でも、鴨緑江《おうりょくこう》戦でロシア軍兵力を歩兵21個大隊、それに対して日本の第一軍は歩兵36個大隊[*23]と見積もっている記録がある。

◆すべての軍隊は中隊からできている

大隊は戦術行動をとることができる。戦術行動とは、敵に勝つために配下の部隊を、包囲、迂回《うかい》、突破、防御するように行動させることだ。このため、大隊長は部隊を三つに分ける。重点、非重点、予備の三つである。主攻、助攻、予備といいかえてもよい。攻撃正面と敵を拘束する補助攻撃方向、それに戦果を拡張するための予備兵力である。

中隊とは英語ではカンパニー、同じ釜の飯を食う仲間というのが起こりといわれる。

＊22　日露戦前の常設歩兵大隊数は１５６個。それが戦後の１９０７年には２２８個大隊となった。約１・４倍である。12年３月、陸軍は同年度の現役徴集人員数を10万３７８４名としている。当時の壮丁数は40万人くらいだった。４人に１人強という割合で若者は現役兵として入営したことになる。この割合は、昭和の大動員と言われた日華事変（１９３７年）の入営率より高い。

＊23　これを1個大隊の正面幅４００ｍで計算すると、４００×36で単純に14・４㎞となる。だが、実際には波状に進撃するので、第1梯隊、第2梯隊との間は２００ｍをとる。３個梯隊に分ければ幅は４・８㎞になる計算である。このように、作戦参謀は敵情と地形を考えながら、部隊の担当正面幅を考えていったのだろう。

中隊は軍隊を構成する中で、もっとも基礎になる戦闘と管理の両方の機能を兼ね備えた基礎単位部隊になる。中隊より上位単位は、みな指揮機関にしかすぎない。

中隊は中隊長[*24]（大尉）と中隊付将校（中・少尉）、准士官と下士という幹部で運営される。将校たちはスタッフであり、2年兵や初年兵の教官となる。中隊事務室には人事係や演習係の准尉、給養係の曹長がいる。給養を担当したのは上級下士の曹長だった。

兵卒たちが日常生活を送る兵営内では5〜6の内務班に編成された。班長（軍曹・伍長）が管理する。この他に班付下士がいることもある。陣営具《じんえいぐ》や被服、兵器係などという職務にあたる下士もいる。このシステムは、中隊長が、将校、下士、兵卒の全員を個々に管理するものである。内務班長は中隊長の代理として班員を指導する。

野戦に出征するときになると中隊は戦闘編制をとる。中隊長は、将校の小隊長を指揮し、小隊長は下士の分隊長を指揮した。だから、戦時に兵卒を直に指揮するのは分隊長である。

◆内務班生活への批判

内務班、そこでの生活について、多く書かれるようになったのは大東亜戦後だった。もちろん、昭和戦前期、大正時代、明治時代と陸軍の兵営生活はあった。しかし、内務班そのものは１９０８（明治41）年公示の「陸軍内務書」の改訂から始まった制度である。陸軍が日露戦後に実行したあらゆる改革の一つであり、意外と新しい制度だったのだ。

それまでの兵営生活は、給養班という編成をとっていた。同年兵だけで暮らし、下士もまた同じ部屋に起居していた。そうした時代の記録は深い霧の中にある。ふつう

＊24　中隊長につく人の階級を英米陸軍ではキャプテン（大尉）という。海軍では軍艦の艦長をキャプテン（大佐）という。どれも集団の長という意味だが、ドイツ軍では中隊長にはハウプトマンという階級の人がつく。ハウプトとは基幹という意味があり、直訳すると基幹となる人、これを大尉と訳している。ポストがそのまま階級名になる。

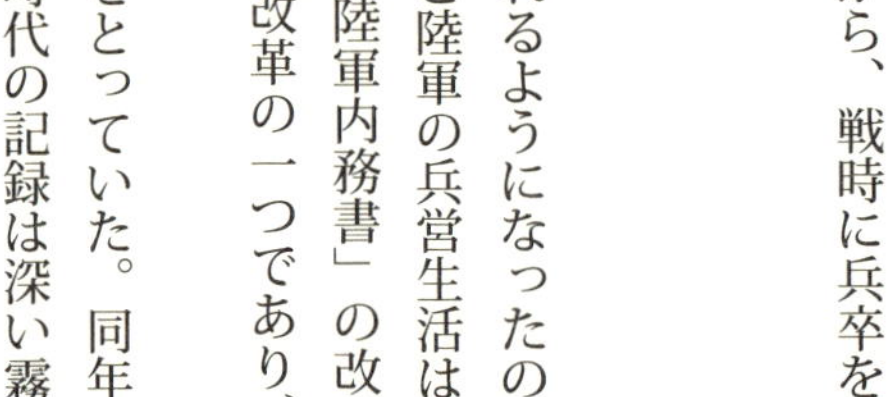

陸軍の内務班

の兵卒経験者は体験を発表する機会もなかった。学歴のある人は一年志願兵になっていたので、兵卒の中でも別扱いだったからだ。

また、軍隊に入っても、世間と軍隊との関係でいえば、とりたてて驚くような違いもなかったからではないかと考えられる。当たり前のことは記録されないのがふつうだからだ。

封建身分制のなごりが色濃くのこっていた時代である。暴力も、一般世間では多かった。学校では教師が教鞭《きょうべん》をとり、体罰がふつうに行われていた。徒弟《とてい》制度では、殴って教えることもあったろうし、商店でも小僧は、こづかれ、叩かれ、厳しい修業時代をすごしていただろう。農山漁村では、子供たちは幼い頃から働いたし、そこでは躾《しつけ》もあまりされなかった。村での人間関係は、やはり前時代からひきずった上下関係を中心にしていたことだろう。

何より文化（価値観）の違う人、高い学歴をもった人が兵卒たちの中では珍しかった頃である。大正の末ころまで、現役兵の中で中等学校以上を出た人は、わずか数パーセントしかならない。先に登場した歩兵第1連隊の脱営兵たちのリーダーは、小学校高等科卒だった。他はみな尋常科[*25]しか出ていなかった。

商人は商人らしく、職工は職工らしく、農民は農民らしくあっただけで、そういう人々を集めて、近代合理主義組織の兵隊にしなければならなかったのだ。軍隊は、共通の鋳型《いがた》をつくり、そこへ兵卒を流しこむ。誰もが同じことをできなくてはならない場所でもある。衛生思想を高めて清潔に暮らすこと、時間の観念を大切にし、自分の役割を自覚すること、持ち物を整理し、整頓することなどが徹底的に叩きこまれた。文盲や、それに近い人たち[*26]にも陸軍は、読み、書き、計算を教え、さらには特業[*27]と

＊25　当時の尋常科とは4年間の義務教育をいう。高等科は2～3年間の志望制だった。新制では中学校になった。大正の中頃から、高等科への進学が増えた。

＊26　日露戦争のころには、兵卒の中で計算ができない、文字が読めない人ももちろんいた。1905年の「大阪府壮丁教育調査」から見るかぎり、20歳の若者のうち、3人に1人が文盲、もしくはそれに近い人だった。

＊27　軍隊は自己完結機能をもっている。自分たちだけで何でもできる。戦前の陸軍にいなかったのは弁護士と僧侶（従軍僧）だけという指摘もある。国民のインデックスでもあった。それをさらに技術教育までしていた。銃の修理をする銃工、被服の修理をする縫工、靴の修理は靴工というように兵隊たちの中から従事者が選ばれるのが特業である。

いった技能も教育した。いわば、義務教育の補完機能も果たしていたのである。戦後になっての農村ルポルタージュの中には、「軍隊は公平で良かった」、「生まれ育ちも関係なく、能力があれば階級も進められた」、「いいところだった」という経験者の声が多く、農村の封建制をなげく筆者は、それに納得がいかないように描写をしている。軍隊のよかったところを聞かれ、「兵隊に行く前には人前で話もできなかった人が、帰ってきたら堂々と意見が言えるようになってきた」と評価している声もあった。

◆兵役法第41条に守られた特権

１９２７（昭和2）年3月、これまでの徴兵令に代わって兵役法が制定された。兵役の区分を常備・後備・補充・国民兵役とした。特徴は服役年限を変更した点である。平時兵力を少なくしても、戦時戦力を確実に維持できるように配慮している。

常備兵役は現役2年と予備役5年4ヶ月、後備兵役は予備役終了後10年間。補充兵役は第一と第二に分かれ、期間は12年4ヶ月。国民兵役も第一と第二に分かれた。40歳まで服役して常備兵役を終えた者と、軍隊教育を受けた補充兵役終了者が第一国民兵役に編入された。第二国民兵役[*28]はそれ以外の17歳から40歳までの者である。

兵役法第41条とは、「所定の学校の在学生に限り年齢26歳まで徴集を延期する」という決まりだった。これが徴集延期である。

ところで、戦前制度に疎くなっている私たちは、徴兵や、召集、入営、入団[*29]、入隊などの用語を間違って使うことが多い。徴集とは、一般人を兵隊にする意味とは異なる。法律上の手続きの言葉である。

徴集とは、徴兵検査をして、現役とか補充兵とか、あるいは不合格にするとかの、

＊28　大東亜戦争末期の「根こそぎ動員」がされたとき、「ニコクの老人」と部隊で迷惑がられたのは、第二国民兵役の軍隊経験もまったくない、40歳近い男たちのことをいう。

＊29　海軍は全国を鎮守府ごとの管区に分けた。鎮守府所在地（横須賀・呉・佐世保・舞鶴）には海兵団が置かれた。そこに新兵の教育をする部隊があった。海軍に入ることを入団といったが、法律的にはこれも「入営」である。

「役種の決定」をすることである。徴集されれば、誰でも入営するというわけではない。だから徴集猶予《ちょうしゅうゆうよ》とは、具体的には、徴兵検査を遅らせるという意味になる。

徴兵検査の呼び出しは、道府県ごとに置かれた連隊区司令部から役場の兵事係を通じて行われた。細かい規定をいうと、戸主《こしゅ》[*30]は役場（市町村長）に、自分の家に徴兵適齢者がいることを、当人が徴兵検査を受ける年の1月末までに届けなければならない。

適齢者とは、検査を受ける年の前年12月1日から、その年の11月30日までに満20歳の誕生日がある者をいう。学齢は4月2日から翌年の4月1日までだから、小学校の同級生とは異なるので注意しなくてはならない。

さて、徴集猶予の条文をみてみよう。

『勅令ノ定ムル学校』であることが第一条件。『年齢二六年迄ヲ限リ』とあるので、在学をしていても検査の猶予はそれまでというのが第二条件になっている。また、在学することをやめた場合、卒業、中退、除籍などのときは、ただちに検査をする。そして、一つの学校を卒業しても、6ヶ月以内に別の学校に入学したら猶予は継続するともある。但し書きもついている。戦時または事変のときは、猶予を取り消すこともある。

第百条は、学校の指定[*31]になっている。その学校にいれば、最大26歳まで徴集は待ってもらえた。

次の規定もあった。それは入営延期の制度である。徴集は猶予しない。全員が徴兵検査を受ける。合格して現役兵になることが指定される。それでも、修学を継続させる必要があった場合は、卒業まで入営を延期するという条文がある。医学部学生や、理工系の学生の場合には、この措置が執られることもあった。つまり、文科系の学生

*30　戦前の民法では、家族をおさめる者として戸主がいた。戸主と同一の戸籍に記載されたものが家族である。

*31　『師範学校、高等学校高等科、大学令による大学予科、専門学校、高等師範学校、大学令による大学学部、臨時教員養成所、実業学校教員養成所及青年学校教員養成所但し研究科、別科などの選科を除く（原文は旧漢字、カタカナ）』

はこの限りにあらずというわけで入営延期は認められなかった。

このときは全国の学校について、陸軍省兵備課や兵務課の担当者が、それぞれの実態について厳密に調べたものだと思う。こういう時の、陸軍当局者の真面目さは、まさに日本人の面目躍如たるものがある。まず、徴集猶予の停止を行った。次に、入営延期の措置をとった。延期すべき期間は、それぞれの猶予期間より、満2年間短くなっていた。高校生や大学予科生は最大で満21歳、専門学校生や大学学部生は同じく23歳、医学部学生も24歳が最高になった。

◆経験がない人には分かりにくい軍隊

平時の軍隊でもっとも大切にされることは、教育と訓練であり、組織維持のための仕事もある。自衛隊という名称に変わろうと、国家の武装組織がもっとも大切にすることは教育である。軍隊は戦時という異常時以外は、ほとんど教育・訓練に明け暮れている。それだけに兵卒の生活は不自由で束縛が多く、苦しいものだ。

また、軍隊はすべて上意下達《じょういかたつ》、上官の命令は絶対と思っている人がいる。この場合の上官とは、上級者すべてを指してしまっていることがある。正確には上官とは、判《はん》任武官《にんぶかん》である下士官・准士官、高等武官である将校・同相当官をいう。兵卒同士は等級が違うだけで、本来は身分上のちがいはない。2等卒が上等兵のいうことを聞かなくても、上官の命令を無視したことにはならなかった。

直属上官という言葉がある。天皇からおりて、軍司令官（平時には、朝鮮、台湾、関東の各軍だけ）、師団長、旅団長、連隊長、大隊長、中隊長というラインがあった（歩兵の場合）。このラインの上にある者をだけを直属上官といった。職務上、任務遂行上、絶対服従をしなければならないのは、この直属上官だけである。

反乱で有名な二・二六事件（１９３６年）で、陸軍省を封鎖した兵は、中佐、少佐が来ても歩哨線《ほしょうせん》を通さなかった。中佐、少佐は上官ではあるが、直属上官である中隊長の『誰も通すな』という命令を受けていたからである。

◆各部将校と将校相当官

同じ高等武官でも、兵科将校と相当官は区別された。軍隊指揮官である将校と、そうでない者の違いである。時代がくだるにつれて、服装上の差別などはなくなってきたが、陸軍が各部将校というようになったのは１９３７（昭和12）年になってからである。階級の呼び方もそれまでの軍医総監が軍医中将、１等主計正が主計大佐になり、２等薬剤官が薬剤中尉、３等楽長が軍楽少尉などと兵科と同じようにされた。

この名称を兵科並みにするという変化は、海軍の１９２０（大正９）年の改正に比べるとずいぶん遅れた。海軍は早くも１９１５（大正４）年に機関科士官を機関将校に改めていた。戦闘専門職にするために、これまでの機関大監を機関大佐[*32]に、少機関士を機関少尉などとしたのである。同じように、各科士官についても軍医総監を軍医中将、造船大監が造船大佐、主計中監は主計中佐に、少軍医は軍医少尉になった。それでも海軍は、敗戦までとうとう将校相当官という区別をやめなかった。各科将校とはいわなかったのだ。

海軍兵科士官と機関将校[*33]の間にくすぶる問題は大きかった。「一系《いっけい》問題」と言われた。兵科と機関科の統合である。結局、大東亜戦争のさなか、１９４２（昭和17）年になって、ようやく機関将校から機関の肩書きがとれた。伝統ある海軍機関学校も、

＊32　「だいさ」と読む。同じく大尉も「だいい」といい、陸軍のたいさ・たいいとは異なっていた。明治の初め、大軍医や大薬剤官は「だい」とよんだ。そこから、大将のほかは「だい」と濁ったという。

＊33　海軍には「軍令承行令」という成文規定があった。戦闘部隊の指揮権継承の順序を示したものである。それによれば、将校が序列に従って指揮権を受け渡していく。艦長に事故があれば先任将校に、順に下っていって、兵科少尉に至る。この兵科少尉が倒れて初めて機関長たる機関中佐が指揮を執れる。

兵学校舞鶴分校とされた。階級章にあった紫の識別線もなくなった。

　ここでも陸海軍の違いがおもしろい。陸軍は学校歴にこだわらなかった。原理・原則主義の陸軍である。制度を変えるには時間がかかるが、いったん決まると、実行は確実である。陸軍現役将校の養成課程は、原則として士官学校卒業者と少尉候補者課程修了者（下士官出身）だった。どちらも、人事上の扱いは変わらず軍令権も変わらない。戦時にはこれに幹部候補生出身（昭和2年「兵役法」以後）、一年志願兵出身の予備役将校が加わる（中には選考され、教育を受けた現役転官者もいた）。軍令権では、同階級なら現役が予備役に優先するといった当然のことがあるくらいだ。

　海軍は状況主義、融通自在の対応をとるようにみえるが、実態は伝統墨守《でんとうぼくしゅ》である。海軍将校とは、原則として海軍兵学校出身者しかいなかった。原則といったのは、陸海軍共通に特別な現役任用があったからだ。たとえば、高等商船学校出身の民間商船士官が予備士官から教育を受けて現役になる例はあった。士官から将校になれた。ただし、これは「学校出」であったからだ。下士官出身者は、兵学校に派遣され学んだ最優等な人ですら「尉官代用《いかんだいよう》」と言われる特務士官だった。決して将校にはなれなかった。

　ただし、この問題は組織性格上の違いもあって、一概に海軍はひどかったとは言えない面がある。海軍将校にとって「陸船頭《おかせんどう》」と言われるのは屈辱だった。海軍兵科士官は軍艦の指揮がとれなくてはならない。そのために、兵学校時代からカッターや機動艇の指揮をとり、長期の遠洋航海を経て、ようやく一人前になる。もっとも、ほんとうに独り立ちするのは大尉になって当直将校を務め、艦長不在の艦橋で操艦ができるようになってからだろう。まさに「船頭」でなければ将校ではなかった。

これに比べて、陸軍将校はどうであろう。下級将校（中尉・少尉）のときには、あるいは大尉の中隊長になっても、末端の兵卒と同じ行動をとる。陸軍の特徴は、上は軍司令官、師団長から兵卒まで、野戦では同じ給与条件、自然条件で暮らすのがふつうである。これをしなかった高級指揮官は、みな評判が悪い。陸軍士官の表芸は統率力なのだ。そうであれば、士官学校出身者がみな優れた能力をもっているとは限らない。下士官や准士官出身の人の方が、兵卒や下士の心をつかみ易かったこともあるだろう。

3　『歩兵操典』の改正

◆改正操典をつくるもとになった苦い経験

『歩兵操典』[*34]とは歩兵戦闘のマニュアルである。日露戦争は、それまでの１８９８（明治31）年に制定された操典で戦った。それは89（明治22）年のドイツ歩兵操典を丸写ししたものだった。これを現実に会ったものに改正することになった。

『歩兵操典』にある歩兵の火力主義がロシア軍に通じなかったことはすでに書いた。小銃火力だけでは敵を圧倒できなかった。ロシア兵は退却しなかったのだ。

また、問題になったのは、日本の兵士たちの精神面の脆《もろ》さ、戦闘行動のつたなさ、判断力の不足、攻撃精神の不振などである。現在でも日露戦争の栄光を語ろうとして、兵士の優秀さや、その精神力の高さを指摘する論者もいる。しかし、それは残されて

＊34　まとめて「典範令」などと言われた。典とは歩兵、騎兵などの各兵操典、基本的な各兵科独自の運動、教育、戦闘行動などについての規定である。範とは、射撃教範などの教科書のようなもの、令は野外令などの行動様式を指令したもの。

いる資料から判断すると、ほとんど誤りである。むしろ、日本の兵士たちは戦闘行動においては、ほとんど『なっておらなかった』[*35]。

日露戦争は完璧な兵士たちで戦われていたわけではなかった。火力の弱小さを精神力で補ったから勝てたわけでは決してない。むしろ逆である。弱兵を指揮した幹部たちの必死な努力、かき集めた銃砲弾、当時の技術の最先端の兵器の数々が勝利をもたらした。

日露戦争以後の陸軍の精神力の強調を、成功体験から産まれたものと解釈してはならない。それでは、当時の軍指導者たちの悩みや、苦しみを理解できなくなってしまう。

◆ロシアの再来襲に怯える陸軍

ロシアの再来襲にはどんな準備をすればいいのだろうと当局者は考えた。まず、予備役、後備役の軍人をもっと必要とするだろう。幸いというか、先の戦では意外なことに予備・後備の兵士も現役に劣るどころか、優秀な成績もあげている。これからの軍隊は予備役・後備役兵を現役兵で補完する、そういった見通しも立つだろう。しかし、その予備役・後備役の兵士たちに、この大戦で発揮してくれたような能力を期待できるだろうか。いや、それは無理だろう。元老の山縣有朋は悲観していた。「維新以来の国家の元気」が無くなったからだ。別の項でも明らかにしたアノミー（無規範）社会の到来である。

陸海軍予算も減額される。そうした中で、歩兵2年在営制も検討しなければならない。財界の意向も無視できなくなってきたのだ。社会主義の主張も騒がしくなってき

＊35　戦場体験者である高級軍人の昭和初期の陸軍大学校での講話

た。それらへの対策が『在郷軍人会《ざいごうぐんじんかい》の再編』であり、『精神主義の作興《さっこう》』であり、『良兵即《そく》良民』の主張である。欧米並みの、軍事が浸透する社会をつくらなければ、次の総力戦にはとても勝てないといった切迫した見通しの中でのさまざまな施策だったのだ。

◆白兵使用は我國人《わがこくじん》独特の妙技なり

教育総監大島久直《おおしまひさなお》＊36大将は、全国の歩兵旅団長、連隊長を集めた会議で『操典改正の根本主義』の説明の中で「白兵使用は我國人独特の妙技なり」という言葉を使った。大島は、日露戦争に第9師団長として参戦し、旅順戦では、黒の軍服に白い兵児帯《へこおび》をしめて軍刀を落としざしにしていたという。実戦家としての評価は高く、「驍勇無《ぎょうゆうむ》双《そう》」と言われた。戦争に強い、部下の統御も素晴らしい、いわば、軍人の一方の理想像でもある。

その会議では、『歩兵操典』改訂にあたっての「根本主義」が説明された。簡単に要約してみる。

一　諸般の制式、訓練及び戦法は、すべて国体、民情、地形に適《かな》い、国軍の組織とその境遇に応じるべきこと。

二　無形教育の骨子となるべき事項を加えて、有形教育に精神気力を付与すること。

三　諸制式は戦闘に必要なるものだけに制限して、教育をなるべく単一にして、これを精錬すること。また、別に部隊が必要とする儀式及礼式に関する諸件を加えるこ

＊36　大島久直（1848〜1928）秋田藩槍術師範役の子として生まれた。71年に中尉に初任、同年中に大尉昇進。西南戦争では歩兵第1連隊の大隊長として出征、熊本城解放に参加。近衛歩兵第3連隊長、陸軍大学校長などを務め、日清戦争では歩兵第6旅団長として転戦、台湾平定軍にも加わる。

と。

四　歩兵は戦闘の主兵であるという主義をいっそう明確にすること。これに基づいて、他の兵種との協同動作を規定すること。

五　攻撃精神を基礎として白兵主義を採用し、歩兵は常に優秀なる射撃を以て敵に近接し白兵を以て最後の決を与うべきものなりとの意味を明確にすること。

一については、これまでのドイツ風の影響からのがれ、初めて、日本独自の軍隊をつくろうと決意していることが分かる。国体とは天皇中心の家族国家観といっていいだろう。民情に適うとは、古くからの秩序観や価値観、文化一般に配慮することである。地形というのは、道路が四通八達し、鉄道路線が張りめぐらされている欧州大陸と、予想戦場である中国大陸とのちがいである。

二は、精神教育のことをいう。敗戦後の価値観では精神教育は諸悪の根元のように言われてきた。いまも、精神教育イコール非科学的教育というイメージが強いが、『仏つくって魂入れず』の諺《ことわざ》があるとおり、ただ知識や技術だけの教育がいいとは思われない。

三は、戦う軍隊になるために無駄なものを減らそうというものだ。陸軍は歩兵在営2年制によって、教育にかける時間も少なくなっていた。軍の教育は、その存在とその目的のためにある。教育がいたずらに煩雑《はんざつ》になり、中味がふくれあがってくることは時間も経費もムダになってしまう。

そして、四と五こそ、これ以後の陸軍のあり方に大きく影響したと考えられてきた。白兵とは火兵に対する言葉である。白兵とはシンプルにいえば刃のついた、攻撃的で、同時に個人的な武器のことだ。鈴木眞哉《すずきしんや》によれば、白兵は「刃兵《じんぺい》」、「鋒兵《ほうへい》」、「刃鋒兵《じんほうへい》」に分けられる。刃兵とは主に斬撃《ざんげき》に用いる。刀剣が代表的なものだ。鋒兵とは刺突用の武器のことで鑓《やり》などがある。刃鋒兵は日本ではあまり用いられないが、西洋ではハルベルト（斧槍）といったものがあるそうだ。古代では日本にも鉾《ほこ》があった。突くことができるし、斬撃にも使うことができる。

実は、この白兵という言葉は明治以後になって作られた言葉らしい。１８８１（明治14）年に参謀本部が刊行した『五國対照兵語字書』には、フランス語のアルム・ブランシュがあげられて、それに白兵という訳語が載っているという。同時に、ドイツ語のブランク・ヴァッヘンも取りあげているとのこと。それにしても、外国語の翻訳だから、なかなか定着しなかっただろうと鈴木も書いている。

この白兵を使って戦うのが白兵戦闘であり、白兵の戦いこそが戦闘に決着をつけるというのが「白兵主義」だと大島は言っている。もっとも、銃剣や軍刀だけで戦うわけではなく、スコップで斬りつけたり、銃を逆手にもって殴りつけたりも格闘戦では行われた。接近戦とか、近接格闘、肉迫格闘などという言葉も使われるが、同じ内容を指すといっていい。それにしても「白兵使用は我國人の妙技なり」とはよく言ったものだ。大島は戦争においてもっとも重要なものは攻撃精神だとした上で、その結晶が銃剣突撃だとした。

大島はほんとうにこれを信じていたのだろうか。彼の経歴を見直してみよう。戊辰戦争では長州藩の火力装備の実態を見ただろう。青年将校時代は西南戦争のとき、銃弾がなくなって追いつめられ、白兵で突撃してくる薩摩隼人[*37]を圧倒的火力で撃ち倒した側の政府軍指揮官である。日清・日露戦争では、統率の名手とうたわれたが、火力

＊37　薩摩軍の指揮官たちは、みな戊辰戦争の実戦体験者である。銃器の損耗や弾薬の補給にも配慮せず、それぞれの家の小銃をかついだだけで出発した。接近戦を挑んで斬り込みをしたのは銃弾がなくなったからである。まともな軍人がたくさんいたはずなのに、そういう点からみても本気で戦う気があったのか疑わしい。

の否定などするどころか、軍司令部や攻城砲兵司令部に十分な砲兵火力の応援を要請している。

◆白兵主義も精神主義も危機感の表れだった

大島は他にも言っている。

『我が国古来の戦闘法は、諸官の知らるるごとく、白兵主義にして…略…白兵戦闘の熟達を図ることは、我国民の性格に適し、将来の戦闘に対する妙訣《みょうけつ》なれば、諸官はこの点に大いに力をつくさるること肝要《かんよう》なり』

明らかに誤認である。でなければ、あまりに大きなウソをついたものだ。古来の戦闘法は弓矢による遠距離戦闘が主流だった。

この改正操典を解釈するときに大事な点がある。日露戦争で日本軍の兵士たちが白兵戦では弱者だったということを上層部が認識していたことだ。実に、しばしば日本兵は潰走《かいそう》した。ロシア兵の突撃に動揺して、射撃も当たらなくなっていたという記録もある。

精神主義については、『軍隊内務書』の解説の中にも重要な項目としてあげられている。「偕行社記事」392号の付録には、次のような理由が説明されていた。

『未来の戦争に於ても吾人《ごじん》は、到底敵に対して優勢の兵力を向くること能《あた》はざるべく兵器、器具、材料亦《また》常に敵に比して精鋭を期すること能はず吾人は何れの戦場に於いても寡少《かしょう》の兵力と劣等の兵器とを以て無理押しに戦捷の栄光を獲得せざるべからず。之を吾人平素の覚悟とするに於て精神教育の必要なること一層の深大を加えられたること明らかなり』

陸軍の将来構想は悲壮なものであった。敵に対して優勢な兵力はもてない。兵器その他の装備も敵に比べれば劣等だろう。欧州勢（中にはロシアも入っている）にも、アメリカにも兵力量、装備の質、量、すべてに劣勢になる。どこの戦場であろうと、少ない兵力と貧しい装備で、とにかく無理押しにでも勝たなくてはならない。だからこそ、負けないためには精神力が必要だったのだ。

◆白兵主義は外来思想

欧州列強を師匠として育ってきた陸軍。それこそ、ひたむきに走り続けてきた陸軍が手にした勝利、しかし、それは思ってもいなかったロシア兵の「白兵主義」の洗礼を受けた後だった。

もともと幕末期に、欧米諸国の軍事力を見せつけられたのは砲戦であり、銃撃のすさまじさである。旧式の球形弾をようやく撃ってみたら、お返しはアームストロングの炸裂弾《さくれつだん》だった。上陸してきてみろ、接近戦だったら負けはしないぞと攘夷《じょうい》志士が気張ってみたら、体験したのは小銃弾の嵐だった。射程、発射間隔、命中精度、何でも負けてしまっていた。大和魂の精華《せいか》である日本刀も、加害範囲はわずかに腕と刀身の長さでしかない。

今からみても、明治新政府とはなんと健気《けなげ》で、ひたむきな努力をしたものだろう。食うものも食わずという形容がふさわしい。金をやり繰りし、必死に兵器を買い、国民に教育をし、希望を与え、せめて欧州並みの火力を揃《そろ》えて列強とあたろうとした。

第二次大戦後になって、あの『歩兵操典』こそ、諸悪の根元だったと指摘する人が続出した。いたずらに精神主義をあおり、火力を軽視した、だから大戦でも負けたのだ。そういう批判が当たり前になっているが、それは結果から見た「後ろ向きの予言」である(『謎とき日本合戦史』鈴木眞哉)。

1909(明治42)年の時代では、白兵主義は決して日本独自の戦法ではなかった。むしろ、欧米諸国こそ軍刀や銃剣をふるって戦う白兵戦[*38]の信者だった。アメリカの南北戦争を見れば、連発銃の小銃弾、野砲の榴霰弾の雨の中を整然と突撃する姿がある。倒れる味方がいても、その穴をすぐに埋めて、撃たれてもなお前進した。たいへんな損害も出るが、それが戦争だと誰もが思っていたのだ。明治陸軍の白兵主義は鈴木眞哉も指摘するように、本来的には「外来思想」だったのだ。欧米諸国が白兵主義を捨てるのは第一次世界大戦の経験を積んでからのことである。

欧米諸国は、日露戦争の総括を行い、白兵主義の強力さについて、ますます自信を深めたのである。ドイツ皇帝は日本式の銃剣道を自分の陸軍にも採りいれよと訓令を発したとはドイツに派遣されていた将校の報告だった。また、要塞攻撃には銃剣をきらめかせて突入することが最終の決を与えるといった、日本軍の果敢な行動を称賛する国際世論があった。英国陸軍の将官は、

『銃剣がいかなる意味においても古くさくなった兵器ではなく、火力のみでは決意が固く軍規厳正な敵を常に陣地から駆逐《くちく》できるものではないことを(日露戦争では)くり返し示した』

と語っている。

*38 「銃剣をもって一撃で倒せ。銃剣が折れたら、銃床で殴打せよ。銃が壊れたら拳で殴りつけろ。拳が傷ついたら歯でかみつけ」というのが白兵戦の精神である。実際には、身近にあるモノを何でも使って戦う。日露戦争では要塞戦の負傷のうちに爆傷が目立つが、接近戦で手榴弾などが使われたからだろう。

4　大艦巨砲の時代

◆戦艦三笠が世界最新鋭だった理由

八八艦隊という言葉があった。日露戦後、海軍が計画した戦艦8隻と装甲巡洋艦《どうこうじゅんようかん》8隻で構成する主力艦隊のことをいった。日本を防衛するには、艦隊決戦で完璧な勝利を手にすることが不可欠である。そこでは対馬沖海戦のように、戦艦や、それを補う装甲巡洋艦（のちに巡洋戦艦という艦種が生まれた）が主役になる。将来の敵は、おそらく太平洋を渡ってくるだろう。

大艦巨砲の発想である。大きな砲は重い弾丸を遠くに撃てる。そのためには、できるだけ大きな艦が必要になる。より高いところから敵を見るために艦橋は大きく、高くなった。大きな砲塔をのせるために、その弾薬庫や装薬庫は大きくなり、艦はさらに大きくなった。

その軍艦のすべて、エンジン（主機関）やあらゆる補機、敵艦との距離を正確に知る測距儀《そっきょぎ》、射撃のシステム、訓練された乗組員等々は、巨弾を敵艦に送りこむためにだけ存在した。鋼鉄の巨弾は敵艦の装甲を撃ちぬいて内部で爆発するようにしなくてはならない。各国は技術を進め、あらゆる工夫を巨艦の建造についやした。

そこに軍縮の風が吹いた。世界大戦（1914～18年）後の出来事である。大国どうしの建艦競争は終わりをつげた。ワシントン条約のおかげである。

各国で建造中だった軍艦の中には廃棄されたものもあり、艦種を変えて生きのびたものもあった。日本の計画も、議会は通ったけれど、建造が実際化していたら、おそらく国家財政は破綻《はたん》していたにちがいない。軍艦はそれを維持していくだけでも多額の金がかかるものだからだ。海軍費が国家予算に占めた割合は、大正時代、すでに4割をこえていた。陸軍経費は、その4分の1でしかなかった。

連合艦隊はロシア艦隊との日本海海戦を六六艦隊で戦った。旗艦三笠（1902・明治35年建造）を先頭に6隻の戦艦[*39]、続いて出雲、磐手《いわて》、浅間、常盤《ときわ》、八雲《やくも》、吾妻《あづま》といった装甲巡洋艦6隻をいう。

装甲巡洋艦とは、戦艦ほどの防御力はない。攻撃力も戦艦と比べれば小さかったが、速い艦のことをいった。当時の軍艦の正式な区分では、1等巡洋艦と言われていた。戦艦と、この1等巡洋艦を比べてみよう。

戦艦三笠は基準排水量1万5140t、主砲は30cm砲4門、機関出力1万5千馬力、速力18ノット、水線付近の装甲は23cm。

これに対して、1等巡洋艦吾妻は同排水量9326t、主砲8インチ（20・3cm）4門、機関出力1万7千馬力、速力20・5ノット、水線付近の装甲12・5mm。

機関出力は巡洋艦が大きく、それでいて装甲が薄い。主砲も4インチ小さい。軽量化されていることが分かる。それでいて、主機（エンジン）の馬力は大きい。戦艦の砲弾を受けたら、巡洋艦の装甲は簡単に撃ちぬかれてしまう。その代わり、速力が大きく、きびきびと動く。運動性を高くして被弾の可能性を低くしているのだ。

それに比べると、戦艦は、もともと「撃ち、撃たれる」ことを前提にして、大きな砲と高い防御能力をもっていた。三笠は、当時、イギリス戦艦マジェスティック[*40]とな

＊39　三笠、富士、八島、敷島、朝日、初瀬をいう。富士と八島は、他の4艦とくらべて、排水量で2500t、全長で8mくらい小さかった。初瀬と八島は旅順港を封鎖中、機雷の爆発で失われたため、装甲巡洋艦2隻が開戦直後に日本に回航された。モレノ（日進）とリヴァダヴィア（春日）で、ともに排水量7628tだった。砲身の仰角（上向き角度）が高く、当時、世界一の射程を誇っていた。

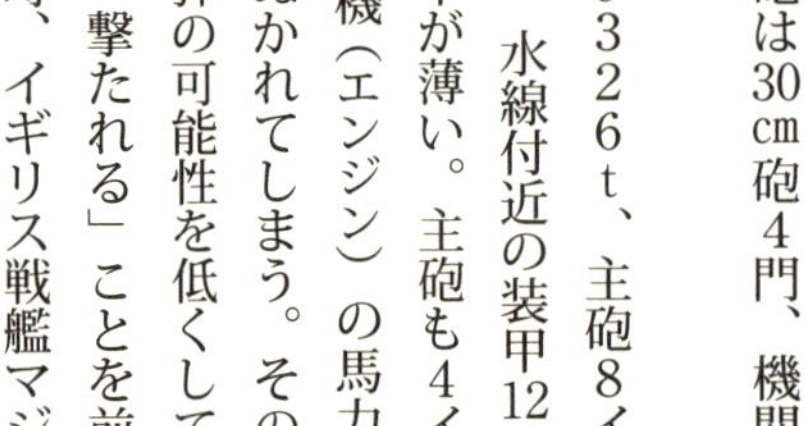

戦艦三笠

らぶ世界最新鋭の、画期的な戦艦だった。それは、軍艦が帆走《はんそう》から動力推進へと進化した時代では、最も強力な存在だったからである。後のドレッドノート出現（１９０６年進水）までの短いけれど、重大な一時期をリードした存在でもあった。

三笠が、マジェスティックと比べても進化していたのは、装甲にクルップ表面硬化鋼を使ったことである。この鋼鈑は１８９０年頃、ニッケルやクロームを混ぜてつくられた鋼鉄だった。ハーヴェイ鋼に比べると、２割方くらい耐弾力が増していた。だからだろう。三笠の主砲塔の装甲は30㎝であり、水線付近もみな23㎝ですんでいる。

大きさを表す排水量や主砲の能力はたいして違いはなかった。しかし、装甲の強さや副砲などの威力（マジェスティックは15㎝副砲６門と小口径砲16門に対して、三笠は15㎝砲14門と８㎝砲20門）、エンジンの馬力と速力（16ノット対18ノット）で三笠はマジェスティックをこえていた。

なぜ、優秀な特殊鋼が必要とされたか。それは、フネをより軽く造ることができるからだ。同じ耐弾力を持たせたならば、装甲は薄くすることができた。重量の軽減には防御装甲を軽くすることが何より一番の方法だったのだ。フネ全体の重さが軽くなれば、より強力なエンジンを載せることができる。そうすれば高速が出せる。燃料消費が減るから、航続距離ものびる。パワーにゆとりがあるから、一時的に急速な増速もできる。無駄な重量をけずることで、燃料や、兵器、弾火薬、食糧などの搭載量もふやせる。排水量が少なくてすむというのは、このように軍艦にとっては良いことばかりなのだ。

＊40　１８９５年に建造された戦艦で、同型艦が９隻もあった。常備排水量は1万４９００t、全長は１３６m、幅25・5m、エンジンは1万馬力、速力16ノット、主砲は30㎝4門、装甲は水線付近で23〜36㎝。また、主砲塔や司令塔には36㎝の装甲鈑をはった。この装甲に使われたのは、アメリカ人H・A・ハーヴェイが開発した特殊鋼で、発明者の名前をとってハーヴェイ鋼と言われた。

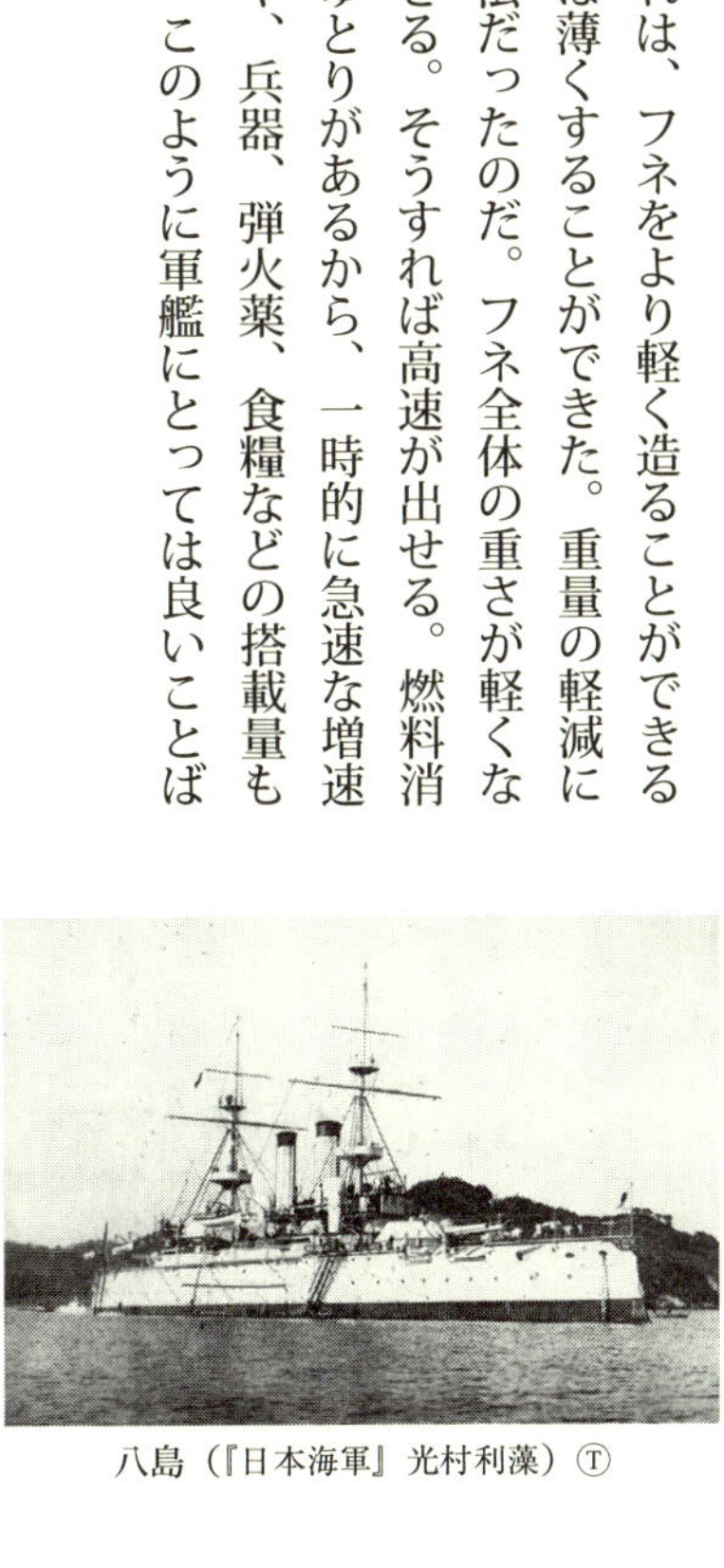

八島（『日本海軍』光村利藻）Ⓣ

◆定遠・鎮遠は沈まなかった

「まだ沈まずや定遠《ていえん》は」という有名なフレーズがあった。

１８９４（明治27）年9月17日、日清戦争の黄海海戦で、日本艦隊の旗艦「松島」は、清国艦隊の「定遠」が放った巨弾を受けた。一人の水兵は瀕死《ひんし》の重傷を負う。近くを通りかかった副長*41に、苦しい息の下から問いかけた。「まだ沈まずや定遠は」、定遠はまだ沈んではいませんか。副長は答えた。「心安かれ定遠は戦い難《がた》くなしはてき」。安心しろ、定遠は戦闘ができなくなるほど痛めつけたぞと。

たしかに定遠は、鎮遠ともども沈まなかった。定遠は命中弾１５９発を受け、大火災を起こし、旅順港へ逃げ帰った。火災がおさまったのは帰港後のことである。鎮遠には２２０発の砲弾が当たり、上甲板より上はやはり火の海になった。同じく、ようやく旅順に帰ることができた。

松島は、午後三時半頃、鎮遠から撃たれた。30・５cmのクルップ砲弾*42が2発、左舷前部の下甲板に命中した。一弾は上甲板に飛びぬけて不発のまま飛んでいった。もう一弾は副砲の12cm速射砲の防楯《ぼうじゅん》*43に当たって信管が作動し、猛烈と爆発した。近くに並べられていた12cm砲弾の薬莢《やっきょう》を誘爆させた。たちまち90名余りの死傷者が出た。主砲は、激しい震動のおかげで作動装置がゆがんで、動かなくなった。上甲板はめくりあがり、舷側は爆風や破片で吹き破られ、下甲板の砲員たちは全滅した。副長に苦しい息の下で問いかけた三浦水兵は19歳、そのうちの一人だった。

鎮遠は、のちに日本海軍に捕獲された。調査が行われ、日本側の砲撃の効果が調べられた。鎮遠は２２０発余りの命中弾を受けたが、舷側の装甲を撃ちぬいた弾丸はなかった。済遠《さいえん》も同じであり、あらためて舷側の防御の大切さが分かった。

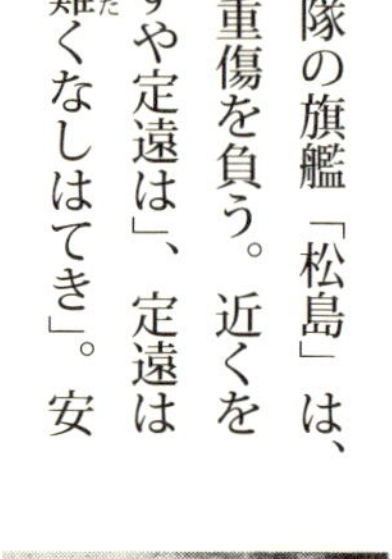
勇敢なる水兵と副長

*41 軍艦では艦長が指揮をとる。その他の兵科将校のうちの最先任者をいう。決して副艦長とはいわない。大艦では中佐がなることが多く、英国海軍からの「コマンダー」をなまってコンマと略称した。軍艦ではない艦種では先任将校といった。

*42 クルップ社製の砲弾。１８１１年、ドイツでフリードリッヒ・クルップが起こした小さな鋳鋼会社が始まりである。その息子、アルフレッドが鉄道のレールや客貨車の車軸、車輪などをつくる鉄鋼製品の大メーカーに育てた。日本でも明治の初め、クルップ社製の兵器を買い、克式（くしき）という型式名称をつけた。

大型艦の防御方法については、それまで二つの議論があった。一つは、定遠・鎮遠・来遠・経遠のように、舷側の水線近くを全面的に厚い装甲をはって守ろうとする意見。よって甲鉄艦ともいわれた。もう一つは、重さが増えるのを嫌って、舷側に装甲は張らないか、もしくは薄いものにする。その代わり、内部に多くの水密構造の小区画をつくる。そうすれば、舷側や上甲板を撃ち破られても、浸水を一部分に食い止めることができる。ただし、それらの区画の下には防御甲板と言われるものをつくっておく。

防御甲板の下には、ボイラーやエンジン、弾火薬庫などの重要なものが置かれている。また、この甲板をふつうの水線よりも下にしておけば、さらに安全だろう。海水はそれだけで防御力がある。たとえ水線より上部に水が入っても、ボイラーやエンジンには防御甲板のおかげで水が入ることはないと考えられた。この考え方を区画方式といった。日本海軍の三景艦《さんけいかん》（橋立、松島、厳島）や吉野、浪速などの巡洋艦は「防御（あるいは防護）巡洋艦」とよばれた。区画方式で建造され、防御甲板がつけられたからである。三景艦の防御甲板は厚さ４㎝の鋼製だった。

さて、甲鉄艦だった定遠・済遠の調査結果である。あわせて、松島以下の日本の軍艦の調査も行われた。分かったことは、区画方式をとると乗組員の犠牲が大きいことだった。電路や蒸気管系統にひどい被害が出ることも多い。ただし、装甲、とりわけ水線に装甲帯をつけるのは絶対に有効である。ただし、必要以上に厚くしてフネを重くすることはない。せいぜい23㎝程度で十分だろう。このような結論が出た。

黄海海戦で、なぜ日本艦隊は勝てたのか。大型砲の戦果は思ったより小さかった。まず、大型砲は、なかなか当たらないのだ。発射までの手順に時間がかかりすぎた。重い砲塔は、機敏に動かなかった。激しく動き回る敵艦にねらいをつけようとしても、

＊43　砲員を敵弾や、風雨、衝撃波、発砲炎などから守るための鋼鉄製の楯。

三景艦の一つ「厳島」（『日清戦争軍艦集』）Ⓣ

砲塔の動きが追いつかなかった。日本海軍で被害にあったのは軍艦赤城や西京丸だった。当時としては旧式艦と非武装の商船である。速力が遅いことから、ねらい撃ちにあっただけだった。

日清どちらの海軍も、フネの大きさのわりに、あまりに大きな主砲を載せすぎていた。三景艦は主砲を発射すると、その反動が大きかった。フネ自体が舵を取り直さなければならないほど、艦首が大きく回ったという。また、砲を旋回させただけでフネが傾いてしまった。なお、海戦中に発射した主砲弾は3艦合わせて4発にしかすぎなかった。舷側に搭載した速射砲だけで戦ったといっていい。

清国の方も事情は変わらない。クルップの巨砲を定遠が撃った瞬間、あまりの反動で、艦体が大きくふるえた。艦橋にいた者みんな、司令官もふくめて将棋倒しになった。そういうことが外国観戦武官の記録に残っている。

◆中口径速射砲の威力

効果的だったのは、むしろ12cm、15cmの中口径速射砲だった。ヨーロッパでも1887（明治20）年ころから、砲架《ほうか》や尾栓《びせん》を工夫して速射性を高めようとしていた。砲弾を発射すると、当然、砲身は後ろへ下がろうとする。それを後座というが、元に戻すためにはバネや油圧、水圧を使うことは陸軍砲と変わらない。後座をおしとどめる駐退《ちゅうたい》システムと、発射位置に返すための復座のそれは工夫され、短時間で動くようにされた。

尾栓とは砲尾の閉鎖機構[*44]をいう。後装式の艦載砲では、砲弾と薬嚢《やくのう》をこめるスピードと、尾栓をいかに完全に閉めるかが大切だった。薬嚢とは、装薬（発射用の火薬）を

「高砂」の安式8インチ速射砲の閉鎖機構
（『日本海軍』光村利藻）Ⓣ

＊44　後装式の銃砲では、後ろをどう閉ざすかが工夫のしどころになった。ねじ回し式の止め方を「螺（ら）式」といい、砲尾に四角いブロックを置いて、垂直や水平にふたをすることを「垂直・水平鎖栓（させん）式」といった。軍艦の大型砲弾は弾丸と装薬が分かれていて、装薬は薬嚢といわれた袋に入っていたから螺式が多かった。ネジ止めだから、きっちりと閉じたのだ。

包んだ布製の袋である。

19世紀の中頃まで、艦載砲の多くは前装式だった。まず、薬嚢を砲口から押しこみ、続いて球形弾をいれる。力一杯押しこんで、弾丸と砲身のすき間を埋めるために、「オクリ」と言われたボロや木くずなどを、更に詰めこんで突き棒で固めた。砲身の後ろには垂直に穴がしつらえてある。そこを火門《かもん》という。火門からキリのような刃物を突きおろせば、薬嚢に穴が開く。火門に火を差しいれるか、燧石《すいせき》で発火させるか、雷管で導爆《どうばく》するか、それらのいずれかが装薬への点火の仕組みである。

イギリス海軍はアームストロング社製造の速射砲と、旧来の砲を比べてみた。旧式砲は10発を撃つのに5分7秒がかかり、新型はわずかに47秒だったという。旧式砲では1発ごとに30秒以上を要し、新型砲では5秒弱ですんだ。命中率は考えないとして、発射速度はおよそ6倍である。

日本海軍は、これを知り、1889（明治22）年以降、艦載砲はクルップ砲をやめて、アームストロング速射砲を採用した。巡洋艦吉野（1893年完成、4216t）は英国のアームストロング社のエルジック造船所で建造された。同社製の6インチ（15・5cm）砲4門と、4・7インチ（12cm）砲8門を装備し、当時、世界最速の22・5ノットを誇った。

黄海海戦で清国艦の艦上を火の海にしたのは、これらの砲だった。3合戦、4時間半にわたる砲撃戦で、定遠の被弾は159発（1分40秒ごとに1発）、鎮遠は同じく220発（1分20秒同）、来遠も225発だった。時間あたりの平均が、この程度なら、戦闘がたけなわな頃は、おそらく3倍から4倍だったのではないか。ほとんど絶え間なく弾丸の雨を浴びたようなものだ。

巡洋艦「吉野」（『日清戦争軍艦集』）Ⓣ

5 世界が注目した日清両国の海戦

◆初めての動力軍艦どうしの戦い

こうした黄海海戦をふくめて、日清両国海軍の戦いから世界の海軍が学んだことがある。実は、これらの一連の戦いは、過去に一度も起きたことがない動力軍艦どうしの戦いだった。それまでの帆走軍艦どうしの戦いは、自然という条件が大きく作用した。艦長は風向や、海流、波高、海の深さ、操船余地を考えることが必要だった。

蒸気エンジン、スクリュー・プロペラのおかげで、フネの運動性は大きく高まった。わが国でいえば、幕末の頃の外輪（車）船は、海上の波浪の中では効率が悪かった。荒れた海では、片方の外輪が空中に飛びだしてしまうこともあった。また、激しい波で叩かれて壊れてしまうことも多かった。

その上、戦闘では敵弾を受けるとすぐに使えなくなってしまう。19世紀の半ば過ぎには軍艦には採用されなくなった。イギリス海軍は１８５４（安政元）年のクリミア戦争で、多くの艦の外輪を陸上砲台からねらい撃ちをされて大損害を受けた。その点でも、水中にあって被害を受けにくいスクリュー・プロペラはフネの推進器の主流になる運命だった。

蒸気機関艦隊（汽走艦隊）の陣形をどうするかに定説はなかった。また、どのように運動すると有利なのかも分かっていない。艦同士の連絡の方法は、どうすれば良いかこれも世界中に知識がなかった。大口径砲の威力はどうなのだろうか、装甲、防御形式はどちらがより有効か、それぞれが世界中の関心の的になっていた。

また、小さな水雷艇がどのような働きをするのかも注目をあびていた。水雷には機械式水雷（機雷）と言われる定位置に固定したり、浮かべたりしておくものと、自走能力がある魚形式水雷（魚雷）があった。水面下の装甲がない敵の艦底にズブリと短刀を突きこむ兵器である。艦の底に大穴を開けられては、どんなフネもたまったものではない。列国は、小型・快速の小さな動力ボートに魚雷を積んで、大型艦に挑ませようとしていた。

１８８５（明治18）年には、建造費から計算しても、甲鉄戦艦１隻で水雷艇なら25隻が建造できたそうだ。当時の主船局長（のちの艦政本部長）から海軍卿（のちの大臣）への意見書が残っている。

ついでにこの時代の艦艇の製造費が残っている。１等巡洋艦が百万円、装甲水雷船（やや大型２００t余り、のちに説明する「小鷹」がこれにあたる）が17万５千円、２等水雷艇（１２０t未満70t以上）が３万１２００円で、魚形水雷が１本４千円とある。発射管は３千５百円だった。

いかに当時の魚雷が高価だったかが分かる。もっとも、後の時代でも魚雷はひどく高価な超精密兵器だった。コストから考えても、商船を沈めることなどに使えないという気分が日本の潜水艦長たちにあった。大東亜戦争で、日本潜水艦隊は通商船の破壊に熱心ではなかった。それは、このような裏事情があったのである。

ここで当時の水雷艇についてふれておこう。あまり知られていないが、日清戦争には水雷艇が24隻参加した。もっとも大きかったのは「小鷹《こだか》」、排水量２００tだった。

装甲水雷艇「小鷹」

その他は50ｔくらいの小さなものばかりである。速力は平均して毎時18ノット（33㎞）というから、当時としては快速である。

指揮官は艇長《ていちょう》といい大尉があてられた。50ｔクラスの乗組員は全員で16人。今も写真に残っているが、波の荒いときには指揮所というか、艦橋ならぬ艇橋もなく、上甲板に小さな波よけがあるばかりである。艇長はコートの襟を立て、足にはゴム長靴。それに滑り止めに荒縄をまいて、頭は手ぬぐいやタオルでほっかむりという姿だった。

このときの艇長の一人だったのが大東亜戦争の敗戦時の首相、鈴木貫太郎である。また、日露戦後、『批一戦《このいっせん》』でベストセラー作家になった水野広徳大佐も、日露戦争では、この艇長の一人だった。二人の思い出話も残っているが、艇が小さすぎて便所がないことに何より困ったらしい。二枚の板を海上につきだし、命綱を片手ににぎって、もう一方の手にはペーパーをもって用を足したというのだからすさまじい。尻を洗うのは波しぶきである。わけても、威海衛を攻撃した夜襲の時期は真冬だった。

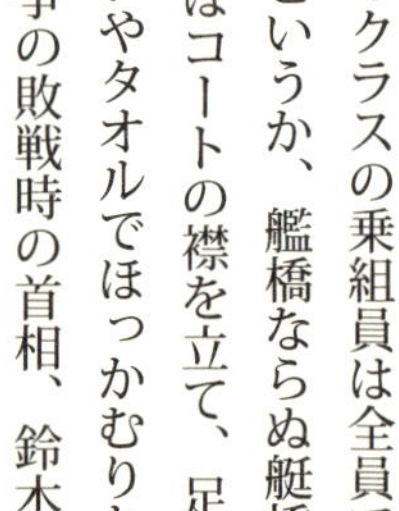
鈴木貫太郎Ⓚ

◆世界で初めての水雷艇隊の夜襲

軍歌がある。その題は「如何《いか》に強風」という。「どれだけ強い風が吹こうとも」というのだ。続いて「如何に怒濤《どとう》逆まくも　たとえ敵艦多くとも　なに恐れんや義勇の士　大和魂充《み》ち満《み》つる　我等の眼中難事《なんじ》なし」。どれほど怒濤がさかまいていようが、たとえ敵艦の数が多いとはいえ、そんなものを恐れようか。大和魂に充ちている我々にとって難しいことなど何もない。まさに勇ましさのかたまりのようなものだ。しかも、これは実話を元にして作られている。

１８９５（明治28）年２月５日午前３時20分のことだった。日本の10隻の水雷艇隊は、月がなく、星だけが美しく輝く、冷たく凍った海を進撃していた。目指したのは清国海軍の根拠地、威海衛軍港[*45]の錨地《びょうち》である。東水道を突破して、とうとう敵艦の群れを見つけたとき、発見され、激しい砲撃を受けてしまった。

『第九号水雷艇機関室を撃タレ、機関部員悉《ことごと》ク死傷、ソノ他ハ帰途防材ノ切レ目ニアル浅瀬ニ乗リ揚ゲ、且《か》ツ敵ノ（弾丸の）発射ヲ受ケ半バ沈没、鈴木少尉他二名凍死、一名負傷。第八号水雷艇、第十四号水雷艇ハ防材又ハ暗礁ニフレ、舵又ハ推進機ヲ故障セリ。第六号水雷艇ハ小銃弾四六発ホッチキス砲弾一発、第十号水雷艇ハ小銃弾十発ノ命中ヲ受ケ…』

というのが、伊藤長官から大本営宛の報告書の一節である（『日本の海軍』池田清）。

各艇はお互いを見失い、それぞれが単独襲撃を決意したらしい。とにかく、全力で敵艦に接近した。勇敢にも至近距離で魚雷を発射したことは確かである。

このとき、定遠に乗っていたイギリス人顧問のテイラーの報告が残っている。敵襲の声に、上甲板にテイラーが駈け上がってみると、日本水雷艇はすでに200m以内にいて、なお白波をたてて接近中だった。それから1分も経たないうちに、艦底で異様な轟音《ごうおん》がして、激しく艦がふるえた。すぐに防水扉を閉めるように命じたが、海水は昇降口から噴きだし始め、機関室と士官室に浸水していたという。定遠は沈没を免れるため、錨鎖を切って南へ進み、浅瀬に乗りあげた。おかげで転覆《てんぷく》をしないですんだ。

翌日午前3時半。まさかと思われた夜襲が再び行われた。第1水雷艇隊（4隻）による強行突破だった。前夜は海に投げ出された乗員に凍死者が出たくらいである。隊司令の日誌によると、海水が甲板を洗って凍結し、兵員の動作の妨げになったという。

＊45　威海は山東半島東北端にあり、三方を山に囲まれ東に港口を開いていた。その入り口には劉公島があって水路を二分していた。清朝はドイツ砲兵少佐ハンネッケンの指導で軍港として整備し、北洋海軍の根拠地とした。陸上には多くの砲台があり、海上は機雷と防材を置いてあった。防材はドイツ人技師ネルゼンの設計したもので、日本海軍の予想をこえた堅牢なものだった。

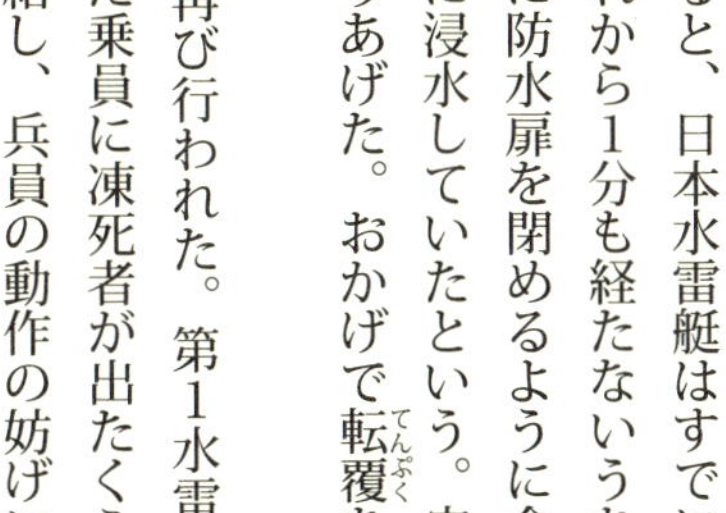

日清戦争を戦った第24号水雷艇

報告書によれば、3隻から7本の魚雷が発射された。来遠を転覆させ、威遠と砲艦1隻を撃沈した。2日間で合わせて甲鉄艦3隻に、特務艦2隻を沈めたのは驚異的な出来事だった。まさに、日本海軍軍人の偉業といっていい。世界中の軍人たちは、水雷艇という小さなボートが使い方によって大きな戦果をあげることを知った。まさに、針の剣をもった一寸法師が、大きな鬼を倒したのである。

定遠は不沈艦だと思われていた。それが、雷撃され、沈没をまぬがれるために浅瀬に擱坐《かくざ》したことは清国海軍の兵士たちに深刻な衝撃を与えた。しかも、その場所は厳重に防備を固められた軍港内である。

2月12日、丁提督《ていていとく》は降伏文書を伊東祐亨《ゆうこう》*46司令長官に届けた。同時に敗戦の責任をとって、丁は服毒自殺をとげた。

美談がある。清国海軍の水兵たちは母国へ還送されることになった。その際に、清国側は丁の亡きがらをジャンクに載せて運ぼうとした。降伏条件にはすべての艦船を日本側に引き渡すことになっていたからだ。そこへ待ったをかけたのが伊東だった。接収した商船を棺の輸送にあてることを認めて貸与した。その出港時には、旗艦松島からは弔砲《ちょうほう》が発射された。日本艦隊の各艦の艦上には日本水兵、下士、士官が並んで登舷礼《とうげんれい》が行われ、「帽ヲ振レ」の号令がかかり、敵将の棺ながら礼を尽くして見送ったのである。

ここに維新以来の、歴戦の軍人の美意識を見る思いがする。陸上では乃木中将が率いる第1師団が旅順を攻めていた。彼ら戊辰戦争、西南戦争の生き残りは、自分はたまたま勝者になって生き残ってきただけだという思いがあったに違いない。敗者を見ても、明日は我が身という思いがいつも胸にわき起こっていただろう。

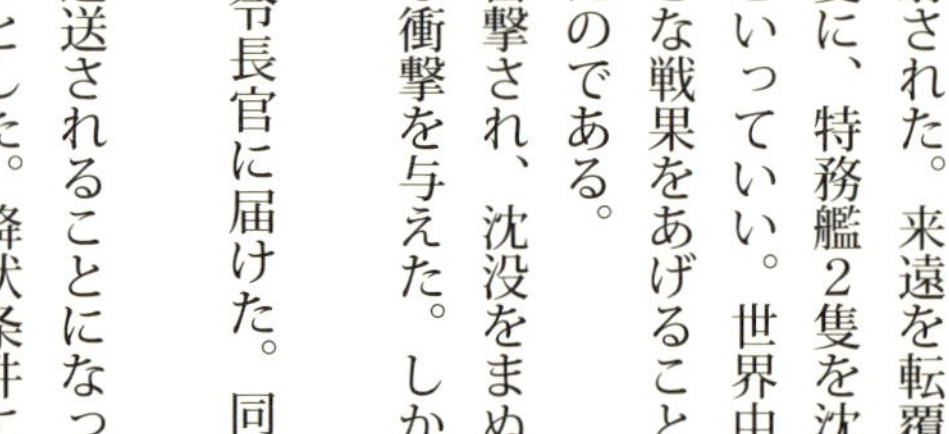

威海衛軍港の浅瀬に擱座した「定遠」（『日清戦争軍艦集』）Ⓣ

＊46　伊東祐亨（1843〜1914）薩摩藩士の子。神戸にあった勝海舟の海軍塾で航海術、江戸の江川太郎左衛門の塾で砲術を学ぶ。68年、藩の軍艦「胡蝶丸」で、幕府軍艦「回天」、「蟠竜」と交戦、砲手を務めて活躍した。85年まで、一度も中央勤務の経験なしに、主力艦の艦長ばかりを歴任しためずらしい高級軍人だった。政治にまったく関わらず、生涯、生粋の船乗りとして終わった。元帥。

「武士は相身互《あいみたが》い」という。国家のために、民族のためにベストを尽くして戦った軍人同士の友情、尊敬というものがあったはずである。

◆日本海軍魚雷の始まり

日本海軍が魚雷を手に入れたのは、１８８４（明治17）年、オーストリア海軍からシュワルツコップ式魚雷[*47]を買ったのが始まりである。91年というから日清戦争の３年前、ようやく製造開始、一年間かけて完成させた。ところが、これが、なかなかまっすぐに走らない。射程はおよそ３００ｍといわれていた。

　魚雷の製造技術はむずかしい。圧搾《あっさく》空気では長い距離を走れない。後に、内燃機関になったが、走るために必要なのは燃料である。次に必要なのは、それを燃やす酸素であり、さらには決まった深さで走る安定性が必要だった。あらかじめ決めてある深さで進んでくれなくては敵艦の底に当たらない。

　当たっても、信管が作動しなければ内部の炸薬に点火しない。信管は固いものに当たったら働くようにしなければならないが、やたら敏感で、波に当たったくらいで点火しては意味がない。それやこれやの調整が難しい、当時としては、とんでもない精密兵器でもあった。

　自走する水雷、その歴史は案外新しい。１８６６年、英国人のホワイトヘッドは実用化できる魚雷をやっとのことで完成させた。６年前にオーストリア海軍士官ルピスが着想し、試作品をつくった。それ以後、二人の協力でようやっと完成したのが、鋼鉄製、葉巻型のものだった。直径は36㎝、重さ１３６㎏、速力は６ノット、射程６４０ｍ、圧縮空気で動いた。炸薬は８㎏のダイナマイトだった。

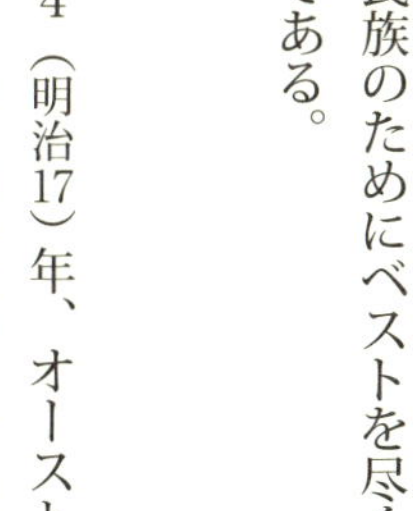
伊東祐亨Ⓚ

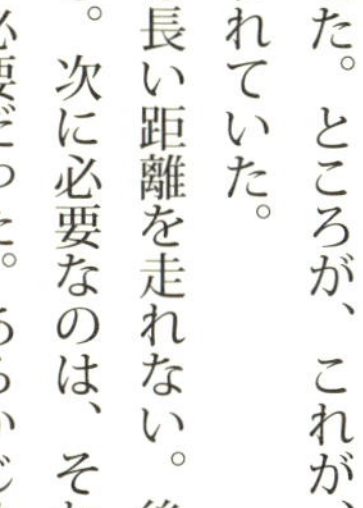
丁汝昌

＊47　魚雷の円柱部の直径は35・6㎝、爆薬は21㎏、速力22ノットで射程が４００ｍだったという。動力は、圧搾空気を使ってプロペラを回した。

その後、1868（明治元）年には、さらに改良され、水上から撃ちだせる発射管が開発され、魚雷は深度自動調整装置をもった。炸薬量も40kgになり、速度も8ノットに向上した。それまで魚雷の発射は水中から行われた。水中発射管が軍艦にも必要だったから、採用を恐れたこともあった。それが、魚雷の強度もあがり、海面上から撃ちだすことができるようになった。しかも、いったん沈んだ後、魚雷は設定した深度に戻り、そのまま走り続けるのだった。列国は競って製造権を買った。

中でも有名だったのは青銅でつくられたドイツのシュワルツコップ社の魚雷である。青銅製だから加工、工作がやさしくて、内部が錆《さ》びにくい。日清戦争で使われたのがこれである。しかし、値段が高価なことや、圧力に弱いなどの欠点があり、魚雷はだんだん鋼鉄製になっていった。

◆魚雷艇ではない水雷艇

素人がしばしば悩むのは、水雷艇と魚雷艇をどう区別するかだろう。映画の字幕や、海洋翻訳小説などでは、しばしば混同されて使われていることもある。ここで語る日清戦争時代の水雷艇のように、それが「らしくなった」のは1870年代の後半頃である。

まず、水雷艇とは魚雷の水上発射管をそなえている、高速が出せる小型船である。英国の造船技師がつくったライトニング（電光）という艇があった。全長は25m、幅3・4m、排水量27tというから、大きさは現在の中型漁船のようなものである。動力は蒸気機関で出力は460馬力、最大速力は19ノット（33km）、ホワイトヘッドの魚雷を装備した。

1980年頃になると、列国の海軍は競って水雷艇を採用し始めた。小国は沿岸防衛用に、大国は海戦の補助兵力にと考えたのだ。英国のヤーロー、仏国のノルマン、ドイツのシシャウなどのメーカーが有名になった。

ところで、蒸気機関の話をしよう。船の推進力を生みだす機関を主機という。主機に付属する機械、船を動かす以外の目的に使う発電機や各種ポンプ、ボイラーなどを補機という。主機とは、それらに対する言葉である。

この頃の船に積まれたエンジンは外燃機関の蒸気往復動機関だった。ワットの発明したものだ。ボイラーで水蒸気を発生させ、シリンダーに入れる。シリンダーにはピストンがあり、それが上下動する。その力で、はずみ車を動かす。ピストンが上下に往復運動をするので、この名前がついた。水雷艇は小型で軽いので、特にボイラーを小型にして、高い能率をはたすようにさせなければならない。

当初は、どこのメーカーも蒸気機関車のボイラーを使ってみた。ところが、故障が多かった。そこで各メーカーは、それぞれが独自に工夫した水管式ボイラーを使うようになった。水管式ボイラーとは、ただタンクの水を下から過熱するものではない。多くの水管に水を通しておいて、その外側に熱を加える形式である。この開発で、水雷艇は初めて安定した高速を出せるようになった。

日清、日露戦争時代、日本海軍が輸入した水雷艇はヤーロー、シシャウ、それにノルマン社などの製品だった。欧州の工場で生産され、分解して船に積まれてきた。日本の工場では、それを組み立て直した。今でいうノックダウン方式である。これが、先端技術を手に入れるには最も良い方法だった。大きさは排水量50t、速力20ノット（37㎞）くらいである。10年後の日露戦争では150t、30ノット（56㎞）にもなり、魚雷も口径45㎝という大型のものになっていた。

◆水雷艇捕獲艦から駆逐艦へ

軍艦に取りつけられた小口径の砲は、たいていが水雷艇の撃退用に使われた。自動装填で連発ができる、炸薬入りの砲弾が発射できるものもあった。それだけでは足りなくなり、水雷艇（トーピード・ボート）を撃退する捕獲艦（キャッチャー、もしくはデストロイヤー）が建造されるようになった。

水雷艇捕獲艦が駆逐艦[*48]（デストロイヤー）という名前で呼ばれるようになったのは、日清戦争前年の１８９３（明治26）年のことだった。

英国海軍は排水量２４０ｔ、速力27ノット（50㎞）のハヴォックという新しい軍艦を採用した。ハヴォックは長さが約55ｍ、幅５・６ｍ、小口径砲４門を備えていた。おもしろいのは、この駆逐艦にも、魚雷発射管が水上、水中にそれぞれ３門ずつあったことだ。水雷艇を追っかけるだけでなく、ついでに敵艦に向けて、魚雷も撃てれば撃ってしまおうという発想である。これが後に、水雷艇の航洋性能（海を航海する能力）の低さから、その使いにくさを嫌われ、駆逐艦こそが魚雷攻撃の主流になっていく始まりだった。

日露戦争の頃、20世紀の初めになると、この駆逐艦が小艦艇の代表になった。日本海軍で駆逐艦という名称が制式になるのは、１９００（明治33）年のことである。[*49]

日本海軍も、日露戦前には、ヤーロー、ソーニクラフト社などに排水量３５０ｔ、速力30ノット以上の駆逐艦を多数、発注するようになる。日本海海戦で重傷をおったロジェストウェンスキー中将が戦艦から移ったのが駆逐艦、それを発見して捕獲した

＊48　法制上、軍艦にはならなかった。単艦で行動することはなく、同型艦3隻から4隻で駆逐隊を組み、隊司令（少佐もしくは中佐）が指揮した。水兵の帽子にあるペナント（艦名や所属隊名が金糸で刺繍してある）には、個々の艦名は書かれなかった。現在の海上自衛隊でもその伝統があり、護衛隊ごとの名前が入っている。

日露戦争を戦った駆逐艦「霞」

のも駆逐艦だった。

水雷艇は基地の近くでしか行動できない。そういった欠点はあったが、沿岸防備用には経費も多くかからず便利だったので、列国は駆逐艦を整備しながら、水雷艇もなくすことはなかった。とくにドイツ、フランス、イタリアなどは、その建造に熱心だった。日本海軍も輸入、国産、合わせて百隻以上も保有したが、１９２４（大正13）年、水雷艇という区分をなくして生産もしなくなった。

◆魚雷艇とは

第一次大戦後、欧州各国では、やはり小型の水雷艇は見捨てられなかった。沿岸の警備、パトロール、不法行為の取り締まりなどに便利だったからである。帆船時代から、英国などでは、沿岸の密貿易などの取り締まりや、密航者の摘発などにカッターと言われる小型艇が使われていた。艇長の士官以下、乗組員も10名内外で、一本マスト、軽快な動きが特徴だった。

この伝統をついで、内燃機関（主にディーゼル・エンジン）を積んだ高速艇が造り続けられていた。これに小口径砲や機関砲、魚雷発射管を積んだものが使われていたのだ。これを新しいトーピード・ボート、魚雷艇と呼ぶようになった。各国がつくったものの主流は長さ20mから30m余り、速度は40ノット（72km）というものだった。ちなみに第二次大戦中、ドイツはこの高速ボート（Eボート）を多用した。潜水艦のUボートが日本では有名だが、欧州ではEボートも知名度では負けていない。Eとは敵、エネミーズの頭文字で、英国人がつけたあだ名である。ほんとうの名称はシュネル・ボーテ（高速艇）という。

＊49　日本海軍では一つの艦で所轄をする艦を軍艦とした。艦長と正式に呼ばれるのは軍艦の長だけであり、駆逐艦の指揮官は駆逐艦長だった。外見上では艦首に菊の紋章をつけた艦が軍艦である。（２３０頁、戦艦長門参照）

ドイツの魚雷艇（シュネル・ボーテ）

太平洋でも魚雷艇は戦った。アメリカ海軍は船体を木製にして、自動車エンジンあるいは航空機エンジンをのせた魚雷艇をつくった。武装は20㎜機関砲と魚雷発射管くらいである。これが南方の島々をめぐる戦いでは、たいへん活躍した。日本の輸送船や、大型発動機艇（大発）などはスピードが遅く、武装も貧弱だったので襲われると被害が大きかった。軍艦も油断ができなかった。島々の影から40ノットで突進してくる魚雷艇には、潜水艦や、本来、やっつけるはずの駆逐艦までがおびやかされた。

◆艦隊の運動は単縦陣がいい

諸外国が注目したのは、海戦での両国海軍の陣形である。前にも述べたように、帆走軍艦の艦隊どうしでは決戦時にとる隊形はほとんど単縦陣（艦が一列に並ぶこと）だった。なぜなら、舷側に並べた大砲で最大限の火力が発揮できるからである。すれ違いながら、あるいは並航しながら、撃ちあうことができる。

汽走になっても、帆船と変わらないだろう、やはり単縦陣だ。旋回する動力砲塔があっても、砲撃の主力は艦の横腹にならんだ副砲である。主砲も横に動かせるし、片方の舷側だけの砲火でも十分な威力を発揮できる。

いいや、それは違う。単横陣がいい。まず、フネの幅を考えたら、正面の方が敵から見える面積が小さい。被弾面積が小さくなることはいいことだ。それに主砲の正面攻撃力が使える。そして、接近戦になったら、艦首の下にあるラム（衝角）攻撃をかけやすい。

こうした論争が当時の世界の海軍戦術界では、はげしく戦われていたのである。

結果は、黄海海戦で単縦陣を採用した日本艦隊の勝利に終わった。『我ガ術力彼ニ勝《まさ》レリ』と戦後の報告書は高らかにうたいあげているが、実態は、けっこう厳しいものがあったようだ。

単横陣を採用した清の指揮官丁汝昌《ていじょしょう》提督は、彼我の術力の差は十分分かっていたのではないだろうか。丁提督は知っていた。兵の訓練は劣り、指揮官は能力が低く、軍艦の能力もばらばらである。新しい装備や、艦を用意するための金は西太后《せいたいごう》*50の庭園造りに使われてしまった。それなら2隻ずつを組にして、互いに掩護させながら、強大な2隻（定遠・鎮遠）の戦闘力に賭けよう。そう思ったに違いない。また、清国艦には艦首正面を撃てる砲を搭載している艦が多かったことも、理由かもしれない。

のちに英国海軍の提督は、「高度に訓練され、艦隊運動に熟達した艦隊しかとり得ないのが単横陣だ」と批判した。また、「中央に強力な艦をおき、外側に弱小艦をおいたことが戦術上の大過失だった」とドイツ海軍の提督は非難した。

このとき日本海軍の単縦陣の戦法採用にあたっては、興味深い話が残っている。池田清によると、この戦法をとることを進言したのは、後の海軍大将である島村速雄大尉だった。以下、池田の著作によってみる。

日本海軍の実態を知られる話がある。第1遊撃隊参謀の一人だった釜石忠道大尉（のち中将）によれば、「悲しいことに、当時、信号の何なりやを知らないといっては過言ですが、全く艦隊運動について熟達した将校がいないという有様でした」。

1930（昭和5）年のこと、佐藤鉄太郎大将も次のように語り残している。

「色々な説がありましたが、甲乙両隊に分けて対抗運動を行い、戦争の真似をやってみた結果は、巧みなことをやった艦隊はいつでも負け、之《これ》に反して

＊50　西太后（1835～1908）清の咸豊帝妃で同治帝の母。咸豊帝の死後、同治帝・光緒帝の摂政として実権を握り、変法運動を弾圧する一方、義和団を支持して列強に宣戦布告した。1908年、光緒帝崩御の翌日死去。清の海軍予算は、西太后の隠居場（頤和園）の造成費用捻出のため、1884年以降、削減され続けていたという。

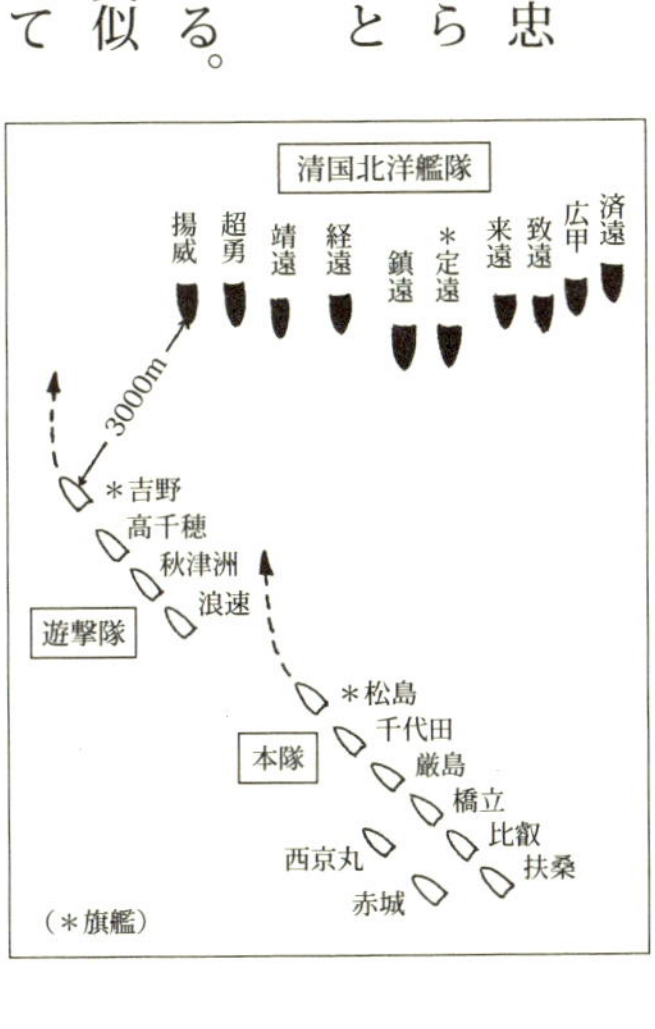

黄海海戦の緒戦の陣形　黄海海戦は、清国艦隊の旗艦「定遠」の砲撃で始まり、日本艦隊の先頭・巡洋艦「吉野」と清国艦隊の「揚威」の距離が3千mになった時、砲撃戦は佳境となった。

何でも彼でも単縦陣で、『先頭艦の後を続け』でグルグル廻って信号なしにでも行動する陣形が勝を制することが確実に判ったので、今度の戦争は単縦陣ということに決せられたのであります」。

これ以後、海軍は「指揮官先頭」をモットーとすることになった。日露戦争の海上戦でも、つねに指揮官は旗艦のブリッジの上に立った。

この精神のもつ意味は、今も横須賀に残る記念艦「三笠」の上に立ってみるとよく分かる。そこは吹きさらしの露天であり、東郷提督の立った位置がペンキで描かれている。東郷は艦の全乗組員の中で、もっとも高い場所にいることになる。一番に危険な位置である。一段下にある装甲に守られた司令塔に移ったらどうかという幕僚の進言に、東郷は頷《うなず》かなかったという。小さな窓しかないから、全体が見わたせないというのだ。

海軍、あるいは海軍士官がもつ、どこか爽《さわ》やかさの原点はここにあるかも知れない。海軍は艦隊運動ばかりか、艦内の生活でも訓練でも、このことを大切にした。海軍兵学校でも、何事であれ指揮官が先頭に進むことは徹底して教えられたに違いない。その後の戦争の形態が変わり、航空機が主力になってきても、総指揮官が後方の安全地帯にいることは海軍の伝統としてはおかしなことだった。

旗艦「三笠」艦橋に立つ東郷平八郎

6　ドレッドノート・ショック（戦艦建造の誤算）

◆ドレッドノートが現れ、たちまち二流艦になった新造艦

１９０７（明治40）年４月、『帝国国防方針、国防ニ要スル兵力、帝国軍ノ用兵綱領』が明治天皇に上奏され、裁可を受けたという。詳しい本文は残っていない。ただ、もめたことは確からしい。

陸軍はロシアを恐れている。海軍は、アメリカを想定敵国にしていた。すでにロシアの艦隊は壊滅したし、アジアには恐れる海軍はなかった。そして、アメリカでは排日気分が高まってきていたのだ。

この不一致を調整するのに陸海軍統帥部は40日をかけたという。そして、順に、ロシア、アメリカ、フランスが想定敵国になった。そこで決められたのが、陸軍戦時50個師団の動員と、海軍の八八艦隊の整備だった。

ところで、技術の進歩は恐ろしい。１９０６（明治39）年９月に、齋藤《さいとう》実《まこと》海軍大臣が西園寺公望首相に提出した『海軍整備の議』という文書が残っている。それによれば、日露戦役で最精鋭だった三笠以下の４戦艦すら『早既ニ優位ヲ保ツコト能《あた》ワザル』、数年後に主戦艦たるべきものは、『目下製造若《も》クハ計画中ニ係ル薩摩、安藝外一艦ト香取鹿島ニ過ギザルベク』という。

こうして海軍は１９１１（明治44）年末までに、日露戦後の竣工艦だけで戦艦４隻、

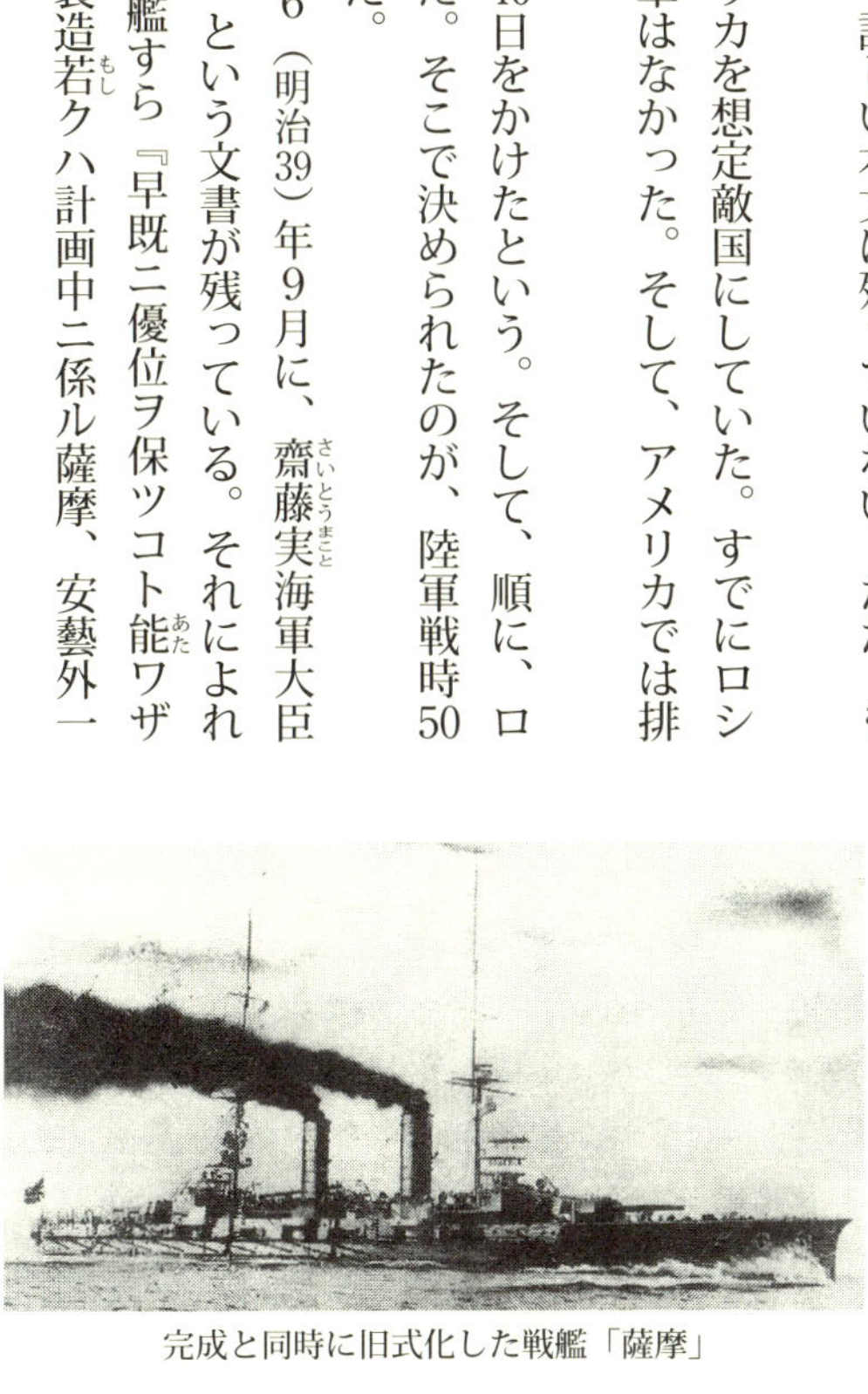

完成と同時に旧式化した戦艦「薩摩」

香取・鹿島・薩摩・安藝と、巡洋戦艦4隻、筑波・生駒《いこま》・伊吹《いぶき》・鞍馬《くらま》による四四艦隊の編制を完成した。[*51]

ところが、完成してみたら、すでにこの8隻は二流の軍艦になっていた。それは、英国が完成させたドレッドノート級の出現のおかげである。ドレッドノート、頭文字の当て字「弩《ど》」で知られている。標準を超えたもの、すごいものという使い方をするのがふつうである。

英国人はこの軍艦の名前が好きなようだ。[*52] この戦艦ドレッドノートは8代目になる。初代は、あのスペイン無敵艦隊を破った海戦（1588年）に参加した。最近では、ICBMを積んだ原子力潜水艦がこの名前をもっていた。

◆ドレッドノートの革新性

世界中の戦艦を一気に旧式艦にしてしまったドレッドノートとは、どんなフネだったか。まず、12インチ（30㎝）の主砲が10門も搭載されていた。それまでの戦艦は4門にしかすぎない。香取・鹿島・薩摩・安藝、すべて12インチ砲が4門である。

しかも、砲塔の位置が変わっていた。これまでの戦艦の主砲塔は連装（砲が2門ならぶ）で、艦の前後に1基ずつである。それをドレッドノートは、艦首に一つ、艦橋をはさんで二つ、艦尾甲板に二つ、合計5基を積んでいた。正面方向には6門の射撃ができた。つまり、それまでの戦艦の3倍、後方には4門だから同じく2倍、何よりすごいのが、横方向には8門の主砲が砲撃可能だった。それでいて、排水量は1万7900tにしかすぎなかった。同年に竣工した戦艦香取は1万6950tで、12インチ砲4門である。戦艦薩摩は、1909（明治42）年に竣工、1万9350t、

＊51　日本の軍艦の命名基準は、戦艦は旧国名、巡洋戦艦は山岳名、1等巡洋艦も山岳名、2等巡洋艦は河川、1等駆逐艦は天候、気象、波浪など、2等駆逐艦は植物名などとなっていた。

＊52　日本の海上自衛隊にも同じ習慣がある。イージス護衛艦には「こんごう」、「みょうこう」、「きりしま」、「あしがら」といった旧海軍の巡洋戦艦の名前をつけている。一見して分かるように、海自の命名基準では、大型護衛艦は有名な山の名前を付けることになっている。

主砲は同じく4門。

さらには、中口径の副砲を廃してしまった。８cm砲が27門あっただけである。薩摩はといえば、10インチ（25cm）砲を6門のせて、他に4・7インチ砲（12cm）を12門ももっていた。

また、続いて建造された英国の装甲巡洋艦インヴィンシブルは1万7千tの排水量で、12インチ砲8門をもち25ノット（46km）の快速をほこった。日本の新鋭装甲巡洋艦伊吹、鞍馬は1万4600t、12インチ砲4門、8インチ砲8門、速力は22ノット（41km）にしか過ぎなかった。

ドレッドノートのすごさは、まず、主砲の数とその単一性である。これに対して、古い戦艦や装甲巡洋艦は、複合主砲主義といっていい。大口径の主砲、駆逐艦などを相手にする中口径砲、主に対水雷艇用の小口径砲と、たいていが3種類の砲をのせていた。ドレッドノートは不完全ながら、主砲中心の単一性を実現した。

搭載する砲の数が減ることは重心が下がることを意味する。また、砲弾の補給や整備、保管の手間が単純化した。砲撃戦になっても、これまでは射程の短い砲の弾着が、主砲弾の手前になって正確な観測が難しかった。前世代の戦艦はハリネズミのように多様な砲をもっていたが、ドレッドノートは主砲が最大能力を発揮するようになっていた。

◆主砲装備の単一性

この主砲装備は、元海軍大佐黛治夫《まゆずみはるお》によれば、射撃方法の違いによるものだという。

戦艦「ドレッドノート」

それは英国海軍による「一斉打方《いっせいうちかた》」の技術の採用である。イギリス海軍は日露戦前、1903（明治36）年に巡洋艦ドレーク（1万4千t、23ノット、23cm砲2門、15cm砲16門）で最新の射撃方法を実験した。

当時は遠距離射撃とは約5500もしくは6500mの射撃だった。片舷の全砲は一斉に同じ距離（ただし、あくまでも推測）に照準を合わせて発砲する。それには、まず、数発の試射をする。その弾着をみて、射弾の中心と目標との関係を知り、修正をしていこうとする撃ち方を「一斉打方」といった。

それまでの砲撃とは、砲ごとに試射をし、その弾着を砲ごとに観測した結果を砲側で修正していたのである。これを「独立打方《どくりつうちかた》」といった。日清・日露の海戦では、主にこの独立打方で、「発射用意、撃て」の砲指揮官の号令で各砲が敵艦を撃った。

『イギリス海軍は、日露戦争における30cm砲弾の威力が大きいことを確かめ、45口径30cm砲10門とし、片舷8門の斉射ができる戦艦の砲塔配列を考えた。また、日本海軍は大遠距離の主砲、中間砲の片舷斉射を考えていなかったから、薩摩、安藝のような30cm砲4門、25cm砲12門といった複雑な大口径砲の搭載となった』と黛は『艦砲射撃の歴史』で書いている。

日本海軍は、せいぜい一部、あるいは全部の中口径砲（副砲）で試射し、命中射撃距離を求めて副砲全部で本射に移るといった具合だったらしい。もっとも遠い射撃距離でも8千m内外と考えていた時代という。そのため、現場の軍人たちからは、艦の中心線上に単一口径の主砲を多く集めて欲しいという声は出なかった。

◆蒸気タービンの採用

ドレッドノートのもう一つの革新性は、高速力を発揮するように、エンジンに蒸気タービンを採用したことだ。ギリシャの数学者ヘロンはすでに約2千年前に、蒸気の動力作用による回転体（蒸気タービン）について書いている。しかし、船のエンジンに使うことに初めて成功[*53]したのは、英国人チャールズ・パーソンズである。

これは、それまでのレシプロ・エンジン（シリンダーとピストンによる往復動機関）と比べると、はるかに熱効率もよかった。欠点は燃料消費量が大きいことや、そのままでは高速で回転しすぎてプロペラ表面にキャビテーションが発生することだった。これは空気を切りさく航空機のプロペラでも起きる現象である。表面から水流が乖離《かいり》してしまう。真空域で空回りするとでも喩《たと》えればいいのだろうか。推進効率をひどくそこなう現象である。このことを解決するには、プロペラを低回転にすればいい。大直径でゆっくり回した方が、スクリューの効率はよくなった。減速ギアを使って、回転数を下げることで、これまでの問題は一気に解決してしまった。

タービン機関の仕組みを説明しよう。高速の蒸気流が細いノズルを通ることで膨張させられる。それが速度エネルギーとなって、回転羽根に吹きつけられる。ここで生まれる羽根の揚力《ようりょく》で回転翼車を動かす。さらに、タービンを出た蒸気は、まだエネルギーをもっているので、その流速に合わせた性能の中圧タービンを駆動させる。中圧タービンを出た蒸気はまだ使われる。最後に低圧タービンを駆動する。用がすんだ冷えた蒸気は、復水器で冷却されて水に戻り、またボイラーに戻っていく。

高速回転を低い回転にするには、歯車による減速機を使えばいい。高圧タービンは小歯車を動かし、低圧タービンのそれは中歯車にかませて、プロペラ軸につながる大

＊53　1897年、ビクトリア女王の在位60年記念の観艦式で、蒸気タービン3基で3つのスクリューを動かすタービニアという船（排水量44・5t）が、30ノット（時速55km）の高速で走った。高圧、中圧、低圧タービンの3段式で合計出力は2400馬力、プロペラ軸の回転数は毎分1800回転だった。

歯車に組み合わせればすむ。

蒸気タービンはそれまで排水量4百t未満の、せいぜい駆逐艦にしか採用されなかった。4基で1万馬力止まりといったものである。それが4基で2万3千馬力[*54]という高い出力のエンジンを造ることができるようになった。

水雷艇の開発で有名だったソーニクロフトも、ドレッドノート建造委員の一人だった。彼は、パーソンズ・タービンの可能性に賭け、強く採用を推したという。技術の進歩、発展には先覚者とこのような理解者が必要なのだ。これより後、第二次世界大戦までの近代軍艦は、潜水艦を除いて、ほとんど蒸気タービン艦になった。

蒸気タービン機関の長所は、これまでのレシプロ機関に比べて熱効率が2倍近くも良いことだ。同じ出力なら燃料の消費が少ない。それは、航続距離が大きくなることを生む。また、小型で軽量化できた。これは艦内の容積に機関室が占める割合を減らした。さらに、タービンには衝撃を生むところがない。シリンダーとピストンを備えたエンジンは、どうしてもぶつかる所や、反動、衝撃をもっている。だから船体の各部での震動や損傷が少なくなる。そして、砲の射撃にも好影響を与えた。

艦砲の射程が伸びるにつれて、射撃の計算は複雑さを増していった。長い間空中に弾丸があるうちに敵は動く。動いた先を予測してそこに砲弾を落とす。ところが、ことは簡単にはいかない。砲身には、それぞれに癖があり、火薬は気温や湿度で燃焼速度が変わってくる。その上、作られて保管されてきたことによる経年変化もある。

また、風向、風速、さらには気温、つまり空気密度も弾道に大きく影響する。地球の自転も計算に入れる。弾丸は砲身内部の施条（ライフリング）によって回転するから、苗頭《びょうどう》[*55]と言われるような斜めに切れていく動きもある。それらを精密に計算して射撃緒

＊54　エンジンの出力の大きさを表すのが馬力である。馬力は船の抵抗と推進器の効率で決まる。馬力が足りないと船は所定の速度を出せなくなる。一般に使われる馬力（メートル法）は、75kg・m／秒。国際単位のkWに換算すると、0・7355kWとなる。

＊55　苗が植わる水田に風が一方から吹く。苗の頭が一斉に一方向に揺れることから弾丸が斜めに切れて飛んでいく様子を表したという。

元は決められた。そして、大きな海面のうねりの頂上に艦がのった時に発射は実行される。微妙な照準をつけるときに、エンジンの震動がなくなったことは、射手の射撃精度をあげる助けにもなった。

◆主機械室の清潔さ

海軍には伝統的な言い回しや言葉が多い。たとえば、戦闘態勢を整えることを「合《かっ》戦準備《せんじゅんび》」といった。まるで、戦国時代に逆戻りしたような言葉である。また、進行方向の右手に舵を切ることを「とりかじ」、同じく左方向は「おもかじ」という。古い水軍の用語である。午《うま》を正面とすれば、右は「酉《とり》」になり、左は「卯《う》」である。「酉のかじ」が「取舵《とりかじ》」となり、「卯のかじ」がなまって「面舵《おもかじ》」となったらしい。

合戦準備[*56]の号令がかかると、艦内の至るところを石けん水で洗った。敵弾が命中して炸裂《さくれつ》すると木片や鉄片が飛び散るからである。当然、乗組員の体内にそれらが入る。そんなとき、石けん水であっても滅菌の効果は確かにあった。少しでも細菌による感染を防いだのだ。木造の帆船軍艦の時代、炸裂しない砲弾そのものより、飛び散った木片やロープ片による負傷が多かった。消毒技術も貧しく、衛生観念も低かった時代でも、経験から得た智恵があった。少しでも負傷後の敗血症や化膿による死亡をさけたいという思いからの行動である。

それが、どうにも徹底できなかったのが機関室やボイラー室だった。日露戦中の軍艦は石炭を焚いた。機関兵とは「缶焚《かまた》き」のことだった。大きなスコップやシャベルで、ひたすら缶《かま》に石炭を投げいれ続けた。機関科士官とは、エンジンの技術者であると同時に、缶焚きたちの監督、親方のような存在だった。だから、スマートネスを売

＊56　海軍は前時代の水軍以来の古い言葉をよく使う。戦闘準備を合戦準備といい、「針路をそのまま保て」というときには「ようそろ」などという。「宜しく候」がなまったものらしい。

り物にした海軍士官の中では、どうしても「技師」としか見られない時代が長く続いた。

有名な軍艦[*57]マーチの元になった新体詩「軍艦」にもある。『石炭《いわき》の煙』である。粉炭や粉塵《ふんじん》、機関の油など、さまざまな汚染された物質があった。被弾したときに、それらは容赦なく兵員たちの体を襲った。

これが、タービン機関になってから、機関室の清潔さは見違えるようになる。燃料は、主に液体の重油になった。石炭のようにあちらこちらを汚すことはない。負傷したときの安全性が増したことは兵員の士気を高める効果があった。

また、石炭補給、運搬の苦労をなくした。当時の搭載法はあくまでも人力だった。石炭を積んだ艀《はしけ》が横付けすると、士官もふくめて乗員全部の共同作業が始まった。舷側からカマスで上げた石炭を艦底近くにある炭庫までバケツリレーで運ばねばならなかった。それも千t、数百tといった単位である。汚れるのが当然なので、作業服を着て、わらじ履《ば》き、マスクやタオルで鼻や口をおおい、手ぬぐいで頬かむりをする。えんえんと続く作業は、手や顔のしわまで石炭の粉でうめた。風呂に入っても、なかなか取れなかった、そんな記録が残っている。

◆戦艦の速力―それを高める難しさ

戦艦三笠は最高速力が毎時18ノットだった。ドレッドノートは21ノットである。その差はわずかに3ノットにしかすぎない。約5・6㎞の差である。大人が小走りに進むというぐらいの速さだが、これが、どれほど大変な差だったか。それは、水と空気という二つの流体（しかも、性質が違う）の間を進むフネの宿命と関係がある。これは、

＊57　現在も使われている「軍艦行進曲」。「軍艦」という曲を行進曲にしたもの。その歌詞には明治時代の軍艦の姿をありありと目の前に見えるように描かれている。『いわき（石炭）の煙はわだつみの竜（たつ）かとばかり靡（なび）くなり　弾丸（たま）うつ響きは雷（いかづち）の声かとばかりどよむなり』

空気という一つの流体の中を動く航空機、自動車、汽車などと決定的に異なるものだ。
フネが進むことに必要な力、主機関の馬力は、速度の3乗に比例するといった法則がある。この関係をグラフで表してみる。横軸に速度をとり、縦軸に馬力をとれば、ある速さからそれ以上にスピードを上げるには急激な馬力の増大が必要になることが分かる。

動くフネはいつも空気抵抗と水抵抗を受けている。空気抵抗の方は帆船とはちがって、まず無視できるものとする。水抵抗は大きく分けて造波抵抗と摩擦抵抗になる。摩擦抵抗は船体と水の間に起こる。ただ、これはそう大きなものではない。問題になるのは、あの勇ましく艦首で海を切り開いていく波である。あれは、本来、前に進む推進力が、波を造るといった無駄なことに使われているという意味になる。

これは水面下の艦体の形と、その設定された速力にふさわしい艦の長さを研究することである程度解決される。有名なのが、後の戦艦大和・武蔵のバルバス・バウ、すなわち球状船首の採用だった。大和の艦首の下は前に突きだし、球形のふくらみがある。あれは、艦首の波切りの効率をあげて、造波抵抗を減らそうという大きな試みだった。また、近代化改装された戦艦は、機関の出力も上げたが、同時に艦の全長を長くもした。

◆超ド級艦の建設

三笠やロシアの最新艦だったボロジノなどを「前ド級艦」という。日本の「安藝《あき》」、「薩摩」などは「準ド級艦」と言われた。「薩摩」は1910（明治43）年、「安藝」は翌年の竣工である。いずれも12インチ4門を主砲として、副砲として10インチ砲12門をのせていた。速力は、それぞれ18ノットと20ノットである。これらは横方向への発射弾量はほぼドレッドノートに対抗できるが、副砲の多さ、速力が低いことで「準」をつけられてしまった。

続いて日本が建造したのは、「河内《かわち》」と「摂津《せっつ》」である。河内は横須賀海軍工廠《こうしょう》で、摂津は呉海軍工廠で建造された。どちらも着工は１９０９（明治42）年、竣工は12（大正元）年である。これらは排水量２万８００t、速力は20ノット、12インチ主砲12門をもった。

連装砲塔6基は、中心線上に二つ、片舷に二つずつ置かれていた。正横方向へは8門が発射可能になった。ドレッドノートにようやく追いついたわけだ。ところが、中心線上にある4門は50口径だが、片舷に置かれた4基8門の砲は45口径だった。この場合の口径とは砲身の長さを表す単位になる。砲身の長さが口径の45倍という意味である。

もちろん、砲身が長い方が装薬の燃焼時間は長くなる。それだけ弾丸の初速は早くなり、射程も伸びることになった。だが、一つの艦の主砲の性能は同じであることが望ましい。正横方向への発射弾量はドレッドノートに追いついたが、厳密な意味では主砲の単一化にはならなかった。おそらく、大型砲の生産能力がなく、造艦能力でも片舷に50口径砲を置くことが難しかったのだろう。

こうして日露戦後の海軍は、世界の造艦レースを無視することができなくなった。

１９１１（明治44）年、『我ガ海軍ノ実力ハ数年ヲ出ズシテ著シク劣勢ノモノト為リ、終《つい》ニ国防上ノ目的ヲ達スルコト能《あた》ワザルベシ』という認識のもとに、海軍は大建艦計

日本初のド級戦艦「河内」

画を国会に出すことになった。この年以降、８カ年にわたって3億6700万円の支出を必要とする計画だった。その主旨説明の中に各国主力艦予想という数字がある。

それによれば、1910（明治43）年の数字では、英・米・日の戦艦数の比較では19対10対2と劣勢。巡洋戦艦まで含めた主力艦の数では、27対10対4。17（大正6）年には、55対24対6になってしまう。もし、計画を通したなら、69対38対8という数字が実現できるといっている。当時の友好国である英国はともかく、排日気分が高まるアメリカと比べれば、その劣勢はわざわざ言うまでもない。

しかし、日露戦後の不況が続き、世論は減税を望んでいた。閣議の結論は実行見合わせである。その代わり、14（大正3）年度以降にくり延べられた建艦工事を、11年度から15年度までの間にくり上げて着工することになった。

こうして、巡洋戦艦金剛、比叡、霧島、榛名と戦艦扶桑が建設されることになる。金剛だけは英国のヴィッカース社で建造された。技術を学ぶためである。排水量2万7500t、速力27ノット（約50㎞）。何よりすごかったのは、主砲が36㎝（14インチ）だった。しかも、連装4基の砲塔は、すべて中心線上にあった。

全力公試運転中の巡洋戦艦「霧島」（『軍艦霧島写真帳』）Ⓣ

7　海軍はなぜアメリカを主敵としたのか

◆ロシアを恐れる陸軍

日露開戦から7ヶ月後、バイカル湖を迂回《うかい》して全通したシベリア鉄道。それがヨーロッパ・ロシアからぞくぞくと兵員や物資を運んでくる。日本の兵力はまことに乏しく、近代戦に必要な鉄や石炭は、ほとんど輸入に頼らなければならなかった。

日露開戦に積極的だったのは、やはりロシアの方だった。そのことが国際学会などでも認められるようになった。ちょっと前の教科書的な知識は、１９７０年代までの学説によったものばかりだから注意しなければならない。帝国主義的な野望をもっていた当時の日本が、計画的に開戦を進めたという解釈が、少し前までは常識だった。いや、今でも中国への侵略は、そのあたりから始まったと信じていたり、日本は一方的な加害者だと思いこんだりしている人もいるくらいである。

満洲を植民地として手に入れる。日本の市場にする。満洲の門戸開放を望んで、ロシアに戦争をしかけたというのがその解釈である。

しかし、最近、ソビエト連邦が崩壊してから、帝政時代からの資料なども追々に公開されるようになってきている。おかげで、日露開戦前、開戦に積極的だったのはロシアの方だったという考察が、他ならないロシア人研究者から発表されている。むしろ、当時の日本側はできるだけ実力行使を避けようとしていた、という事実も明らか

明治時代の銃包（小銃弾）製造所（東京十条）

になった。

そうでもなければ、陸軍の戦争準備に、あれほどの手抜かりがあったことが説明できない。まともに用意されていたのは小銃弾くらいだった。砲弾や野砲、重砲、架橋材料などは、開戦直前に、あわてて購入の手続きをとったくらいである。[*58]

ロシアは朝鮮が欲しかったのだ。最近の研究によれば、ベゾブラーゾフ極東総督がロシア皇帝に朝鮮領有をそそのかしたという。ロシアはすでに清から、東清鉄道南支線の敷設《ふせつ》権を手に入れ、その沿線の産業開発も計画していた。

その時、「なにも金のかかる満洲経営をしなくてもいいのです。旅順や大連は朝鮮半島からでも守れます。なに、日本なんぞ、手も出し切れません」とベゾブラーゾフは皇帝ニコライ二世に上奏しているのだ。

教科書に出てこない説明を加えれば、当時のロシアには閣議はなかった。国会も、もちろんあるわけがない。大臣といっても、事情のある都度、皇帝から任命されたミニ権力者にしかすぎなかった。権力争いや、責任転嫁、足の引っぱり合いが、いつも行われていた。憲法がなかった君主独裁の貴族政治とはそういうものだったのだ。

たしかに、日露はいったん休戦をした。だからといって、ロシアの政治体制からみても、平和への保障が完全に信用できるものではなかった。陸軍が戦時50個師団体制をとろうとしたのは、真剣に安全保障を考えた上でのことだったのだ。

◆排日気分が高まるアメリカ

日露戦争が終わると、アメリカの世論は一気に排日になった。移民の国であったアメリカが、日本人移民の排斥《はいせき》を始めたのだ。

*58　東京砲兵工廠へ製造命令が出たのは、１９０４年2月4日。「三十年式歩兵銃10万挺、ホチキス機関砲４００門（うち双輪式２００門、三脚架式２００門）、三十年式銃実包1億5千万発、架橋材料五縦列分。外国より右の所要材料を買収せよ」同日、兵器本廠へ命令。「三十一年式速射野砲２５０門、三十一年式速射山砲１００門。外国より所要材料を買収せよ」。この他、アルミニウム板３万tが水筒10万個分の素材として輸入されている。

日露戦争前には、アメリカは日本に親切だった。すすんで国際世論に日本の正当性を訴え、アメリカと清の間の通商条約の改定も行ってくれた。日本は同時に日清通商条約を改定した。この中には、満洲の門戸開放を行ない、外国人も自由に中国の都市に入ることができる、そこで会社も起こすことができるという内容がある。しかも、不平等条約を1911（明治44）年までに書き直すという約束までアメリカはしてくれた。

ロシア艦隊をとことん叩きつぶし、アジアには相手がいなくなった日本海軍。当時も、その後も主力艦の建造には3年かかるというのが常識だった。日本海海戦で、ほとんどの新造艦を失ったロシアは、当分、大艦隊は建造できない。中国や、青島《ちんたお》にいるドイツ海軍やベトナムのフランス東洋艦隊、インドネシアに駐留するオランダ海軍も心配する規模ではなかった。

ところが、アメリカは日露の講和のあと、次第に日本に冷たくなっていった。その理由は、満洲の門戸開放についての不満である。鉄道王と言われたハリマンによる満鉄買収計画（1905年）、満鉄並行線敷設計画（1907年）、そして満洲諸鉄道中立化提議（1909年）など、アメリカは次々とアジア進出計画を立てた。

それらが、みな日本側の反対で廃案になっていった。日本にとっては当然である。満洲は血と汗と涙で手に入れた、ロシアとの大切な緩衝《かんしょう》地帯だった。ロシアとも当分は「日露協商」などで友好的にやっていこう。せめて、これからは投下した資本を回収しようと思っていた矢先、アメリカからの介入である。簡単に、はい、どうぞ、ご自由にと言えるような気分ではなかったのだ。

◆アメリカのウォー・クレア

そんな頃に、アメリカでは、突然といっていいような状況で、日米戦争を懸念する世論が巻き起こった。いわゆる「ウォー・クレア」があったと加藤陽子東大教授も指摘している。

１９０７（明治40）年のことだった。日本人が海を越えて襲ってくるのではないか、そういう恐れが広まっていた。

すでに前年４月のサンフランシスコ大地震では、チャイナ・タウンの住民が襲われた。罹災者《りさいしゃ》は20万人以上と言われ、日系人も１万人余りが被害を受けた。日頃から、低賃金で働くために警戒され、差別されていた中国人たちを白人暴徒が攻撃したのだ。この記録は今も、細かくは明らかになっていないが、日本人も被害を受けたのは確かである。

日露戦争前にも日本人の移住者は少なくなかったが、戦後になってアメリカの太平洋岸に渡る労働者がたいへん増えた。その子供たちは、他の外国人移民の子弟とともに公立学校へ通学していた。これに対して、サンフランシスコ市当局は中国人、朝鮮人、日本人の子弟を隔離することを決めた。公立学校の中には地震で焼けたり、倒壊したりしたものが多く、アジア人は引き受けられないというのだ。ルーズベルト大統領はさすがに市当局を説得したが、その措置《そち》をやめさせるために、移民法の改正を約束するようにした。

当時のアメリカの新聞や雑誌を見てみよう。そこには次のような解説や意見がのっている。日本人は集団で暮らし、地域にとけ込もうとしない。低賃金で文句もいわず働き通し、稼いだ金はアメリカで使わずに母国へ送金してしまう。黙って愛想笑いをするだけで、何を考えているか分からない。

反感は正義の仮面をかぶった。自分たちこそ正義であれば、悪には何をしてもいいと考えるのが多くの人間の性《さが》である。

『市民ケーン』という映画がある。1941（昭和16）年（日米開戦直前製作）の作品だった。監督は有名なオーソン・ウェルズ。ストーリーの一部はこうである。大新聞の持ち主のケーンはスペインとの戦争を思いつく。おりからキューバのハバナ港でアメリカの戦艦「メイン」が爆沈する。それをスペインの陰謀だとケーンの新聞は書きたてた。確証など何もないのだ。「ペン一つで戦争を起こした」と言われた新聞王ハーストこそが、ケーンのモデルである。ウェルズはマスコミの恐ろしさを描いた。

このハーストの系列の新聞が展開したのが日本移民排斥論である。カリフォルニア州議会もまた、大統領に決議文を送った。日露戦争が終わって、除隊した兵士たちが西海岸へ移民としてやってくるに違いない。そうなれば、白人労働者の仕事はますます無くなっていくことだろう。だから、日本からの移民を禁止しろというのだ。

事実は違う。日本陸軍の兵士たちは除隊したら家に帰った。農村の労働人口は足りなかったし、戦後の復興には人手が必要だったのだ。そういう国だということが、アメリカ人には分かっていなかった。

◆ホワイト・フリート（白色艦隊）のデモンストレーション

セオドア・ルーズベルトが大統領になったのは1901（明治34）年のことである。ルーズベルトは、あそこまで日本が戦うとは思っていなかったらしい。ロシア海軍があれほど木っ端みじんに敗れるとは夢想だにしなかった。しかし、日本の海軍力は、東アジアで、とにかく突出してしまったのだ。

アメリカは１８９８（明治31）年、言いがかりとしかいえない理由でスペインに戦争をしかけた。ハーストたち、マスコミの世論誘導の結果である。アメリカ政府の記録を見ると、政府内では戦争は気が進まないといった気分があった。それを後押しして、実力行使に進んでいかせたのは世論である。

勝利すると、手にしたのはフィリッピンとグアム島である。同年にはハワイも併合した。20世紀はじめての大統領ルーズベルトは、太平洋こそアメリカが支配する海だと考えていた。それまでのアメリカ人の孤立主義を捨て、世界に影響力をもつことこそ国運の伸張にはふさわしいというのだ。

１９０４（明治37）年にアメリカは陸海軍統合会議を開いた。そこで検討されたのは、アメリカの想定敵国である。ドイツはブラック、日本はオレンジ、イギリスはレッド、南米はパープル、カナダはえんじ色を表すクリムゾン、メキシコはグリーンの各作戦プランが作られている。

具体的な仮想敵国にされたのは大西洋ではドイツ、太平洋では日本だったということだ。１９０７（明治40）年の暮れもおしつまった頃、アメリカ海軍大西洋艦隊は、東海岸のバージニア州ハンプトン・ローズ港を出発した。旗艦は戦艦コネチカット、装甲巡洋艦、駆逐艦、工作艦、給糧艦など総排水量にして22万４千ｔの大艦隊である。戦艦、装甲巡洋艦の数は合わせて16隻にもなった。乗組員総数は２万５千人。艦の外装は白く塗られていた。グレート・ホワイト・フリート（大白色艦隊）と呼ばれた。

ルーズベルトは出発当初、艦隊はサンフランシスコを目指すと発表した。パナマ運河はまだ開通していない。新聞は、「いよいよ日本艦隊と決戦か」などと書きたてた。艦隊が南米沖を航海してマゼラン海峡を通過、サンフランシスコへ入港したのは、1908（明治41）年4月下旬だった。航程1万3722海里、日数およそ120日というのは、ロシアのバルチック艦隊以来の大回航である。この途中で、艦隊は石炭搭載作業、糧食の補給、無線通信や艦砲射撃などの訓練を行った。

アメリカ艦隊が、こうした訓練航海を実行したのは他でもない。経験の少ない海軍も、大遠洋航海が実行できることを世界中に宣言したのである。また、大回航の後でも、なお艦隊決戦に応じる力があることも示そうとしたものだった。艦隊は世界一周航海をめざすといった発表は、3月に明らかにされていた。びっくりしたのは日本政府、とりわけ海軍だった。アメリカ大西洋艦隊は、それだけで日本艦隊の2倍である。主力艦の数で比べても、16隻対7隻。とても勝ち目[*59]があるとは思えない。

ときの内閣総理大臣は西園寺公望《きんもち》だった。アメリカが世界一周航海を宣言したのが3月13日、日本政府がアメリカ大西洋艦隊を招待、寄港を申し入れたのは19日である。すばやい対応というべきだろう。このことは、当時の外務省の情報分析能力の高さを表している。すでに、1月の時点で、駐フランス大使からは、現地で日米開戦についての噂が流れているという報告があった。パリでは日本の外債《がいさい》を手放す動きがあり、価格も暴落していた。2月にはシアトルの領事から、現地で日系人が砲台近くの土地を借りようとしていることが話題になっているとの報告もあった。

欧米各国では、日本が知らないうちに、噂が勝手に一人歩きをしているようだった。日本では対米戦争などとは誰も考えていなかった。日露戦後の疲弊《ひへい》がひどくて、とてもそれどころではなかったのだ。国内の人心も安定感を欠いて、陸軍も新たな引き締めを考えるのに必死だった。

＊59　ランカスターの法則でも、実力が同じと仮定して、2つの数の2乗をして、その差の平方根が勝利者の残存数である。16と7の2乗は、それぞれ256と49になる。その差は207、平方根はおよそ14・5にもなろうか。つまり、日本艦隊が全滅し、相手は14、5隻が残るというのである。

◆ホワイト・フリートを大歓迎する日本人

新橋の駅前で、アメリカ国旗を手にして、アメリカ国歌を歌わされた小学生たちがいた。まさか自分たちが大人になったときに、『来てみろニミッツ、マッカーサー、来れば地獄へ逆落《さかお》とし』などと自分の子や孫が歌うことになるとは思ってもいなかっただろう。当時、小学生なら、生まれたのは１８９７（明治30）年前後、その後の日米戦の頃には、40代の人々である。わずか30年後、目の前の相手と死闘を繰りひろげているとは考えてもいなかっただろう。

アメリカ艦隊は大歓迎を受けた。１９０８（明治41）年10月18日のことである。横浜港には市内の小学生が動員されて、日米両国旗を振りまわしていた。当日の朝日新聞には、大隈重信[*60]の談話がのっている。

アメリカを大賛美である。幕末の黒船来航は「天の配剤」だった。あれで国家は一つにまとまった。アメリカの軍隊が来るのは決して侵略のためではない。もたらしたところは正義である。平和である。人道である。進歩である。攘夷《じょうい》論は消滅した。今回のアメリカ艦隊もまた、平和の使節である。いたずらに恐れてはならない。

ここまでは良いとしよう。引っかかるのは次の言い分である。やってくるのは、単に演習の目的だけではない。半世紀前に自分たちの先輩のまいた種が上手に育っているか、文明化が十分に進んでいるかを確かめに来るのだ。その成果を見て日本人と一緒に喜び合おうという気持ちがある。そして、そうであらねばならぬ。

なんと勝手な思いこみであることか。実際のところは、アメリカ海軍の示威運動であり、セオドア・ルーズベルトの「日本人に実力の差を見せつける」ということが来

＊60　大隈重信（１９３８〜１９２２）　佐賀藩士、長崎で英学を学ぶ。維新後、大蔵大輔、鉄道・電信の建設、工部省の開設などに尽くす。参議、大蔵卿などを務め、殖産興業政策を進める。三菱財閥と密接に関係した。明治14年の政変で下野。立憲改進党の総理、早稲田大学の祖ともなる。１９１４年には首相。翌年、中国に「二十一箇条要求」を突きつけ、内外から批判を受け、16年には辞職。

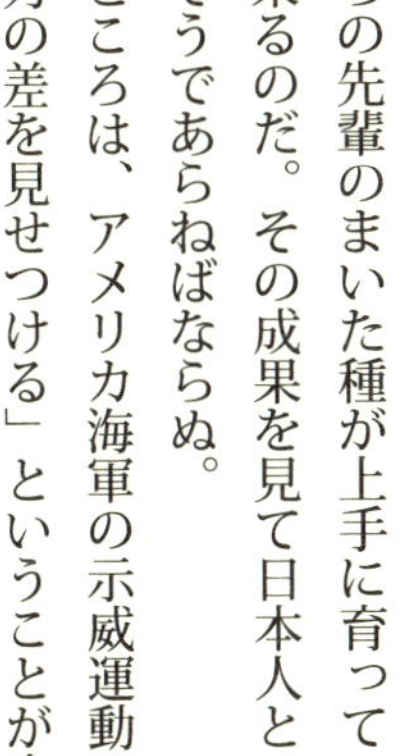

大隈重信Ⓚ

航の目的である。偉大な政治家であり、大学の総長を務める大隈が、本音でそう語っているとは決して思えない。

当時の新聞をみると、紙面のほとんどが「米艦隊歓迎」に満ちあふれている。一週間というもの、東京、横浜にガイジンがあふれた。これほどの出来事であったのに、現在の歴史の教科書にはほとんどふれられていない。

おそらく、意図的な史実隠しが慎重に行われているのだ。直に外国人の武力と接したときの日本人の反応が、ていねいに切り取られている。不思議な操作だといわざるを得ない。

8　陸軍を「国民学校」にした田中義一

◆歩兵第3連隊と実験連隊長

1907（明治40）年秋の夕暮れ、鎌倉の建長寺の山門を出る一人の陸軍将校がいた。大江志乃夫の『凩の時』でも、その情景が描かれている。建長寺といえば鎌倉五山の第一、禅宗の一派臨済宗の本山である。開かれたのは1253年、開基は執権北条時頼、開山は蘭渓道隆《らんけいどうりゅう》というのは教科書でもおなじみだろう。

将校は歩兵第3連隊附の少佐だった。兵営生活改革の資料を集めるために連隊長から出張を命じられ建長寺を訪れていたのである。

新宿御苑のホワイト・フリート歓迎会（『風俗画報』）

当時の歩兵第3連隊長は田中義一《たなかぎいち》中佐だった。陸軍の兵営内の様子が、禅寺のような雰囲気を漂わせるようになるのは、これ以後である。丸刈りの頭、質素な室内、「カネの茶碗に竹のハシ」と嫌われた食器など、質朴な僧侶の修行場とよく似ているではないか。

教科書の知識では、田中義一は総理大臣として張作霖《ちょうさくりん》爆殺事件（１９２８年）の処理を誤り、天皇の怒りをうけて辞職。その後に急死したということで知られている。日本人の多くは、彼の名を忘れているが、中国や韓国ではいまだに有名人である。

中国では、大陸への侵略計画を書いた「田中メモランダム」[*61]を作った張本人とされる。たしかに、その後の日本の大陸進出の行動がほぼその通りに進展したため、陸軍の動かぬ悪事の証拠とされた。しかし、現在は、その文書が謀略のために中国側によって捏造《ねつぞう》されたものということが定説になっている。

この田中義一こそ、陸軍の中興《ちゅうこう》の祖《そ》ともいうべき人物である。彼が中心になった「陸軍内務書改訂」、「在郷軍人会活動の刷新」などは、陸軍のその後の姿の元になっている。陸軍が国民教育機関であり、「良兵即良民」[*62]ということを主張するのも彼が提唱したことである。

戦後の人たちが陸軍の兵営生活というと思い出すイメージは、たいていが田中義一以後の陸軍の姿だといっていい。

田中義一が歩兵第3連隊長になったのは、１９０７（明治40）年5月のことである。日露戦争中は満洲軍参謀として活躍し、その間に中佐に進級。復員後は参謀本部部員、しかも、作戦担当の第一部員である。「帝国国防方針」を執筆した。その文章は、陸軍の大立者である山縣有朋に大いに気に入られた。戦後の国家安全保障、陸軍のこれ

＊61　内容は、大正期の架空の「東方会議」という御前会議で、田中が上奏、裁可を受けたという中国・満洲への侵略計画。現在は、謀略のために当時の中国によって偽造されたことが学問的に証明された。

＊62　田中義一をはじめ陸軍が唱えた望ましい軍人像を表す言葉。兵営においては良い兵卒であった者が、地方に帰っては模範的な民になるという考え方。

からの姿について説得力をもって描いたのである。

現場（軍隊）の連隊長に田中歩兵中佐がなる。その人事が発令されたとき、部内はひどく驚いた。それは、彼の経歴をみても、陸軍大学校卒業以来、部隊勤務がなかったからだ。旅団副官、師団副官、参謀、ロシア留学、参謀本部勤務、陸軍大学校教官、大本営参謀そして満洲軍主任参謀というきらびやかな中央勤務、勝利を得た作戦軍のスタッフという経歴ばかり、部隊指揮の経験など、ほとんどなかったのだ。

ふつう、こういった経歴の将校が現場勤務をすることは、まずなかった。田中より以前の似た立場の軍人をみると、みな、連隊長勤務もなく将官に進んでいる。田中も同じようにして、いずれ軍務局軍事課長になるものと誰もが思っていたのだ。軍事課長は陸軍省各課長のなかの筆頭職である。それが、いきなり歩兵第3連隊長になった。まず、これまでの常識からいえば考えられない人事だったのだ。

その裏には、日露戦後の陸軍の方向性を考えていた上層部の意向が働いていた。ときの第1師団長は閑院宮載仁《かんいんのみやことひと》親王*63、歩兵第2旅団長は長岡外史少将*64である。

ところで、なぜこの人事が意外なのか。軍旗を奉じる名誉ある歩兵連隊長という職はエリートのポストではなかったかという疑問がわくだろう。実は、現場での経験を重んじる砲兵、工兵、騎兵の特科隊は別である。それらの兵科では、部隊の指揮経験がとても大事にされていた。ところが、軍の主兵である歩兵にかぎっては、その頃、連隊長は特に選ばれた人の就《つ》く地位ではなかった。後世と比べれば、小さな所帯だった明治陸軍である。陸軍のエリートは陸軍大学校を卒業している。その卒業生の数は少なく、歩兵大佐クラスでは50人くらいにしか過ぎなかった。

大佐のポストは多い。海外の駐在武官、中央官衙《かんが》の課長級、軍の各学校の管理職、

＊63　閑院宮載仁親王（１８６５～１９４５）伏見宮の出、幼年学校からフランスのサン・シール陸軍士官学校、フランス陸軍大学卒。騎兵の中・大隊長、連隊長をつとめ、日清・日露の両戦争でも指揮官として出征。実戦派で武功もある皇族。１９３１年から40年まで参謀総長。二長官会議で、皇道派のボス・真崎大将の横やりを怒鳴りつけた話もよく知られている。

＊64　陸士第3期生、日露戦争中は内地に残り参謀本部次長、総長の山縣有朋の補佐にあたった。航空機に理解を示し、アイデアマンでもあった。

各師団の参謀長[*65]などの必要人員を引いていくと、歩兵連隊長に出せる陸大出の人材は、きわめて限られてしまう。そういうことから、連隊長は「無天《むてん》[*66]の優秀者」が定年前に就くゴールポストでもあった。

さて、この意外性のある人事のことだ。周囲も、しばらくすると上層部の真意に気がついた。長岡少将や、当の本人から、そのヒントが出されたからだ。田中義一は自ら進んで軍隊勤務に出たのである。田中は連隊長になる前も、後もこう語っている。

『ロシア軍が負けた理由の一つは、参謀将校と隊附《たいづき》将校の間に連絡がまるでなかったことである。実際に兵卒を指揮したことがない参謀、自分で判断せずに、上からの命令のみで行動する部隊長が多かった。ロシア陸軍の連隊長は、ふだんから演習の指揮もとらず、ひたすら経理事務の書類仕事しかしていなかった』

この観察は、当時のヨーロッパ陸軍の風習と、その欠点をみごとに言いあてている。多くは貴族出身の高級幹部は二通りの道のどちらかを歩んだ。幕僚、つまり参謀や司令部勤務員として進む者と、隊附《たいづき》勤務を一生続ける者である。その両方には、お互いを理解し合ったり、交流をしたりする機会も少なかった。

また、田中は、ロシア軍の敗因の一つとして、軍隊教育と制度に大きな欠陥があったことを指摘している。ロシアでは、すでに形の上では農奴は廃止されていた。ところが、軍隊の実態はそうではない。貴族出身の将校と農奴出身の下士卒の軍隊である。将校に指揮される兵卒たちは、まるで奴隷が主人に仕えるようだった。ひるがえって、日本の現状を田中は次のように見る。

『わが国は王政維新で四民平等の社会をつくった。そうであるのに、依然として将校に士族が多く、下士卒の多くは農民である。士官たちの中に彼らをいやしめる気持ち

＊65　陸軍大学校を卒業すると、参謀適任であるとされた。他の将校と異なって、人事権は参謀総長にあった。一般将校と区別するために参謀職についた時には、金モールなどで編んだ参謀飾緒を右肩からさげた。

＊66　陸大卒業者がつける徽章を、その形から天保銭と呼んだ。無天はそれを持たないという意味で、陸大卒業生ではない将校のことをいった。

陸軍大学校卒業徽章

が、まだ残っているのではないか』

だから、と田中は続ける。兵卒が軍隊を家庭にするようにしよう。将校が兵卒に対して教育を行うときは、あたかも父が子を諭《さと》すようにしなければならない。兵営を上下みんなで艱難辛苦《かんなんしんく》をともにする家庭にすることこそが軍隊に強固なる団結をもたらすのだ。また、日本には参謀科という兵科はない。砲・工・歩・騎・輜重《しちょう》兵といった兵科将校がたまたま参謀職についているにすぎない。参謀職にある者は実兵指揮の経験を積まなければならない。隊附勤務ほど、軍人の修業場所として大切な所はない。部隊の実情を知らないで、机上《きじょう》の空論で作戦を立てることは罪である。

こうして、田中以後、将官に進む者は、ほとんど連隊長の職を経験することとなった。そして、田中の連隊長就任は、歩兵第3連隊を実験の舞台とすることの始まりだった。

◆田中義一の生い立ち

田中義一は陸軍長州閥の最後の寵児《ちょうじ》と言われた。その経歴は、なかなかに興味深い。

田中は、現在から評価しても、その社会へのまなざしや、軍隊と社会についての見方なども優れている。日露戦後のベストセラー『肉弾』も、著者の櫻井忠温《さくらいただよし》に、彼が執筆を勧めたおかげである。文学が戦争に大きな影響を与えるという事実を理解していた珍しい帝国軍人でもあった。連隊長時代には、入営した社会主義者の一年志願兵に温かく接し、その思想に影響まで与えてしまう。

生まれたのは長州の萩城下、菊屋横丁である。すぐそばに藩主の親衛隊である大組《おおぐみ》

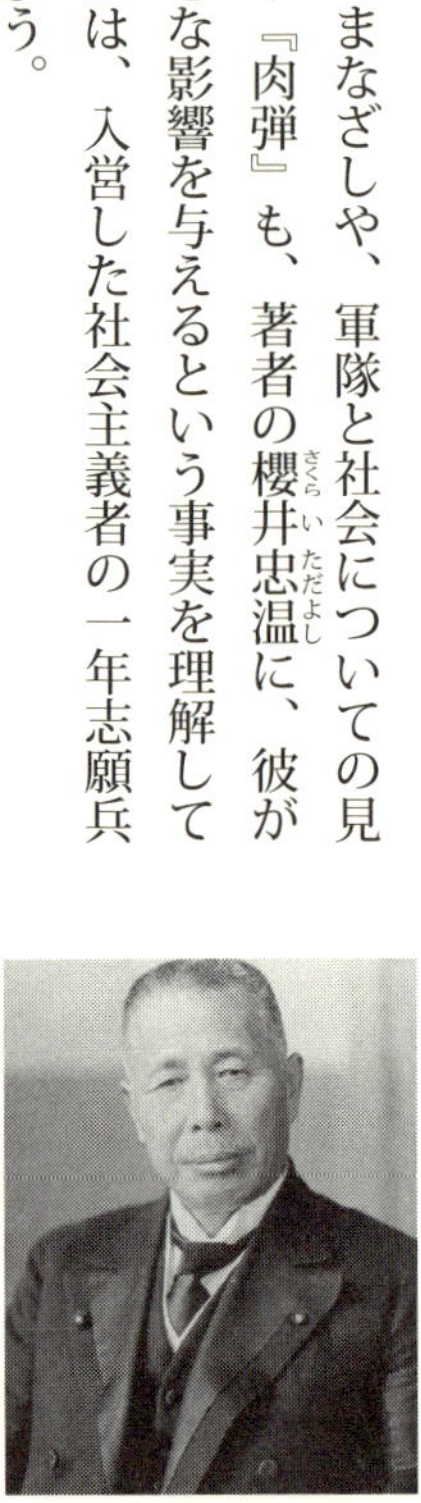

田中義一Ⓚ

に属した高杉晋作《たかすぎしんさく》[*67]の生家があり、こちらには歴史ブームのおかげか、観光客が多く訪れている。それに対して、田中の生家は、その表示こそあるが、気にかける人はほとんどいない。

高杉晋作は幕末の奇兵隊[*68]の創設者で知られる。もともと名門の堂々たる上級士族である。それに対して、田中の父は足軽身分の藩主の陸尺《ろくしゃく》[*69]（かごかき）だったという。生家は１００ｍほどしか離れていないが、互いの身分は大きく開いていた。

１８６４（元治元）年6月に生まれた。明治維新のときには幼児だった。禄を離れた親は傘の製造販売をしたという。ほとんど正規の教育を受ける機会はなかった。11歳で戸長役場の給仕として働き、13歳で小学校の代用教員になる。そうした苦労をしたのは、当時の士族たちにとってふつうのことだった。貧しくとも、目に文字があるのは士族のおかげである。

多くの貧しい青年たちは官費で学べる師範学校に入学しようとした。そこから士官学校へ進んだ者もいる。士官生徒3期の秋山好古《よしふる》大将もその一人だった。

１８８３（明治16）年2月に田中は陸軍教導団砲兵科に進む。その年の8月、士官学校の入試に合格、12月には陸士歩兵科に入校する。20歳になった年である。苦学立身の例として「田中大将は下士出身、教導団の出」と言われた。だが、下士生徒であった時期はとても短い。この世代には他にも教導団から陸士[*70]に入った人が多い。おそらく、とにかく陸軍へ入ってしまえ、あとは何とかなるといった風潮もあったことだろう。下士と士官の差も、のちの時代ほど大きくもなかったのだ。

では、建軍当初の士官や下士の養成はどうなっていたのだろう。また、田中が改訂した「内務書」の前には、どんな規則があり、どのような兵営生活を士官、下士兵卒

＊67　高杉晋作（１８３９〜１８６７）藩校明倫館から吉田松陰の松下村塾に入る。江戸に遊学して幕府昌平黌へ入学。１８６１年、藩世嗣の小姓役、翌年、藩命で上海に渡航して植民地支配の実情を見る。奇兵隊を結成、その総督になる。66年、海軍総督。第２次長州征伐軍と交戦、小倉口を攻める。同年、肺結核のため死去。

＊68　下級武士や庶民を集めて作った長州藩の西洋装備軍隊。藩士で構成された正規軍である「正兵」に対しての「奇兵」である。山県有朋も軍監として隊員だった。

＊69　藩主の乗り物は大きく、かつ重い。各藩とも、身体の大きな者を選んで籠かきにした。長州藩での身分は足軽だった。山縣有朋の生家も足軽だったといわれるが、「士」には入らず、「卒」である。

＊70　田中と同期である士官生徒第8期の河合操、同11期の菊池慎之助、士官候補生第1期の白川義則、鈴木荘六、同3期の武藤信義の各大将はみな教導団の出身。

は送っていたのだろうか。

◆陸軍兵学寮のころ

士官学校の前身は陸軍兵学寮である。海軍の兵学校という名称と似ている。どちらも「兵学（軍事学）」を教えるところだからだ。兵学寮は青年学舎と幼年学舎と分かれていた。初めは大阪城内に置かれた。大阪兵学寮と言われてもいた。

1870（明治3）年4月3日、太政官は各藩に、新しい陸軍の幹部を差し出すように命じた。彼らを貢進生《こうしんせい》*71という。それは各藩の現石《げんこく》（江戸期の名目上の石高ではなく実収のこと）に応じて人数を割りふったものである。大藩5人まで、中藩3人まで、小藩5万石以上2人まで、同以下1人という規定が達せられた。

この人たちが青年学舎の生徒だった。生徒に速成教育をして早く一人前にしようという計画だったから、基礎学より実技系を重視した。年齢はおよそ20歳以上、25歳くらいまで、ただし、特例として30歳も試験に受かれば入校させるとしてある。*72

ところが、各藩は様子見もあったのだろう。なかなか生徒を送ってこない。それは、まず、新しい陸軍がほんとうにフランス式を採用するのかどうか分からなかったからだ。その頃では、各藩兵でフランス式の採用は15%くらいのもので、薩摩藩軍を筆頭にイギリス式が多かったせいでもある。つまり、藩士を派遣しても、自分の藩の役に立つのかという疑問を多くがもっていた。そこで、太政官はとうとう強い調子で諸藩に閏《うるう》10月、さらに生徒の貢進を求めている。

しかし、貢進生を藩ごとに集めるというのは、つまるところ藩体制の温存である。このときには、藩を廃止するという方針もはっきりしていなかった。廃藩置県は翌年、

*71 近代軍服研究史の第一人者柳生悦子によって、このときの布告がよく分かる。まず、衣服は自分で作れ。食糧費は1ヶ月毎に金5両を納付せよ。兵器は貸し下さる。書籍も稽古中は貸すが、欲しければ代金を納めよ。退寮はいっさい認めない。ただし、病気の場合は吟味の上で許すだろう。

*72 この時期の卒業生としては、岩国藩士の次男だった井上光大将（日露戦時の第12師団長）がいる。1871年、大尉になっている。もともと、戊辰の役で実戦体験があり、この年20歳である。また大島義昌大将（同じく第三師団長）も同期だった。

１８７１（明治４）年７月のことである。この時点では、生徒たちも２年間の修学を終えたら、各藩に戻って、藩兵の訓練にあたるつもりだったのだ。

翌11月４日、太政官は校名を正式に陸軍兵学寮とした。ここで、ようやく年末には、歩兵３２６名、騎兵44名、砲兵53名の合計４２３名がそろった。

幼年学舎生徒とは、幕末以来の横浜語学所生徒たちのことである。幕府はフランス技術の導入のため、横浜にフランス語を学ぶ学校を持っていた。その在校生を、とりあえず幼年学舎生徒として収容したのだ。また、次世代の公募生では19歳以下でなければ入校できなくした。４年間の修学期間のあと、試験に及第すれば士官にする。だから、後の陸軍幼年学校とはちがって、それだけで完結する士官養成校だった。兵科の実技は少なく、基礎学を中心にしたところも青年舎とは異なっていた。陸軍は不明だが、海軍の幼年舎は15歳以上とあるので、事情は変わらないだろう。

１８７０（明治３）年６月、幼年学舎は11名の新入生をむかえた。その名簿の中には、山口藩の曾《そ》禰《ね》荒助《あらすけ》や、岩国藩の有阪《ありさか》成章《なりあきら》もいた。曾禰は山口藩家老の子として１８４９年に生まれ、幼年学舎入学後、フランスに留学。帰国後は法制官僚として活躍した。日露戦時には資金調達に努めた。のち韓国統監にも就任した。有阪はのち、陸軍文官から砲兵将校になり、三十年式歩兵銃などを開発する。

このように、幼年学舎は必ずしも、現役の士官を出す学校ではなかった。国家にとって有用な人材を育て、外国に留学させる機関ともなっていた。日露戦中の総理大臣、桂太郎もまた、この幼年学舎を中退して、ドイツに自費留学をした人である。

新しい陸軍をつくる、ついては当時、世界最強とされたフランス式にする。そうなると、倒幕戦の敵味方の恩讐《おんしゅう》をこえなければならない。幕府陸軍の関係者にも声をか

陸軍幼年学校
（東京市ヶ谷、現・防衛省『日本陸海軍写真帖』）Ⓚ

曾禰荒助Ⓚ

けなければならなかった。このときの教官には、幕府陸軍出身者もめずらしくない。

青年舎が第一回の卒業生を出したのは、廃藩置県の布告後の8月1日である。17名が少尉心得《こころえ》を命じられたという。

そして、東京の移転先が決まるのが12月である。

1872（明治5）年2月27日、兵部《ひょうぶ》省が廃止されて、海軍省、陸軍省に分かれた。海陸軍の始まりである。ちなみに当時は海主陸従《かいしゅりくじゅう》であり、海陸軍と海軍を先にした。3月には下士養成のための教導団をおいた。5月、幼年学舎を幼年学校と名前を変える。兵学寮沼津分校生徒が東京に移り、教導団工兵第一大隊になったという。この沼津分校とは、旧静岡藩がつくった沼津兵学校[*73]である。

6月、「概則」を定めて、兵学寮に士官学校・幼年学校・教導団を置くことにした。10月には「陸軍兵学寮内條例」を制定し、士官学校は歩・騎・砲・工兵の士官生徒を教育し、幼年学校は少年生徒に西洋語と普通学科を教えて、教導団は下士となる生徒を教育するとある。

＊73　静岡に移された徳川家が、幹部養成のためにつくった士官学校。新政府はそれを教官、生徒ごと吸収した。

◆規律ある生活に馴染まない生徒たち

人を集めれば規則を作らなければならない。全寮制の学校ならなおさらのことである。何時に起きて、点呼はどこで受けるか。部屋の中の整頓や掃除をどうするか。訓練や学習はどこで、どんな服装で受けなくてはならないか。点検は誰が、どういう手順でするのかなどと決めておくことは山ほどある。しかも、この学校はふつうのそれではない。軍隊であり、軍隊の中心となる士官をつくる学校なのだ。そのためには、さまざまな規則を持たなければならない。

生徒たちは、とにかく乱暴だったし、なにより規律ある生活に馴染《なじ》まなかった。理由はきわめてシンプル、明快である。みんな武士だったからだ。

青年舎でさせられた勉強は、たいていの人が嫌いだっただろう。まず、どこの藩校であろうと数学や算術、理科系の学問はなかっただろう。藩校というと、どこか近代的な大学をイメージする人もいるだろうが、教授細目を見るとほとんど古典漢文である。あるいはカビの生えたような軍学くらい。反対に庶民の通う寺子屋は読み・書き・そろばんといった実用ばかりだった。学校教育とはいっても、現在のようなものとは、ほとんどつながりはない。

諸国の武士たちとつきあうには、階層にふさわしい常識が必要だったし、共通語が出来なくては他家に使いにもいけない。身ごなしや言葉遣《づか》いが粗野なら笑われたし、笑われたら生命にかけても恥をそそがなければ、それは主家《しゅけ》の恥になった。だから、およそ実学的な教育など藩校では行われなかったのである。

戊辰戦争のときである。官軍の大砲は旧幕府軍に向かって火を吐いた。ところが、カタログを読む限りでは射程は十分なはずなのに弾丸が届かない。どうすれば遠くへ飛ぶだろうか。砲の仰角《ぎょうかく》をあげればいいと、今なら、たいていの人がすぐ考えつく。機械や道具を使う生活体験がもともとあって、それに加えて学校教育でさまざまな経験を積むからである。それが当時では誰も思いつかなかったというからすさまじい。

しかも、生徒の中には戊辰戦争に従軍したり、戦闘経験もあったりする者が多かった。そのうえ、誇り高い武士である。近代的な規律や、効率主義、衛生観念などは、体質的にほとんど受けつけなかったことだろう。

生徒は陸軍士官となるべき普通学科のほかに、学校内の日々の作業に従事し、また番兵にも立たなくてはならない。２年目になると、順番に長となり、卒となり、賞罰《しょうばつ》の法を論じ、従順一和《じゅうじゅんいちわ》の道を研究せよという。要するに、リーダーシップと同時にフォロワーシップ、統率術も、実務を行う中で育てろということである。

当時の生徒のほとんどは各藩から選ばれた武士たちだった。卒業し帰郷したら、藩軍の将校たるべき家柄、家格の青年たちである。身分の良い坊ちゃんばかりといっていい。それが、掃除、洗濯、配食、片づけ、兵卒並みの使役。しかも、上官からは、やたら怒鳴りつけられる。誇り高い彼らにとって、近代陸軍の精神は、とてものことに素直に受けいれられるものではなかった。

◆規則ずくめの軍隊生活

１８７０（明治３）年の「陸軍日典〈内務の部〉」の目次を見てみよう。軍隊生活が実に規則ずくめであることが分かる。「上下の順序大本の部」ということで始まる記述は、各職の職掌《しょくしょう》、一般勤務について、部屋内の住まい方の順序、週番勤務、屯所《とんしょ》番兵、日々の勤務、食事などの手順、衣服、外観、検査、日曜祭日の勤務、敬礼、罰則などなどが緻密《ちみつ》に決められている。

柳生悦子は、『まぼろしの陸軍兵学寮』の中に、上原勇作元帥の回顧談をひいている。上原は１８５６（安政３）年、宮崎県都城藩の家老の次男に生まれた。69（明治２）年、薩摩藩校造士館《ぞうしかん》に入る。４年上京、野津道貫の書生となり、翌年、大学南校（東京大学の前身）に入るが８年に陸軍幼年学校に移る。77（明治10）年、陸軍士官学校第３期生となる。騎兵の父といわれる秋山好古と同期生で、上原は工兵の父と呼ばれた。次のような回想がある。

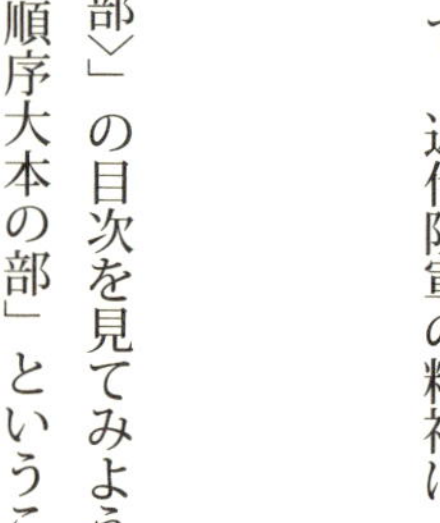
上原勇作Ⓚ

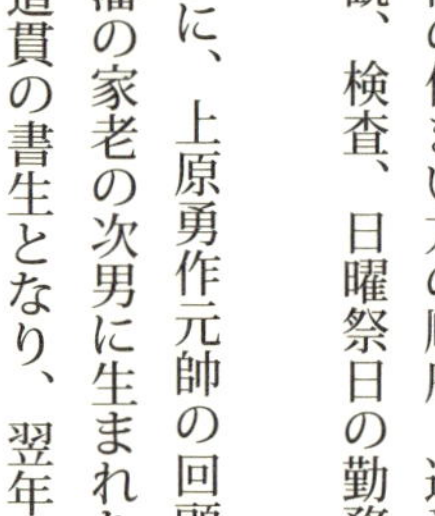
秋山好古Ⓚ

『当時のフランスの軍隊教育は傭兵《ようへい》制度の気分が未だ抜けきらぬ所謂《いわゆる》奴隷教育的で少しも兵の人格を認めないものであったから、人格がありすぎる位《くらい》な日本の武士上がりの軍人が承知しないのも無理はない。しかしまた一面から見れば、当時の武士というものは余り気位《きぐらい》ばかり高くて自制心がなく、団体訓練に欠くる所が多かったから、軍規的教育はすこぶる必要としたわけで、この点から見るとフランス式教育も良い点が多々あった』

同じ頃の、東京の築地にあった海軍兵学寮[*74]でも教官と生徒の関係はひどかったらしい。海軍はイギリス式だが、ここでも武士あがりの生徒たち、中でも実弾の下をくぐったことがある連中の乱暴はひどかったようだ。実戦経験がある者には一目置くが、そうでない者を机上の空論を語るとして軽んじる。教官に対する暴力まであったという。

◆歩兵内務書の交付

「内務書」という形で公布された物は歩兵内務書が初めてだった。1872（明治5）年6月のことである。兵学寮頭《へいがくりょうのかみ》鳥尾小弥太《とりおこやた》、歩兵少佐岡本四郎などが、ドイツとフランス、イタリアの内務書を参考にしてつくったものらしい。

1875（明治8）年には、陸軍卿山縣有朋の名前で、歩兵内務書第2版が発行された。これによると中隊は若干の伍長組合から成るとされている。1名の伍長がいて、その下には兵卒10名から20名が所属するという。のちの給養班や、内務班の始まりとなる組織である。演習や教練、いろいろな勤務、規定などを教育した。

二つの伍長組合を一人の軍曹が指揮下においた。遠藤芳信によれば、平常の注意と

*74　1869年9月、軍務官が廃止され、兵部省の発足にあわせて東京築地に海軍操練所として置かれた。同時に、薩摩、長州、佐賀、福岡などの16藩に貢進生を求めた。後の海軍大将山本権兵衛、日露海戦で有名な日高壮之丞などは、この1期生だった。年齢は18歳以上20歳以下という規定だった。

して、下士卒は『君父《くんぷ》ノ国ニ対シ一途《いちず》ニ忠節ヲ尽シ』とあった。天皇への忠義ではないことに注目したい。

第3版は1880（明治13）年に出された。大隊長や中隊長の職務として懲罰の権限を広げた。78年には近衛砲兵の叛乱《はんらん》、「竹橋事件[*75]」が起きた。山縣有朋陸軍卿は、事件発生後、わずか3ヶ月のちに『軍人訓戒[*76]』を出した。こうした動きを受けて、現場の指揮官の処罰権を広げようとしたものだろう。

1882（明治15）年には、『軍人ニ賜ハリタル勅諭』が出た。85（明治18）年には内務書第4版が頒布《はんぷ》される。このときの特徴は、将校下士の勤務とならんで、上等兵の勤務が規定された。83（明治16）年5月には、すでに上等「卒」は、上等「兵」となり、下士卒という言い方が下士兵卒とされ、上等兵は権威ある存在となっていた。

◆教導団の廃止

陸軍下士にはなり手が少なかった。それはもともと、日本国民の多くが軍事を疎《うと》ましいものと思っていたことに元がある。そして、軍隊がまったくの異文化だったからだ。新しい政治が行われ、四民平等とされたところで、人々は軍隊などに行きたくはなかった。国民は平等だからこそ、誰もが国防の義務を果たせと言われても、3年間も拘束される貧乏くじは誰もが引きたくなかったのである。

学校が少なく、教育を受ける機会が限られていた時代である。そんな頃には、陸軍に入って判任官[*77]である下士になることにも魅力があっただろう。貧しさのために学校へ行けなかった若者にとっては、精励すれば士官にも登用される可能性がある下士という地位は志願する価値があったかも知れない。

＊75　西南戦争の報償が遅れ、戦費調達のため、緊縮財政の中、軍人の給与を下げることになった。それに不満をもった近衛砲兵たちが武装して反抗、制止した将校たちが殺された。まさに皇居近くで兵が叛乱を起こしたのである。

＊76　陸軍卿名で出された『軍人が政治に関わらない』などを戒めた文書。当時、流行の自由民権思想などを兵営で演説したり、ビラを配ったり、政治集会を開こうとしたりする者が多かった。幹部（将校・下士）にもこの傾向があった。

＊77　旧官吏制度における官吏の等級の一つ。任命権が長官にあり、天皇への上奏の必要がなかった。

しかし、明治20年代から行われた各種の制度改革は、若者たちから夢を奪ってしまった。まず、戦時でなければ曹長から少尉に任ぜられることはなくなった。

1886（明治19）年には、上等兵から下士に進む道が開かれた。それも下士の地位を低くすることになった。陸軍の意図は経費の節減にあった。教導団に入学させずに部隊で下士を採用することができる。翌々年には、ついに画期的な條例が出た。現役下士補充の主流は隊内の上等兵からの選抜補充である。教導団出身者は傍流だということがはっきりと打ちだされた。

陸軍は優秀な者に現役下士として残ってもらいたかった。ところが、兵卒の優秀者とは現役満期後にしっかりした生業があり、社会的地位も高い者である。

兵卒の成績は、術科、学科、内務の総合と言われた。術科とは武技、戦闘技術、武器の取り扱いなどの身体能力である。学科とは法令理解力や、作文能力、命令理解力など頭脳の問題が多くを占める。内務とは身の回りの整頓からはじまり、兵器、武具の手入れ、歩哨勤務などの軍隊生活を維持する能力である。身体能力が高いだけでは、兵卒としての出世は望めない。

陸軍が望むような能力の高い上等兵は、決して自分からは現役下士になろうとは思わなかった。彼らは、むしろ、予備役、後備役で召集されたとき、下士に任用される下士適任證書を欲しがっていた。それは、現役3年間で最も優秀な兵だったことの証明である。

上等兵になれたのは全体の3割くらい、除隊時に下士適任證書を与えられた者は、1個中隊50人の中で2、3人だったのだ。軍隊は人生の回り道であり、苦役であると庶民のたいていが思っていた時代である。ただし、大きな教育の場とも受け止められていた。それだけに、そこでの優等な成績をとった者への尊敬の念は高かった。

1889（明治22）年には、憲兵科と屯田兵[*78]を除いて、各兵科の予備役下士の対象者としては下士適任證書を持つ者、現役を去るときに下士に任用されている者とした。そうして、とうとう教導団は廃止されてしまった。

◆田中義一と「内務班」の創設

日露戦後の社会では、ますます下士の人気が低落した。戦時の特例措置で下士・准士官から士官に登用される者はたしかに出た。しかし、それは平時にはあることではなかった。近代学歴社会が、ますます発展するにつれ、陸軍は正規の中等教育を受けた者からの将校養成を、さらに重視することになったからだ。

田中義一が推進したのは、「中隊長を権威ある厳父《げんぷ》とし、内務班長（下士）を慈母《じぼ》とする兵営家庭主義」だった。中隊長はお父さん、班長はお母さん、古年次兵はお兄さんという位置づけは田中義一が推進したものである。

中隊には下士である班長を中心に内務班が編成された。それまでの給養班と異なって、生活すべてを統制する組織になった。班長は、同時に初年兵教育の助教という位置づけがされた。下士の居室も設けられ、明確に兵卒とは一線が画《かく》されるようになった。

寺内陸軍大臣も『起居の自由と便利とを与へ、彼らをして営内居住を以て苦痛と為さず、長く隊内に留るを厭《いと》はざるに至らしむる如く為さゞるべからず』と訓令を発した。

日露戦争で明らかになった戦闘法の変化も、下士重視の大きな理由の一つである。

＊78　北辺警備と開拓のため、士族授産も兼ねてつくられた北海道の軍隊。屯田兵と通称されているが、正しくは「屯田憲兵」である。所轄庁が開拓使で、帝国陸軍とは別のため、階級名は准陸軍大佐、准同中尉、准同伍長などと「准」がつけられ、官等も一等下げられていた。1882年に開拓使が廃止になったので、屯田憲兵も陸軍省所属になった。85年には「屯田兵」となり、歩兵だけではなく、砲兵や工兵、騎兵の別も生まれた。ただし、輜重兵だけはなかった。

密集して戦うことができなくなった。敵の火力で被害を受けなくするには、兵士たちが自分の判断で自由に散開することが必要になった。そのグループ長が下士である。

前にも述べたように、日露戦争では兵士たちの欠陥が明らかになった。状況についての判断力がない、命令がなくては動かない、指揮官（将校）が倒れると烏合《うごう》の衆《しゅう》になってしまうなどである。

「内務書改正理由書」には、命令下達についても解説している。『将校ハ命令ノ原因趣旨ヲ能《よ》ク了解』すること、下士は『其ノ職務執行ニ要用ダケノ箇条ヲ覚ヘ自ラ服行スルノ外《ほか》兵卒ノ実施ヲ監督スルニ足ルヲ限度』とする。兵卒には『単簡《たんかん》ニ其ノ遵由《じゅんゆう》スベキ箇条ト何故ニ必要ナルカヲ知ラシムルヲ要ス』と説いていた。

昭和になって、日露戦争中に若い将校だった将軍たちは語った。当時は、何でもかんでもなっていなかった。今から見れば、すべてが失敗ばかりだったという苦い回顧も、こうしたことを説かなければならないくらいの実態があったからである。

将校ですら、上からの命令がどうして下りてきたのか、その意味合いは何かを考え、理解する習慣・能力が不足していた。下士は命令実行の重要なポイントを理解できなかった。兵士たちは命令に黙って従うことだけを強制されて、その理由や必要性について考えたり、知ったりすることが少なかった。

もっとも近代的な組織だった陸軍がこの通りである。戦時には分隊長になる下士たちに、平時から統率・管理の経験を積ませる必要があると思い知ったのが日露戦争の実態だった。雑多な階層の出身だった兵士たちには、それでも士官学校や上級学校を出た将校たちには一目おく気分があった。将校の命令にはとにかく従ったのだ。しかし、それだけでは足りない。将校たちが下士を大切に、その権威を育てるようにしなければならない。そうした危機感が田中義一を始め、高級幹部たちにはあったということが分かる。

その認識の一部は、1909（明治42）年の「各隊長召集」での長岡外史軍務局長の口述要旨によく現れている（『国民教育と軍隊』大江志乃夫）。

『必任義務法を採《と》る国においては、華族も入り、三井岩崎の子[*79]も参ります。しかし、これらが下士にはなりません。新兵を成績の順に並べて中より以上は、金持ちの息子とか、または学問の素養がある者で、下士で満足するものではない』

軍人の人気がもともと高い欧米では、下士官の地位は社会的にも認められてきた。現在でも、准尉や曹長といった言葉には独特の響きが諸外国にはある。学校歴がある若い将校は、彼らに育てられ、一人前の中級・高級指揮官に育っていく。

それと比べて、日本陸軍は、まず世間の偏見と戦わなければならなかった。兵役が苦役であり、下士官は世間での役立たずとされ、士官、将校は中流以上の人たちやマスコミから言われのない差別を受けていた。

その士気を高め、戦時には欧州列国の軍隊に立ち向かう宿命があった陸軍は、田中義一たちを中心に独特の対世間政策をとっていかねばならなかった。

◆在郷軍人会《ざいごうぐんじんかい》に期待したもの

軍人とは、陸海軍の兵籍にある者をいう。ただし、武官と兵の区別がある。武官とは陸海軍将校・同将校相当官、海軍特務士官、准士官、下士官に分けられる。現役武官は本人の意志で職業として軍人である者をいい、予備役、後備役に編入されていても武官である。

＊79　当時の三井・三菱財閥の子弟のこと。

在郷軍人とは、軍人であって現に軍務に服していない者をいう。理論上は、補充兵役や第二国民兵役にある者、17歳以上40歳までの男子は在郷軍人にあたるが、実際はそういう扱いは受けなかった。あくまでも、兵営生活の経験がある者が在郷軍人と言われた。

彼らの組織はもともと存在した。部隊のOB会であることもあり、農山漁村では村長を会長に、予備将校を役員にしたような陸軍軍人たちの会はあった。

田中義一は軍事課長の時代に、そうした組織を公的なものとしようとした。1909（明治42）年1月、田中は陸軍省軍務局軍事課長になった。陸軍大臣は寺内正毅《まさたけ》＊80である。

田中の認識によれば、これからは現役兵ばかりでは戦争にならない。現役・予備役で編成した野戦師団を主として、後備役を集めた後備旅団を従とするこれまでの野戦軍の制度は役に立たなくなった。むしろ、後備兵が主、予備・現役兵が従になるような考え方をしなければならない。ならば、退営後の教育の重要性は、いっそう増すだろうし、地方（一般世間）に帰って郷党の中心になる人物を養成しなければならない。

こうしたことから1910（明治43）年に、陸軍大臣寺内正毅を会長に、伏見宮貞《ふしみのみやさだ》愛《なる》親王＊81を総裁にして帝国在郷軍人会は発足した。これまで地域性が高く、ばらばらだった在郷軍人組織は陸軍大臣の所管になって統一されることになった。

田中が在郷軍人に期待したのは、まさに日露戦後のアノミー、無規範な社会の中で、軍人らしい姿勢をもって生きていくことの重要性である。「勤倹力行《きんけんりっこう》」、仕事に励み、むだな出費を防ぐ生き方の模範たれと田中はいう。他者に対しては誠実であれ、業務に対して勤勉、自分の職業に精励せよと田中は説いた。そのように軍隊では教育

＊80　寺内正毅（1852〜1919）長州藩士の子に生まれ母方の家をつぐ。西南戦争、田原坂で銃創を右手に受けるが軍医官の手術で切断を受けず退役を免れた。フランス駐在、陸軍士官学校長、第一師団参謀長、参謀本部一部長を歴任、日清戦争では大本営運輸通信部長を務め、脚気対策には麦飯を支給することを主張もした。戦後、初代の教育総監になり、1902年には桂太郎内閣の陸相、日露戦中も陸相を務める。渡辺淳一の直木賞受賞作『光と影』の登場人物。

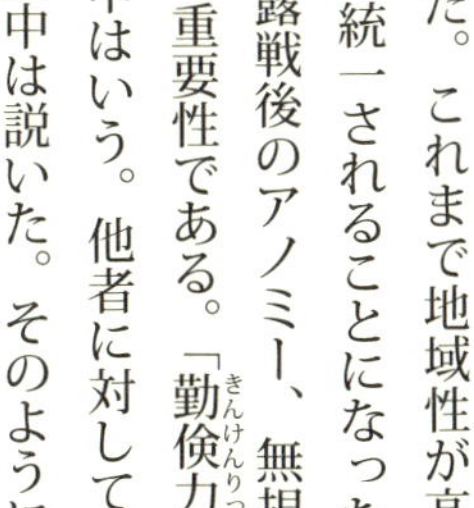
寺内正毅Ⓚ

を行った。だから、郷里に帰っても尊敬を受けるであろう。そして、それが望ましい社会秩序をつくり、町村の生産力もあげることになる。

おかしな徳目を語っているわけではない。軍と民間との乖離《かいり》、軍人を差別し、軍役を厭《いと》う気持ちを少なくしよう。民間の軍事に対する見方を変えていこうとするものだった。それを「社会の軍隊化を企図した」と指摘する論者は多いが、それもまた結果論であろう。田中を始め、きたるべきロシアの再来襲を怖れる軍上層部としては、真剣に国民の支持を必要と考えていたのである。

◆将校団条例の制定

田中を初め、上層部が企画したのは、さらに将校たちへの教育だった。

「軍隊内務書」の改訂がされたと同じ年（明治41年）に将校団条例が制定された。その主旨を簡単に書けば、これまで隊付将校だけが将校団をもってきた。時代は、この範囲を拡充するところまできている。全軍の将校を現役と予備役将校団に編入し、将校相当官も各部団を設けて、一致和協して軍人精神を涵養《かんよう》する。品位を向上し、軍事知能を発展させ、国軍の基礎を強固（鞏）たらしめようというものである。

これまでと異なって、予備役・後備役の将校も入団できるようにした。また、教導隊や生徒隊をもつ学校、具体的には陸軍士官学校やのちの歩兵学校などの実施学校などにも学校将校団をつくった。注目すべきは、軍隊のないところ、下士や兵卒の教育に関わらないところ、官衙《かんが》や陸軍大学校などには置かれない。下士卒があっての将校であり、その関係は教育訓練を通じて結ばれる。そういう場でこそ、将校団が存立する意義があるとしたことが特徴的である（「帝国陸軍将校団」）。

＊81　伏見宮貞愛（1858〜1923）邦家親王の第14子、72年伏見宮をつぐ。フランス語研究のため幼年学校へ入校、陸軍士官学校、西南戦争に従軍、熊本への入城も体験する。陸軍大学校へ通い、83年から一年間欧州各国を歴訪する。

また、各部将校相当官である軍医、主計、獣医などの士官、上長官（佐官）も将校団に準ずる組織を作らせようとしたことも大きい。当然、彼らも連隊や大隊の将校団の活動にも参加する資格をもつようになった。

連隊将校団、あるいは工兵や輜重兵大隊ごとに置かれた将校団は、若い将校たちが学ぶ場であり、ベテラン将校たちが後輩を育て訓練をする場にもなった。毎年配当される士官候補生や一年志願兵たちは、将校団の末席に迎えられた。将校たちは将校集会所で昼食をともにし、研究会を開き、部隊の伝統を受けついでいった。

しかし、こうした努力があっても、日露戦後の社会状況は、軍隊にも好ましくない影響をもたらした。

１９１３（大正２）年に参謀次長大島健一中将は、陸軍次官岡市之助中将にあてた「軍隊状況視察調査」に、陸軍が堕落の途上にあるという警告をのせている。その中味は、中尉、少尉といった青年士官に常識がない、それどころか軍事学の素養が低い。部下の指揮能力に欠ける。上官に迎合し、責任を回避する傾向が強い。訓練検閲でも、単に講評を良くしようとする努力に走り、実戦的な訓練ができていない。

当時の「偕行社記事」にも「将校団の伝統を守る」ことの大切さや、原隊の将校団の教育機能を高めようという主張が多くのせられている。

旭川偕行社（将校団の集会所、富樫勝行氏提供）

第四章　第一次世界大戦と日本

1　第一次世界大戦から陸軍は何を学んだか

◆世界大戦後の日本　総力戦体制を目指して

第一次世界大戦は、これからの戦争は総力戦であることを示した。今から見れば、日本は欧米風の総力戦など戦えるような国ではなかったが、当時の軍人にとって、そんな評価はどうでも良かった。彼らにとって総力戦とは、評論したり議論したりする対象ではなかった。日本は独立を守るために、総力戦を戦わなければならない。そのためには、資源獲得と国内工業力の整備が絶対に必要である。

参謀本部兵要地誌班は「帝国国防資源」を１９１７（大正６）年に発刊した。支那の資源の豊富さにふれている。また、対馬海峡海底トンネルを建設し、戦時でも大陸からの安定した物資輸送を行う重要性を述べていた。

また、欧州戦場から送られてきた各種の情報は、日本陸軍が想像もできなかったものだった。日露戦争を戦った装備は、すっかり古くなっていた。軍の近代化、科学化を進めなければならない。政治家の間にも、軍の近代化に対しては好意的な見方が広がっていた。１９１８（大正７）年、帝国議会は満場一致で、航空兵力の増強や、火薬類の改良などが可決されている。この年成立した「軍用自動車補助法」も、軍の機械化に関心があったことを示す証拠になる。

陸軍がおかれた環境は厳しかった。想定敵国の第1位だったロシア帝国は滅び、ソビエト政権は当面の脅威にはなり得ない。それでいて、陸軍にはシベリア出兵の経費があった。シベリア出兵の総経費は9億円だったともいう。貨幣価値の違いはあっても、日露戦争の半分近くにあたる。

対して、海軍は八八艦隊の建設費を議会で認められていた。これでは、とても陸軍軍備増強などと言い出せるものではなかった。1919（大正8）年には軍事費が総予算の45％を超えた。これは大戦前の軍備に狂奔していた欧州列国よりも高い割合である。八八艦隊とは、とんでもない発想に思えるが、日本が海洋国でありシーレーンの安全保障、アメリカの圧力に対するにはそれだけの兵力が要ると主張した海軍の世論操作の勝利でもあった。

陸軍も時代の波を感じないではなかった。総力戦とは兵士の頭数ではない。むしろ、国内産業の整備こそが基礎になるという考え方もあった。1918（大正7）年に改訂された「国防方針」がある。その原文は発見されていないが、黒野耐によれば、これまでの短期決戦思想に並列して総力戦型の持久戦思想が書かれているという。

1921（大正10）年には、第2次の改訂がされた。陸軍兵力は平時21個、戦時40個師団に縮小されている。陸軍軍縮で知られる山梨陸軍大臣は、これに沿った考え方だった。歩兵と砲兵の削減を行ったが、師団を減らすことはなかった。戦略単位（師団）の数を維持しておけば、状況が有利になったとき、直ちに元に戻すことができる。

対して、宇垣軍縮は平時17個、戦時32個師団を構想していた。平時4個師団の削減は、やはりこの構想に基づいている。そして、浮いた経費を戦車隊や飛行連隊、高射砲隊、通信学校、自動車学校の新設に回すことができた。

第2次改訂では仮想敵国を第一にアメリカ、これに続いてソ連、中国を挙げている。

しかし、大正の末頃、アメリカとはワシントン会議以来、協調的な関係が続いていた。ソ連の軍事的な脅威もほとんど目立たない。中国軍もまた、装備劣等、訓練不十分とされていたから、宇垣はどこを対象に陸軍を近代化しようとしていたのだろうか。むしろ宇垣軍縮の功罪は、陸軍と社会との関係で説明した方が検討しやすい。

宇垣は常設師団を削減し、文部省と協力して中等学校以上に現役将校を送りこんだ。予備役幹部の確保であり、国民の教養ある階層に対しての軍事学教育である。1926(大正15)年には、青年訓練所を全国に開いた。文部省が管轄していた実業補習学校に併設された勤労青少年への軍事教育の場であった。これに協力したのも在郷軍人会である。総力戦とは国民全部の戦争であるという認識に立った考え方といえる。

◆日本陸海軍、連合国に兵力提供を拒否

それでは、第一次世界大戦の勃発直後の状況を見てみよう。

1914(大正3)年11月、駐日イギリス大使[*1]は日本政府に、日本陸海軍のヨーロッパ派遣を要請した。その年、すでに8月にロシア外務大臣は、英・仏の駐ロシア大使と日本への派兵要請について会談。イギリス政府に仲介役に立つように依頼する。それを受けたイギリスの行動だった。派遣兵力は、3個軍団、6個師団を中心にし、支援部隊や軍団砲兵、騎兵などを含んでおよそ10万人規模という希望である。

イギリスはその来援が、英国にとってたいへん価値があることを説いた。また、和平回復後の国際会議では、日本の立場が良くなることなどをつけ加えた。

しかし、日本陸海軍の答えはイギリス、ロシアを失望させるものだった。陸軍は自

*1　外交官の身分・立場のランクは、大使、公使の順である。当時、新興国と大使を交換する国はなかった。日露戦争の勝利の結果、列国は日本に大使を交換することを申し入れてきた。現金ともいえる態度が当時の世界常識だった。

英国大使館(現・イギリス大使館『東京府名勝図絵』Ⓚ

分たちを自国の国防のためだけの存在であると主張したのだ。それに、英国の希望に応え、戦勢を変えるには3個軍団どころではなく、10個軍団を必要とするであろう。それは、20個師団にあたる。それらを派遣すれば、自国はからっぽになり、国の防衛がまっとうできない。また、全軍を輸送するには、2百万tの船舶が必要であり、それは日本の体力をこえているというのだ。

海軍は、すでにインド洋や南太平洋の警備行動だけで手一杯であること。また、遠征をするような能力が日本海軍にはないこと。新型艦艇を建設中なので、とてもヨーロッパには応援には出せないことなどを主張した。たしかに、日本海軍は、のちのちまで実は「沿岸海軍」だったのだ。この体質は長く続く。補給艦や工作艦といった支援艦船をほとんど持っていなかった。[*2] それは、遠くやってくる敵主力艦隊を、日本近海で一回の決戦を挑み、撃滅しようという海軍だったからだ。

第一次世界大戦は長く続いた。１９１７（大正6）年には、陸軍にロシア方面、またはメソポタミア方面に派兵の要請があったが、これも拒否。海軍だけは、地中海にUボート対策として水雷戦隊を派遣することに応じた。連合国はまた、シンガポールにいる日本の巡洋艦2隻を喜望峰に派遣し、インド洋、南大西洋に行動してドイツなどの通商妨害に対抗することを望んだ。

また、日本と同盟関係にあったイギリスは、最新鋭の巡洋戦艦、金剛、榛名、霧島、比叡などを借り入れたいとも打診してきた。それをすげなく断ったのは、英国海軍の弟子のはずだった日本海軍の軍人たちである。開戦当初、連合国はドイツの快進撃にあえいでいた。猫の手を借りるどころか、強大な海軍をもつ日本に応援を求めるのは当然のことだろう。国家の浮沈をかけた非常時だったのだ。運命共同体になれるか、

＊2　１９４１年12月8日、ハワイ空襲のあと、日本機動部隊はすぐに内地に引き返した。燃料タンクや工廠などの修理設備を攻撃しなかった。その不徹底な攻撃を批判するさまざまな解釈もされているが、洋上補給能力や、被害を受けたときの修理能力が心細かったのである。

なれないかは、ブーツ・オン・ザ・グラウンド（陸上部隊の派遣）にかかっていたし、軍艦という高価な財産を投げ出すことにも関わっていたのだ。

こうした日本の自己中心的態度は、連合国民に不快感を与えたことは間違いない。結局、アジアの利権にしか日本は関心を持っていないのだと多くの連合国首脳は思った。報道を読んだ連合国民たちもそう信じた。アメリカなどは、開戦には遅れたとはいえ、連合国に全力で加担したのだ。

遠くない将来、巻きおこった満洲問題の国際世論のジャパン・バッシングには、このような過去にからむ伏線があったことも記憶にとどめておきたい。

◆産業力と軍備の深い関係

陸上自衛隊幹部学校[*3]の戦史室教官葛原和三《くずはらかずみ》1佐によれば、1915（大正4）年9月、陸軍は少将を長とした「臨時軍事委員」[*4]を設置した。

この委員会は、佐官尉官の将校と同相当官が合計26名、判任文官[*5]14名で構成されていた。彼らの派遣元は、参謀本部、陸軍省、教育総監部、技術審査部、兵器本廠、士官学校、歩兵学校、騎兵学校、軍医学校、経理学校などである。まさに陸軍の行政、技術、教育・研究のすべての部門からだった。

調査項目は大きく8部門に分かれた。軍隊の建制・編制や制度、動員、戦費調達、被服、国民教育との関連、航空機格納庫、軍馬衛生、政略・戦略の関係、兵站組織、運輸交通、兵器行政、器材などなど、多種多様、戦時の社会に関わるもの、こと、全般にわたっていた。すでに「次の戦争は総力戦である」と日露戦後に陸軍は認識していた。この研究項目は、まさに大戦参加諸国から、その実態を学ぼうとしていたこと

＊3　陸上自衛隊の幹部（将校）の素養を高め、教育内容を研究する学校。学校長は陸将（中将）、副校長は陸将補（少将）、戦術、統率・管理、戦史他の各教官室があり、指揮幕僚課程（CGS）、高級技術課程（TAC）、幹部高級課程（ACS）などのコースが置かれている。旧陸軍の陸軍大学校にあたる。

＊4　現在なら「委員会」と名乗ることだろう。当時は、ただの「委員」であり、集合体としても通用した。

＊5　陸軍には軍属といわれる文官がいた。陸軍技師、学校教官、書記官、法務官などの高等官（奏任官以上）と、それ以下の技手、技手補、通訳、属などの判任官（下士官相当）、それ以下の傭人、雇員などである。

を表している。

委員報告は、１９１７（大正6）年1月から、８年末までに5回にわたって刊行された。軍事力だけでなく、資源力や鉄鋼生産力などの国力全般も考察されている。その一例として、葛原1佐は記載事項の中で、石油消費量と生産額をあげた。[*6]

こうした調査報告の中で、産業力の大切さについても述べているところがある。『産業力もまた、軍備、とくに戦争力を維持培養増大する直接要具にして、産業力は軍備の極めて有力なる一大要素たるを理解自覚せしむるに至れり』

兵員や部隊の数、艦艇数や装備だけで軍隊の優劣や強弱は決められない。産業力の見きわめこそが新しいものさしである。だから、国防と産業は密接な関係をもつのだという主張である。

日本陸軍は、いつでも短期戦で勝利を得ることを目指してきた。資源がないことは十分承知していたのである。日露戦争中には砲弾は不足し、末期の奉天会戦では退却する敵を砲撃もできなかった。

海軍もまた、遠征など考えてもいなかった。遠く攻め寄せてくる敵艦隊を日本近海で撃破する。そのためだけに造られた組織だった。４年も続いた第一次世界大戦の様相を知るにつれ、国内産業の貧しさを痛感しなければならなかった。

◆精神力と物質文明

精神力だけでは勝てない。どれだけの人が、このことを叫んだことだろう。

日本人はすぐに大和魂というが、アメリカにはヤンキー精神があり、イギリスにはジョンブル魂がある。日本が世界一なのだなどと思い上がってはならない。そういう

＊6　英国は一日あたり、７６００石（13万６８００kℓ）であり、日本は25石（４５０kℓ）にしかすぎない。３００分の1である。日本の自動車の保有数は５７００台（うち軍用は３００台）にすぎず、アメリカの５９５万台と比べれば、およそ１０００分の1にしかならなかった。

論者は当時でも決して少なくなかったのだ。むしろ、軍人の中にこそ、そういう人たちが多かった。

大戦で地中海に派遣された第15駆逐隊[*7]の士官は、のちに『懐旧録』の中で欧州での見聞を書いている。イタリア人の母親、フランスの老婆の国家に対する熱い思い、イギリス海軍士官の勇敢な行動を書きとめて、次のようにまとめた。

『吾人《ごじん》（私たち日本人）は従来日本人は日本魂を持つを以て、欧（州）人にはひけは取らぬと自負して居ましたが、此等の話及新聞紙上に散見した事実から考えますと、日本魂と義務心と名こそ違え、其の変に際して国を愛するの至情は東西異ならざるを見ます』

また、戦後の世間の「わが日本帝国は世界五大国[*8]の一つなり」という慢心した風潮に対しては、『自身の力が増大してなったのなら兎《と》に角《かく》、独墺（ドイツ・オーストリア）は敵であり、露（ロシア）は仲間外れであってみれば、此の三国が抜けたからなったので自慢する訳には参りませぬ』と警告を発している。

では、陸軍の委員たちは、この問題をどう考えていたのだろうか。

報告書によれば、これまでの精神力と物質的文明の関係を論じるとき、物質が豊かになれば精神力への要求は少なくなるだろうという論者が多かったという。

『物質的文明の発達と戦争力の要素たる精神力とは相背馳《あいはいち》し、相容《あいい》れざるものにして、又戦争に於《お》ける物質力の利用増加は、精神力に対する要求を軽減し得るものなり』と語る人が多かったというのだ。しかし、今回の大戦をみれば、それは大きな誤りだった。[*9]

フランス軍は火力を過信し精神力を無視した、ドイツ軍は火力を軽視して精神力を

＊7　駆逐艦は法律上「軍艦」ではなく所轄単位で管理された。4隻で一隊を組み、大尉・少佐が艦長で、駆逐隊司令（中・大佐）が所轄長として人事、訓練、教育、給養などを管理した。地中海に派遣された第2特務艦隊に編入されたのが第15駆逐隊である。

＊8　第一次世界大戦の戦勝者になった米・英・仏・日・伊を五大国といった。日露戦後の債務国（国際的借金を負う国）から、一転、債権国（貸し付ける側の国）になり、国民は自分たちのことを一等国民と浮かれ騒いでいた。

重んじたなどという観察は二つともに誤りだという。

◆兵力の多少が勝敗に結びつく

つづいて委員報告は、兵力の大小と勝敗の関係について明確に述べている。結果ははっきりしている。会戦で勝利を手にするにはいかに大きな兵力を集中するかがカギになるという。そして、素質が優秀であれば、ある程度、兵力の不足を補うこともできる、つまり圧倒的に優勢でなくても、アルレ河会戦（独露どちらも11個師団）のようにドイツは勝つことができたとも主張した。

続いて、日露戦争については、両軍の射撃効力で比較している。勝利を得るには兵力数が重要だと主張すると、いや、日露戦争ではいつも日本の兵力量は少なかった、日本兵の精神力で勝ったのだという論者が必ず現れるからだ。たしかに兵力量ではいつも劣勢だった日本軍が勝った。

しかし、砲兵の密度を比べてみよう。砲の絶対量では負けていたけれど、兵員一人あたりで割ってみると、それほどの差がなかったのだ。たとえば、遼陽会戦では、日本の歩兵１２３個大隊に対して、ロシア軍は同１８１個大隊。しかし、火砲数は日本軍が３９６門、ロシア軍は５３０門であった。つまり日本軍は１個大隊あたり３・22門があり、対してロシア軍は２・９門である。奉天会戦では４・13門対３・22門と、１個大隊あたりの支援砲火は圧倒的に日本の方が多くなっていた。また、機関銃の存在も忘れてはならない。奉天会戦では、日本軍の方が４倍もの装備数があったのだ。

委員報告のまとめは次の通りだった。『素質の優秀（軍人の能力向上）を目指す』、『寡《か》を以て衆《しゅう》を制することを研究する（少数で多数を圧倒する戦術の研鑽）』ことも大切

＊9　その論拠としてあげているのは次の通りである。「物質的文明国、即ち工業国たるドイツ国民」は、農業国民たるロシア、オーストリア、イタリア国民などと比べると、戦場においてははるかに勇者だった。同じく工業国民で、物質的文明では差がないイギリス、フランスとの間には（勇敢さに）ほとんど差がなかった。つまり、『産業上の一等国民は同時に戦場に於ける最強国軍たり、戦時に於ける最強国民たるを得』ということだという。

だが、『近世戦の趨向《すうこう》を無視し兵数装備を閑却《かんきゃく》するが如きは戒めざるべからず』という。

◆第一次世界大戦をふりかえる

どんな戦争だったかと聞かれて、たいていの人が困るだろう。教科書には戦いの発端になったセルビアでのオーストリア皇太子襲撃事件がのっている。続いて、西部、東部戦線のことが書かれ、戦車が出現したこと、毒ガスが使われたこと、ドイツが無制限潜水艦戦をしたこと、アメリカの参戦などと続くことだろう。

日本がこれ幸いと火事場泥棒のように、青島《ちんたお》を占領し、南洋群島を制圧したこと、大戦の最中にロシア革命が起きたことも書かれている。事実関係の記述だけである。これを補って具体的な様相を知るのは、よほど想像力がなくてはならない。

ここでは、残されている陸軍の資料から、第一次世界大戦についてまとめてみよう。まず、動員された兵力である。ドイツは約915万人、オーストリアが705万人、フランス565万人、イギリス524万人、イタリア405万人、アメリカ375万人だった。日露戦争で、日本の補充源がなくなってしまった状態で、動員数109万人だったことから考えただけでも、その規模の大きさが分かるだろう。

さらに戦争の全期間を通じての、各国の国内勤務人員を合わせてみている。ドイツは1325万人であり、ドイツの全人口の19・7%を占めている。敗戦後のドイツの街角に立つと、まるでカーキ色の洪水だったと派遣された視察者の一人は書き残した。衣服もなくなり、男なら誰もが徽章《きしょう》や飾りをとった軍服しか着ていないというのだ。大東亜戦争の敗戦時、日本の街頭にも軍服があふれたそうだが、残されている写真や

地中海に出動した第15駆逐艦隊と旗艦「出雲」(マルタ島沖)

記録を見ても、それほどまでのことはなかった。

列国の動員事情も似たようなものだった。だいたい15%から17%くらいの動員率であり、最低がアメリカの3・8%といったところだ。戦費の総額は、2083億ドルで、日露戦争の日本の支出21億ドルのおよそ100倍になる。

師団数を数えても、ドイツは平時50個師団が最大期には246師団を展開した。オーストリアも同様で、平時48個師団が82個へ。フランスは平時44個が最大214個となっている。物資がとんでもなく消費されることは、どこの国も予想をはるかに超えた。ドイツなどは備蓄軍需品が開戦2、3ヶ月後にはなくなってしまったという。

委員報告にも書かれている。日露戦争の全期間、584日を通じて、日本軍が発射した砲弾の総数は約100万発、同じくロシアは150万発だった。それが1917年以降の2ヶ月ごとを平均すると、ドイツは2200万発、フランス軍は1550万発、イギリス軍は1450万発を撃っていた。

こうした事実を集めると、日本の当局者たちの焦りは大きなものだった。日本の国防力を考えたとき、もっとも弱点とされたのは「国内力」、具体的には国民動員、工業動員そして交通動員などの統制が遅れていることだ。まず、国民がそのことを理解し、自覚し、努力をしなければならないという。

2 火力主義か白兵主義かの大論争

◆烟霞生と紫外生の論争が語るもの

第一次世界大戦が終った数年後、「偕行社記事」1924（大正13）年1月号（通算593号）に、『火力戦闘の主体は歩兵火なりや砲兵火なりや』という論文がのった。筆者は烟霞生《えんかせい》と署名をした砲兵将校である。葛原1佐によれば、これは野戦重砲兵第3旅団長[*10]の金子直少将である。金子は陸士10期卒業、この論争ののち、野戦砲兵学校[*11]教育部長になった。

烟霞生は、次のように説いた。歩兵の前進は、遠距離から火力で敵をおさえつけなければ、とても不可能になった。火器の進歩や通信の発達のおかげである。そこで遠戦兵種の砲兵が大きな威力をもつ火砲で敵をたたき、決戦兵種の歩兵は射撃をすることなく敵に肉迫する。歩兵は一発も射撃することを必要としない。不意に敵に接近し、銃剣をもって突撃し、最後の勝利を得れば一番良い。さらに、結論として『戦闘の主体は砲兵科であることは世界の大勢である』と述べた。[*12]

これに反論したのが、紫外生《しがいせい》という匿名《とくめい》将校である。594号に『烟霞生の論文を読みて』と題した論文をのせた。紫外生は、葛原1佐の研究によれば、陸士11期卒、西田恒夫歩兵大佐である。西田は当時、参謀本部外国戦史課長だった。

西田は言う。金子のいうことは『砲兵価値を過信した砲兵万能論』である。フラ

＊10　戦時には軍直轄の重砲兵旅団になる。平時編制では本部は千葉県市川にあり、野砲第一連隊（東京府駒沢）と千葉県国府台の騎砲兵第一大隊を編合した。

＊11　軍人を訓練したり新しい資質を育てたり、各兵科固有分野の研究などをする学校を実施学校といい、野砲兵の教育は野戦砲兵学校が担任した。一方、士官学校や幼年学校、教導団などを補充学校とした。普通人を軍人に補充するからである。

ンスは１９１７（大正６）年のフランドル会戦において砲兵を過信して失敗したため、この主義を捨てた。どれだけ鉄量を撃ちこんでも敵の第一線防御陣地を破壊すらできなかった。歩兵は自ら進路を開拓し、前進する根本的思想は変わらない。列強諸国で散開戦闘法から戦闘群戦闘法に変化したのは、砲兵万能論を捨てたことによるとも断定している。[＊13] 戦場における戦闘の重点は近距離戦闘にあり、突撃は決戦の第一歩であると主張した。

　砲兵万能論を主張したのではないのだと、もう一度金子が投稿したのは第５９６号だった。『火力戦闘の主体問題に関し紫外生に答える』というタイトルである。ところが、西田は引き下がらなかった。軍の主兵はあくまでも歩兵だと言う。欧州大戦の経験からみれば、戦闘の成績におよぼす砲兵威力は大戦前からは想像もできないくらい大きくなった。砲兵の威力が大きくなったとはいえ、これで万事が解決するわけではない。戦闘の決を与える使命を全うするために歩兵は決戦時機では自らその火力や運動力で進路を開拓しなければならない。

　６０２号には金子の最後の論文が出た。『火力戦闘の主体問題に関し再《ふたたび》紫外生に答ふ』というタイトルである。烟霞生は火力戦闘のみについて論じているのに対して、紫外生は火力戦闘と肉弾戦闘の両方を論じている。また、紫外生は「砲兵火力主体」と「砲兵火力のみ」を同じ意味にして「見当違い」をしている。これら二点を反論として金子は主張した。これに対し、西田による反論はなかった。「軍の主兵」たる歩兵の意気を示した、砲兵などに負けないという目的を達したからであろうか。

　金子は、砲兵は近代戦を戦うための重要な兵種として扱われることを望んだのだろう。しかし、日本の歩兵は砲兵を信用していなかった。それは日露戦争の結果をみれ

＊12　烟霞生の展開した主張は、砲兵は、歩兵にとっての開進地にあたる放列線には、多くの兵力に相当する弾薬をもっている。そして、この放列線から攻撃したい敵の散兵線（つまり弾着点＝破裂点）に火力を形成することが短時間にできる。歩兵の速度、一分間に速歩86ｍ、駆歩１４５ｍに比べれば、一秒で２３００ｍから５６００ｍの速さである（つまり、砲弾の速度をいっている）。同じように兵力の移動が簡単である。左右の兵力移動は、転把（ハンドル）の数旋回でできる。

＊13　砲兵火力の増大は、日露戦争型の密集戦闘法をできなくするようにした。砲弾が激しく落ちるような状況下では、目標になったり、一度に多くが被害を受けたりしないように戦闘員は広がらなくてはならない。それが散開戦闘法である。第一次世界大戦では、軽機関銃を中心に、兵がグループになって前進するようになった。これが戦闘群戦闘法である。

ば理解できる。歩兵にすれば、日本の砲兵はあまり役に立たなかった。歩兵科佐官は2割が戦死した。戦死傷の比率の常識からすれば負傷者はその2倍にはなる。5人のうち3人もが戦闘で死傷した戦いだった。これに対して砲兵科佐官の死者は数パーセントである。歩兵科尉官も17%が無言の帰還をした。砲兵隊の尉官の死者もまた数パーセントにしかすぎない。

実戦体験や、苦戦を乗りこえた経験が価値をもち、発言力に重みを増すのは軍人の世界だけではない。歩兵中心主義を今も悪く言うが、当時の歩兵科将校たちにしてみれば、他の兵科は信用できないというのが常識でもあったのだ。

◆欧州大戦は砲兵威力の戦いだった

欧州大戦（第一次世界大戦のことを当時の人はこういった）は、軍事のあらゆる面を変えてしまった。

まず、「弾幕《だんまく》」という言葉が生まれた。ある地域に砲弾を撃ちこんで、敵の歩兵が前進できないようにする。網でできあがった幕と考えればいい。敵の進軍を防ぐのにこれほどいいやり方はなかった。これを固定弾幕射撃という。逆に、味方歩兵が前進するときには、その前に距離と時間を計って弾着場所を動かしていく。妨害する敵をたたきつぶしていこうというわけだ。これを移動弾幕射撃という。

日露戦争の頃の砲兵の射撃は、まさに「射的《しゃてき》」だった。目標物を正確に狙って、そこをつぶしていく。これに対して弾幕射撃は、砲弾をぶち込み続けていく。戦果は、砲門数×発射速度×時間によって増減する。

攻撃準備射撃というものがある。味方歩兵の前進の妨害になる敵砲兵をまずたたく。

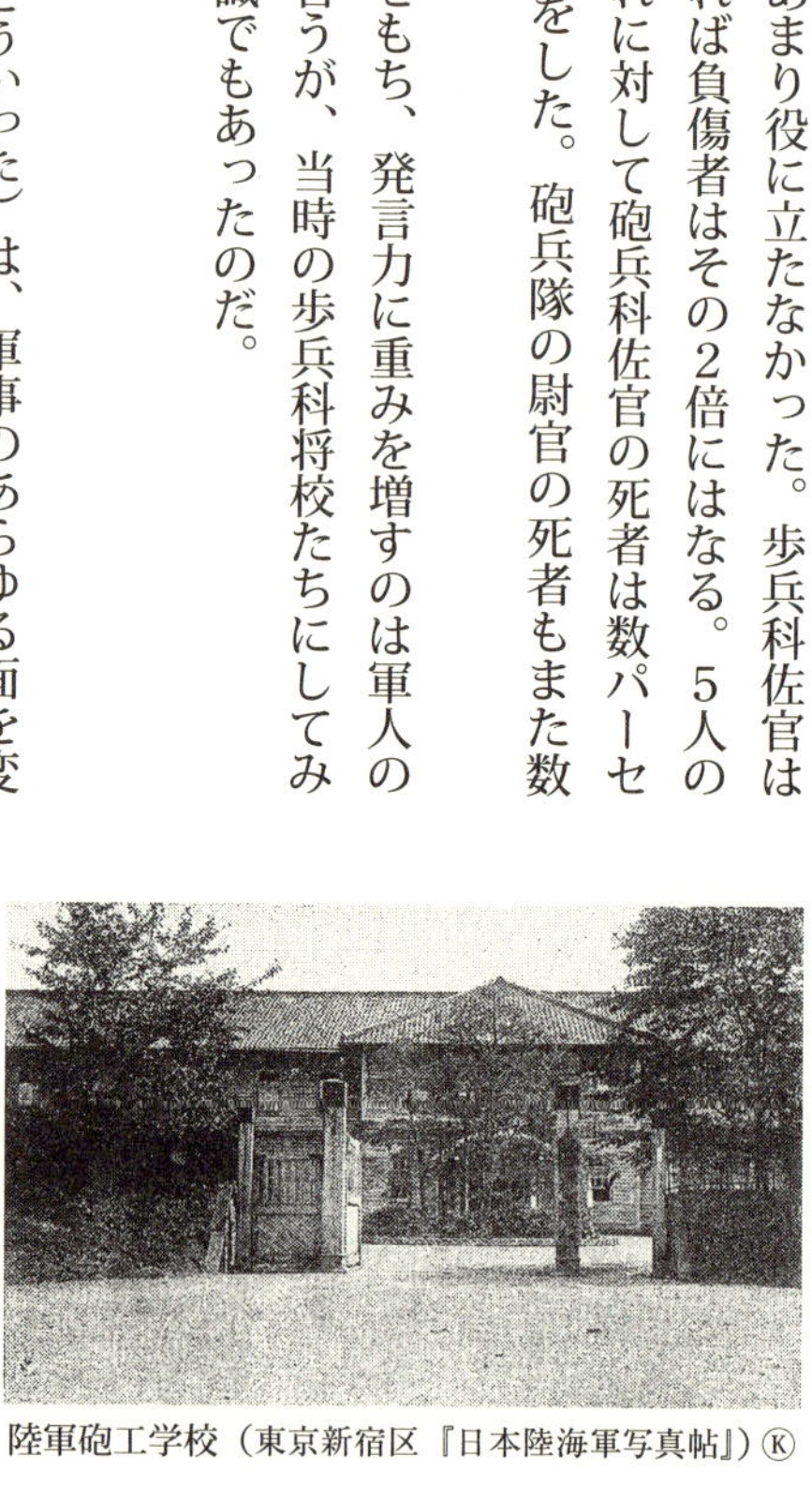

陸軍砲工学校（東京新宿区『日本陸海軍写真帖』）Ⓚ

防御用の敵陣地も破壊してしまう。この射撃を何日間も続ける。砲撃開始までに試射などしたら、敵にこちらの企図がばれてしまう。いきなり「効力射《こうりょくしゃ》」[＊14]である。途中で観測も修正もしない。戦場の全体を測量しておいて、射撃に必要な数字をあらかじめ出しておく。風の強さ、方向、湿度などの自然条件も考え合わせて、いきなり無試射、無観測射撃という方法をとった。

１９１５（大正４）年から、日本の砲兵はこれまでの1個中隊6門の編制を４門にした。射撃統制能力などの向上のおかげである。17（大正６）年、山砲兵大隊を連隊に増強し、2個大隊（各2個中隊）の編制で3個連隊になった。また翌年の18年には、師団砲兵連隊は各3個大隊、合計9個中隊にした。砲数は36門に増強された。また、強大な火力をもつ「野戦重砲兵」部隊が生まれた。2個旅団に編成され6個連隊である。各連隊は2個大隊、各3個中隊の15㎝榴弾砲[＊15]を装備した。

これ以前の装備であるクルップ社の15㎝榴弾砲（三八年式）はひどく評判が悪かった。8頭の輓曳《ばんえい》でも動きにくかったのだ。放列砲車重量でさえ、２８００kgにもなった。75㎜野砲なら９４７kg。ざっと3倍近い重さだった。

平地ならまだしも、ちょっと不整地や坂道にかかると、改良途中だった日本の軍馬には、まさに荷が重かった。のちに野戦重砲もトラクターによって牽かれるようになるが、この時はまだ実用化されていない。そこで、砲身（これだけで８８５kg）と砲架を分解して、それぞれ6頭で牽くようにしたらどうかと考えられた。

１９１１（明治44）年には試作が完成し、国産火砲である四年式の登場となった。弾丸は36kg、中に詰められた炸薬はおそらく8kg、射程は８８００ｍだった。発射速度を高めるために、垂直鎖栓式《すいちょくさせんしき》閉鎖機をもっている。一挙動で装填して撃発準備がで

＊14　ふつう砲兵の射撃手順は、中隊の基準砲1門から射撃を行う。その射弾が落ちるのを観測して、左右、遠近のずれを見る。狙った所に落ちるように修正して、各砲も合わせて射撃緒元を整える。それから、実際に敵に被害を及ぼす射撃をする。これを効力射という。

＊15　現代の陸自では、師団砲兵は１５５㎜榴弾砲が装備されている。軍直轄砲兵にあたる方面隊の特科群には２０３㎜というさらに大きな火砲がある。また、北千歳にある第一特科団などは地対艦ミサイル連隊、ＭＬＲＳ大隊、２０３㎜自走榴弾砲大隊などをもつ。

きた。この四年式15㎝榴弾砲は、日本軍崩壊の最後まで使われた。

◆大きく体質を変えようとした陸軍

１９１９（大正８）年というのは、陸軍にとって大きな転換があった年だった。それは陸軍が第一次世界大戦の戦訓を学び、本格的に再生しようとした年である。同時に、それが社会情勢によってなかなか進まなかった年にもあたる。それは陸軍だけの話ではなかった。

およそ90年前、日本は世界経済の混乱の中で、まさに揉《も》みくちゃにされた状態になっていた。大戦景気で急に金持ちになった「成金《なりきん》」が生まれ、町に金歯を入れた人や、金時計、金の指輪といった趣味が流行した。民俗学者柳田國男も『金歯の國』という論文を書いた。金に人気が出る、社会現象になっていたのだ。

世界大戦の間、各国は金の移出を禁止した。日本も、それにならって一時金本位制を停止していた。交戦中の列国にとっては戦費を得るための必要な措置だったが、正貨準備による通貨発行量の調節機能を失うことを意味するから、通貨は膨張する一方だった。物価は激しく上がった。１９１０（明治43）年からの10年間で、国民総生産は名目で4倍、実質は１・５倍に増えた。名目と実質の差が、すなわちインフレになる。

前年の１９１８（大正７）年4月にはシベリア出兵が始まり、各地に米騒動が起こり、9月、初めての政党内閣である原敬《はらたかし》*16内閣が発足した。陸海軍以外の閣僚は、みな政友会党員による内閣である。そして、11月には大戦が終わった。問題になったのは、この閣僚選出である。軍部大臣のなり手がなかった。

原敬Ⓚ

*16　原敬（１８５６〜１９２１）南部藩士の子、１８７６年に司法省法学校に合格。その後、退校処分を受け、立憲帝政党系の「大東日報」で記者となる。ここで井上馨と知り合い、外務省御用掛となる。92年には外相になった陸奥に招かれ外務省通商局長、95年外務次官、96年朝鮮公使。

それは、原敬が軍に人気がなかったからである。軍部大臣の資格を予備・後備役の大・中将まで拡大[*17]した張本人だった。原敬は仕方なく、山縣元老に援助を乞い、政策の柱に「軍備充実」を掲げることで妥協した。陸軍大臣は、あの長州閥の大物、田中義一中将だった。海軍は軍艦建造費を認めることで取引ができて、加藤友三郎中将が留任した。

原敬内閣が掲げた４大政綱と言われるものがある。教育の振興、産業の振興、交通機関の整備、国防の充実である。１９１９年の予算案には、陸海軍省の予算は合計３億４５００万円、前年度に比べて46%増になった。これが20年度になると、予算総額の49%にものぼろうという膨大な予算計画である。

「平民宰相《へいみんさいしょう》」とマスコミはもちあげたが、実は叙爵《じょしゃく》を拒み（爵位を持つと貴族院議員にしかなれない）、士族の分家の平民[*18]であったから、別に民衆の代表でもなんでもない。むしろ、普通選挙法の改革を拒み、民本主義にも理解を示さず、社会主義は抑圧するという現実政治家でもあった。不満をもつ勢力も多く、最後は凶刃《きょうじん》に倒れた。

陸軍軍制にも大きな改革が行われた。陸軍航空部隊は、それまでの交通兵団[*19]から独立して航空大隊になった。航空学校も埼玉県所沢に新設された。工兵学校も新設される。

関東軍、台湾軍という軍司令部ができたのもこのときである。原内閣の成立以来、政党の軍部の特権的な立場への攻撃は厳しいものだった。朝鮮総督や台湾総督、それに関東都督[*20]などを文官にした。シビリアン・コントロールの精神である。ところが、文官であるそれぞれの長官には軍隊指揮権がない。そこで、平時から関東軍、台湾軍という外地に置く司令部が出現することになった。なお、朝鮮には外地防衛のための

＊17　予備・後備役になれば政治活動も自由になる。現役軍人は、軍部に政党者流の世俗的な権力が入ることを嫌った。陸海軍人は権謀術数、マスコミ操作、財界との癒着、政争による混乱といった当時の政党政治を嫌っていた。

＊18　戸籍制度では華族や士族が分家すれば平民になった。士族や華族という族籍名は、家を相続した者だけがひきついだ。

＊19　工兵はエンジニアという英訳のとおり技術兵種である。築城（陣地構築）・交通（道路の開削・鉄道建設、整備、維持・舟艇など）・通信・架橋・坑道（城壁や要塞基部への掘削など）・爆破・測量というような各種作業を行って、他兵科へのサービスをする兵科である。鉄道隊、電信隊それに気球隊を合わせて交通兵旅団を編制した。

2個師団とそれをまとめる朝鮮軍司令部がすでにあった。

平時編制改正で「陸軍技術本部」、「陸軍科学研究所」が生まれた。

◆1920（大正9）年の技術本部兵器研究方針綱領

研究方針の綱領は長いものであり、難解な言葉が多い。そこで意訳してみる。

兵器の選択は運動戦、陣地戦にすべて必要なものを含むが、運動戦用の兵器に重点を置く（欧州戦場のような塹壕戦や要塞戦は起きないだろう）。東洋の地形に適合するように配慮する（道路網は不備だし、地形も複雑である。まともな橋ですらろくにかかっていない）。

兵器の研究は、戦略、戦術上の要求を基礎として、これに応じられる技術の最善を尽くすのが本義であり、兵器製造の原料、国内工業の状況を考えて戦時の補給を容易にすること、使いやすくし、戦時の短期教育でも使いこなせるようにする。

兵器の操縦運搬の原動力は人力、および獣力による外、広く器（機ではない）械的原動力を採用することに着手する。

この方針は新しく着手すべきものと大きな修正を必要とする重要な兵器の研究方針を示す。重要ではない新研究、現制兵器の小修正は別に詮議《せんぎ》する。新兵器研究の結果、旧式となる兵器も部分的修正を加えて利用する。

敵の意表を突くような兵器は日本軍にとって最も緊要である。しかし、これは発明案であり、案出であり、秩序的業務として規定しにくい。そこで本方針には示さない。さらに備考1として、航空機に装備する機関銃、小口径の火砲、これらの弾丸と航空機からの投下用爆弾などの研究は陸軍航空部の要求に応じて技術本部が行う。また備考2として、自動車、無線電信、及び毒ガスなどに関しては、他の兵器と関連し研究

＊20　1906年、ロシアから継承した関東州の租借地を治める官庁。陸軍大将もしくは中将が長官たる都督に任じられた。19年、都督府を廃止して、関東庁をおいた。長官を関東長官といった。長官は関東州を管轄し、南満洲鉄道線路を警務上取りしまり、満鉄の会社業務も監督した。

すべきものにあっては、それぞれ当該調査委員と協定して研究するものとする。

全体を通して、この「東洋の地形」という呪文《じゅもん》が、これからも長く兵器開発についての外枠になっていってしまったと加登川も書いている。戦車を造れば、架橋材料（門橋といわれ舟艇を並べて上に道板を敷くもの）が15ｔには耐えられない、泥濘《でいねい》悪地ではトラックが進めないなどの実態が報告され、大型化に反対がかかった。野砲の射程も同じである。遠くを撃とうとすれば重量がかさむ。重くなれば馬の能力が追いつかない。器械力を使おうとしても、トラックは故障ばかり。トラクターを開発すれば消費する燃料の集積が問題になる。

結果のすべてが分かっている現在から、敢えて、なぜ出来なかったかを含めて検討してみたい。なぜ、実行できなかったか、あるいは出来たのはなぜなのか。どういう状況で、私たちの父祖は判断したのかを知ることにこそ、歴史を学ぶ意味がある。

速やかに開発すべき歩兵兵器という項目がある。歩兵銃、機関銃、軽機関銃については7・7㎜への増口径が挙げられている。このことは、世界大戦の結果から分かった小口径弾では威力が少ないという反省からだ。大東亜戦争には間に合った。しかし、同時に古い装備の6・5㎜弾の使用も続けざるを得なかった。

残念だったのが軽迫撃砲《けいはくげきほう》である。世界大戦は塹壕戦が主流だった。頭上高く撃ちあげて垂直に近い弾道で敵陣に砲弾を落とすのが迫撃砲である。中国での市街戦や、南洋でのジャングル戦など、後になっても便利だったにちがいない。歩兵砲としては曲射歩兵砲としてすでに採用されているのだが、あまり熱心に研究した記録が見つからない。砲兵もあまり欲しがらなかった。精密な射撃にこだわる砲兵は、おそらく迫撃砲のような数を撃つ兵器は性に合わなかったものか。ところが、硫黄島でも米軍を悩ませたのは迫撃砲だった。戦記では、あまり書かれていないが、硫黄島には迫撃砲大隊が加わっていた。

自動小銃も余力をもって研究する兵器になっている。アメリカ軍などは塹壕戦で、ずいぶん便利なことに気が付いた。拳銃弾を発射する短機関銃を装備した。イギリス軍も、ドイツ軍もそれぞれ開発している。このときには、射程の短い短機関銃の必要性など誰も気が付かなかったのだろう。

あるいは、多弾速射は銃弾の浪費につながるという心配があった。製造コストでいえば自動銃は槓桿式《こうかんしき》の3倍くらいという見積もりもあり、採用が見送られたという。また、ソ連軍も採用をあきらめたらしいという情報も、当事者たちを安心させたという説もある。事実、アメリカ軍だけがM1のようなオートマチック・ライフルを使ったのだから、結局、良かったのかも知れない。というのも、熱帯のジャングルの中である。当時の工作技術で造られた自動銃がまともに作動したのか分からないからだ。

◆初めての自動車砲兵、十四年式十糎《センチ》加農《カノン》

速やかに開発するもの7・5㎝野砲、ただし、射程が1万mのものとある。日露戦争で使われた三一年式速射野砲は射程が短かった。ロシア砲兵に撃ち負けたことから、クルップ社に発注したのが三八式野砲である。この野砲の射程が榴弾で8250mだった。世界大戦では欧州各国軍は1万m以上の射程の野砲を使った。さらに、野砲兵用に10・5㎝榴弾砲、これも射程は1万m、騎砲兵にも射程1万mの騎砲を与えようという。

また、航空機射撃用砲兵というから高射砲である。移動可能なものと、陣地固定式

トラクター牽引の十四年式十糎加農

のタイプのそれぞれ７・５㎝と10・５㎝。また、自動車積載の７・５㎝高射砲も入っている。

野戦重砲兵には、さきに述べた四年式の後継、射程を１万ｍと伸ばしたもの。10・５㎝加農、射程１万２０００ｍである。他に15㎝加農、20㎝榴弾砲、24㎝榴弾砲、30㎝榴弾砲、変わったところでは、27㎝列車砲（射程２万ｍ）、海岸砲兵用に41㎝榴弾砲などが挙げられている。

迫撃砲兵という項目があり、重迫（射程５００～３０００ｍ）、炸薬量40㎏、軽迫（同３００～８００ｍ）、炸薬量10㎏、もう一つの軽迫（同３００～１７００ｍ）、炸薬量５㎏と３種類がある。

第一次世界大戦にはさまざまな新兵器が初めて使われたが、自動車がその一つである。日本では自動車牽引式の野砲が初めて生まれた。十四年式十糎《センチ》加農《カノン》である。この火砲はいろいろな点で、兵器技術的に興味深いものである。三八式十糎加農では射程が短かった。これは最大射程が１万８００ｍ、弾丸重量18㎏、放列砲車重量は２５９４㎏だった。軍馬８頭で輓曳した。

これに代わる新型加農は１９２０（大正９）年に設計が開始された。当初は、馬で輓曳だったが、設計の間に、自動車牽引式に変更された。23（大正12）年に完成し、25（大正14）年に制式制定された。

引っぱることになったのは、大阪砲兵工廠が造った50馬力牽引自動車である。すでに米国製ホルト・トラクター[*21]や同じくクラートンなどの装軌式（キャタピラー式）牽引車などは輸入されていたが、砲兵工廠製作のトラクターは純国産である。まだ、国内にも自動車が少なかった時代のこと、苦労があったことだろう。

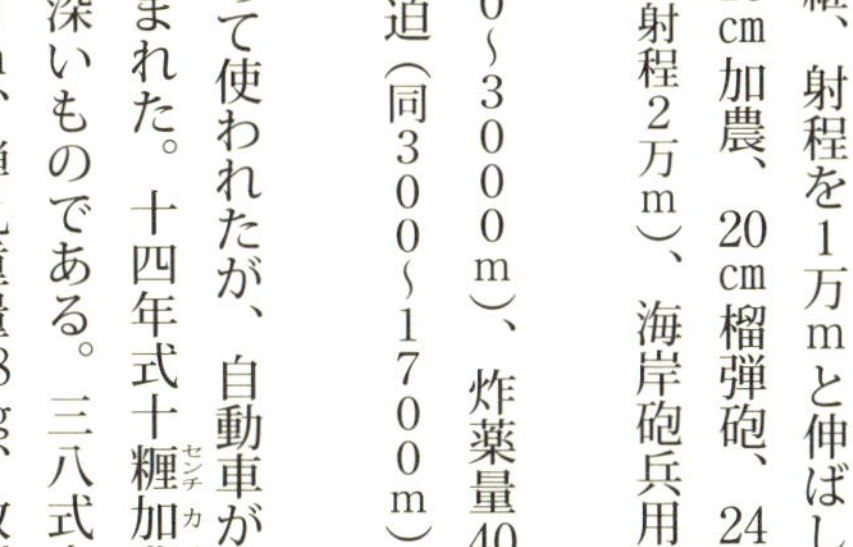

九二式８トン牽引車

＊21　兵藤二十八によれば、陸軍は１９１７年にアメリカのＦＷＤ社製の４輪駆動車を購入している。三八年式15㎝榴弾砲と同12㎝榴弾砲を試験的に引っぱってみていた。翌年には、米国キャタピラー社製のホルト45馬力で牽引試験をしている。１９２１年には36馬力のホルト５ｔ牽引車を採用する。

馬の牽引力対自動車の牽引力、比べてみるとあまり変わらないという結果が出たと吉永義尊元中佐は書いている。自動車砲兵の新設に際して、経費が多くかかるという理由で反対した者があった。子細に研究してみたら、馬部隊の方がずっと高くつくという結論が出たという。

3　陸軍の軍縮は砲兵の大削減だった

◆人気が下がる一方の陸軍

１９２１（大正10）年、ワシントン会議が開かれた。戦艦「長門」の竣工が前年の11月だった。八八艦隊も計画中、国家財政は、まさに破産する寸前だったから、心の中では誰もが喜んだのではないだろうか。もちろん、当事者の海軍軍人には腹を立てる人が多かった。

海軍が縮小されるなら、陸軍はもっと削っていい。当時のマスコミ論調をみると、「わが国は海洋国家だ、海軍はまだしも陸軍など要らない」という人や、「海軍は合理的で近代的だ、陸軍は非生産的で前時代の産物だ」などと語る人もおり、まったく支持者はいないくらいである。大正時代の気分は「進歩と改造」だった。社会主義が都市部を中心に流行した。それも日露戦後の目標喪失があり、それに維新の近代化以来、半世紀が過ぎた。資本主義と自由競争は限界を超えたのではないかとい

戦艦「長門」（艦首に菊の紋章）

う疑いをもっていた人が増えたからだ。

軍人志望者も減ってしまった。将校たちの進級も停滞していた頃である。*22 人事は統《とう》率《そつ》の元であるというが、進級が停滞すれば志気が下がる。その原因は日露戦争後の人事計画にあった。

１９０６（明治39）年といえば、日露戦争が終わった翌年である。陸軍士官学校條例が勅令をもって改正された。士官候補生の在校期間が1年から1年6ヶ月に延長されることとなった。教育を十分にしようということはいいことだが、実は部隊では少尉、中尉が余っている。そこで、ゆっくり学校に居させようということになったからだ。

日露戦争の前後は、士官候補生の大量採用時代である。速成教育もしているし、19期生と20期生は合計で１５００名もいた。ただし、20期生は幼年学校出身者ばかりで２８０名ほど。期別は違うが、実際は同時期に在校する同期生である。19期生は中学校出身者だけで１２００名もいた。

当時は、歩兵連隊では士官は全体の２・５％くらいがふつうだから、連隊全部でも将校の数は50人くらいである。19個師団なら歩兵連隊は76個、師団砲兵連隊19個、騎兵旅団、野砲兵旅団、重砲兵部隊などを全部合計しても、２００個くらいが団隊数のすべてである。そこへいっきょに１５００人という新人が押し寄せたのだ。

１９０６（明治39）年のことである。陸軍は平時25個師団という計画を立てた。07（明治40）年には19個師団体制になり、12（明治45）年には大騒動の末、朝鮮駐留の２個師団が増設された。目標は25個師団である。それに対応する現役将校を確保しようと人事計画担当者は考えるのが当たり前である。陸軍省軍事課は、15年間の計画で、

*22　陸軍では大正時代になってから、将校の進級は停滞していた。軍人は任官以来、ほぼ定期的に昇叙され、少尉で正八位、中尉従七位、大尉正七位、少佐従六位だが、大尉の在任期間が長くなりすぎて、「従六位大尉」などという人も出た。

減耗分（病死や家事都合の予備役編入も多かった）も考慮に入れて、07（明治40）年から6年間の士官候補生採用計画を立てた。

　毎年の採用数は783名である。その内訳は、1913（大正2）年度は中央幼年学校卒業者276名に一般公募の516名である。合計で792名。ところが、翌14年度は合計574名にした。およそ27％に近い減員である[*23]。

　18期生は1905（明治38）年11月卒業、920人、19、20期は省いて、21期は418人、つづいて22期から27期（大正4年5月卒業）までは、のきなみ700名以上である。ちなみに18期生には終戦時の陸相阿南《あなみ》惟幾《これちか》大将がいる。

◆陸軍将校の人気低下する

　1921（大正10）年5月、教育総監部は「将校生徒志願者召募《しょうぼ》状況」という文書を出した。将校生徒というのは、将来、将校になろうという若者である。陸軍幼年学校生徒、士官候補生、20（大正9）年からは陸軍士官学校予科生徒[*24]をいう。幼年学校生徒というのは旧六鎮台があった場所に置かれた全寮制の学校で授業料を納める必要がある。幼年学校は、将校にふさわしい階層の出身者を集めるために授業料を徴収していた。

　卒業すると、東京にあった中央幼年学校に進む。だいたい各校50名くらいなので、およそ300名がそこで顔を合わせた。1896（明治29）年にできた制度である。

　士官候補生というのは、一般の尋常中学校などを卒業した者[*25]で、士官候補生採用試験を受けた。合格すると、各地の歩兵連隊に配属された。身分は1等卒たる士官候補生である。約1年間の隊付教育を終えてから士官学校予科に入った。

＊23　兵科の構成が分かるので、兵科別の数も出しておこう。歩兵353名（61・5％）、野山砲兵84名（14・6％）、重砲兵31名（5・4％）、騎兵39名（6・8％）、工兵39名（6・8％）、輜重兵28名（4・9％）である。

＊24　陸軍士官学校予科生徒というのは、1920年に中央幼年学校が士官学校予科に名前を変えたからである。中学からの受験組も、幼年学校からの進学組も、ここで初めて顔を合わせた。2年間の教育を終えると、各地の部隊に隊付生活を送りにいく。半年間の生活で上等兵、伍長、軍曹と階級を進められ、それぞれのランクにふさわしい勤務も行う。

＊25　陸軍将校の採用試験には学歴指定はない。ただ試験のレベルとして尋常中学4年修了程度の学力などと書いてある。それは現在の陸上自衛隊でもまったく同じように続いている。幹部（士官）候補生採用試験には、受験可能な年齢が規定されているだけである。

さて、その応募状況である。加登川幸太郎の指摘によると、志願者数が１９１７（大正６）年をピークとして、第一次世界大戦が終わった18（大正７）年以来、急激に減ってしまうのだ。[*26]

陸軍将校の主流中の本流というべき幼年学校生徒志願者も同様である。１９１７（大正６）年には倍率が約12倍だったものが、18年に10倍、19年には８・２倍、９年には６・１倍。ただし21年には募集生徒数が２００名に減ったためか倍率は約13倍に戻っている。幼年学校は陸軍将校や同相当官、准士官や下士の子弟が多いところだった。そうした出身が固定された生徒は毎年変わらない。むしろ、地方公務員や銀行員、自営業などといった階層からの受験者が減ったのではないだろうか。大正時代は「万事金の世の中」とも言われていた。

高等教育も大きく拡充されている。世間の人気はサラリーマンである。あるいは試験に合格した高等文官だった。世界大戦後の金融業界や運輸業界人は飛ぶ鳥を落とす勢いである。高等文官も恵まれていた。同じ中学卒で、かたや帝大法学部進学、かたや陸士入校では40歳にもなれば俸給に大きな格差が出た。陸軍ではもっとも優秀な人で少佐である。もちろん、陸軍大学校出身で中央勤務だとしよう。同年で官庁に行っていたら、同じ成績なら文官は局長、少将相当官である。

当時の「偕行社記事」には興味深い投稿が多い。『軍人の不人気に就いて』、『若い将校諸官に物申す』などなどである。世論調査の結果もひかれている。当時、若い女性の理想の結婚相手は専門学校卒のサラリーマン。舅《しゅうと》、姑《しゅうとめ》と同居せずに、おしゃれなアパートに暮らしたい。男性に聞いたら、嫁にしたくないのは軍人の娘。これは、義理の父親になる人が嫌われているのだ。意外に思われる方もいると思うが、若い娘が

＊26　１９１７年には２２０名だった一般中学から採用した士官候補生が、19年、20年と１３０名に減少している。志願者数も17年には３９００名だったが、18年には１９００名、19年には１５００名になった。

結婚したくないのは軍人と医者である。

戦前社会では軍人は人気があったという常識があるが、都会では決してそうではなかった。医者も同じである。官立病院や大学医学部の勤務医なら話は別。町で開業するお医者さんは尊敬されていなかった。健康保険制度が完備している現代とちがって、医師は人気商売だったし、学歴も医学部附属医専だったり、開業試験合格者も多かったりしたのだ。「赤ひげ」のような博愛精神にあふれた医者も多かったが、おかげで奥さんは苦しい暮らしを強いられたというのはよく知られていた。

◆軍縮が始まる、減らされたのは砲兵だった

海軍の軍縮と歩調を合わせて陸軍も山梨半造陸相が軍縮を行った。部隊の見かけは変えないで人馬の削減[*27]を行うといったものだ。

砲兵の多くを廃止したのだ。しかも重砲を重点的に減らしてしまった。これが後に日華事変以後の陸軍砲兵の弱体化に結びついた。各種の砲兵中隊は合計115個が減らされた。自動車牽引の10cm加農が8個中隊増えただけだった。

工兵、輜重兵大隊からも1個中隊減になった。また、満洲の独立守備歩兵隊2個、鉄道材料廠1個、軍楽隊2個、陸軍幼年学校1校も廃止された。

この軍縮の後、関東大震災が起こる。1923（大正12）年9月1日のことである。国家財政は、ますます厳しくなっていく。帝都復興に向けて、軍備など考えていられない。革命によってロシア帝国は倒れたし、支那だって混乱の渦中である。東京帝国大学のある教授は、『世界戦争の悲惨を見たら、もう二度と戦争は起きないだろう』と予言した。

＊27　歩兵連隊では、3個大隊合計12個中隊のうち、各1個を削る。つまり、第1大隊第4中隊、同2大隊第8中隊、同3大隊第12中隊は欠ける。9個歩兵中隊になったわけだ。その見返りに、機関銃隊を配備することにした。とはいえ、これは永年計画の機関銃配備をくり上げ施行したものになる。騎兵連隊は師団騎兵、旅団騎兵ともに1個中隊を削る。全軍で29個中隊減。砲兵連隊は師団砲兵各大隊から1個中隊、合計3個中隊が減。野砲兵旅団の6個連隊と山砲兵連隊を1個廃止。

さて、陸軍である。たしかに大規模な戦争は起きないだろう。しかし、満洲の利権は守らなければならない。なにぶん、国民の財産である。しかも、開港地や居留地には、多くの日本人が進出していた。守るべきは同胞の生命である。そういう任務はありながら、装備は少しも向上しない。予算に限りはあるし、国防予算が増えることを許す時代ではない。

１９２５（大正14）年3月27日、陸軍省は発表をした。４個師団の廃止[*28]である。４個砲兵連隊で減らされたのは24個中隊。こうして先の削減と合わせれば、１３９個中隊が解隊され、砲は格納された。もちろん、輓馬《ばんば》や駄馬も減らされた[*29]。常備兵力の減少は人員３万６９００名、馬が５６００頭、新設される部隊に配当される将校以下、６３３４名。差し引き、３万５６６名の減少であり、常備軍は17個師団約20万５４００名になる。

大正の軍縮（大正11、12年度と15年度の２回）では、将校、同相当官は合わせて２５００名、准士官以下が9万名、合計9万２５００名が削減と考えていいだろう。第二回目は宇垣軍縮と言われる。宇垣一成大将が断行したからである。減らされた4個師団は、第13（新潟県高田）、同15（愛知県豊橋）、同17（岡山県岡山）、同18（福岡県久留米）だった。

この軍縮を主導した宇垣大将は、ずいぶん恨まれた。部外者は気軽に平和だから軍備縮小というけれど、早い話がリストラであり、首切りである。しかも軍人というのは、昔も今も、ずいぶん特殊な職業であり、短い時間では養成できない。

歩兵中隊長になるには少尉任官からざっと10年、大隊長には20年、連隊長には25年余りがかかっている。中隊長ともなれば、戦時には２００人以上の生命を預かり、命

＊28　『師団司令部四個、歩兵旅団司令部八個、歩兵連隊一六個、騎兵、砲兵連隊各四個、工兵、輜重兵大隊各四個の廃止を決定した。廃止される部隊は三〇有余の駐屯地にあるが、部隊を移動させて、衛戍地の廃止は工兵第一三大隊の新潟県小千谷のみとする』

＊29　この他の削減は、守備隊司令部1個、独立山砲兵中隊2個、自動車隊1個、衛戍病院5個、憲兵隊4個、連隊区司令部16個、衛戍拘禁所3個、陸軍幼年学校2校、軍馬補充部支部2個。

令を下す。そうした人間は一般公務員とは違った成長過程がある。

宇垣は後に首相になる大命降下《たいめいこうか》を受けた。しかし、友人を失い、大切な伝統ある部隊を解隊された恨みは消えなかった。宇垣は結局、後輩たちに嫌われて組閣をすることができなかった。

また、下剋上《げこくじょう》の気分が生まれたという指摘もある。軍縮を受けいれた高級将校たちを若い将校たちは恨んだという。高位高官は何をしているのか。高等な政略など分からないのが若者の特徴である。この時の状況が、彼らが昭和維新を叫んだ心情を育てたとも言える。

しかし、古いタイプの陸軍、頭数を重視する発想を切り崩したのも、この宇垣軍縮である。

4　日本という範囲

◆昭和初期の国土

教科書を見ても不思議なのは、この軍縮から満洲事変までの10年ほど、陸軍は何をしていたのかはっきりしない。張作霖《ちょうさくりん》爆殺事件、山東出兵や、蒋介石《しょうかいせき》軍の北伐《ほくばつ》に干渉して済南に派兵したくらいが取りあげられる。背景の説明がほとんどないので、よく分からない。派兵の目的は当然、権益保障、居留民保護だった。

海外で一旗[*30]あげたいと願う日本人は実に数多くいた。また、商社やメーカーも進出し、その駐在員や家族も多かった。もちろん国策会社である南満洲鉄道の従業員、家族も、当時でいう外地[*31]で暮らしていた。

ところで、この昭和の初年ころ、日本の国土[*32]はどれくらいだったのだろうか。まず、１９１０（明治43）年に韓国を併合《へいごう》したので、内地・朝鮮・台湾・澎湖島《ほうことう》・樺太の南半分が確定している。この他に、古くからの日本領土以外のものがあった。小笠原島（文久元年）、沖縄（明治5年）、千島（明治5年）、大東島（明治18年）、硫黄島（明治24年）、魚釣島（明治31年）、沖大東島（明治33年）、竹島（明治38年）、沖ノ鳥島（昭和6年）などである。

これらは、小笠原島を除いて、明治以降に、日本帝国政府が外国にも通報し国際的に認められたものだった。１９０５（明治38）年、竹島の編入を当時、独立国だった大韓帝国は見逃していた。

また、千島については１８５４（安政元）年、日露通商友好条約で択捉島《えとろふ》を日本領、得撫島《うるっぷ》以北のクリル諸島をロシア領とした。その後、１８７５（明治8）年、ロシアの圧力で樺太千島交換条約を結び、クリル群島つまりウルップ島以北の18島を日本領とする。それ以後、有効な国際条約は結ばれていない。いまでも、学校で使う地図には、ロシアとの間に赤い国境線が二通り引かれているのは、そのせいである。不当な実効支配を、日本国民が認めるかどうかの瀬戸際であり、これが大切な主張になっている。

そして、台湾と澎湖島は日清両国の講和条約で日本領となったが、その後、新南群島を台湾高雄市に編入する。この群島を南沙《なんさ》諸島という。現在は、海底地下資源が注

＊30　一旗組は、大資本をもっている訳もないから、たいていがサービス業、飲食業である。なかには国辱物だと言われるような風儀でいるような人たちもいた。植民地というと、資源を奪い、現地住民を抑圧し、市場化するところというような理解がされるが、もう一つ、国民の雇用の創出という面があった。働く場所の拡大というとらえ方もあったわけだ。

＊31　日本に統治権はあるが、国全体のために制定された法規が原則として行われない地域。特別に制定された法律が実施される。朝鮮、台湾、澎湖島、樺太、関東州、南洋群島をさした。

＊32　各地域の面積を「日本國勢圖會」から見てみよう。国土は69万1千㎢。現在のおよそ2倍近くであり、これには勿論、朝鮮の22万1千㎢（32％）、台湾・澎湖島の3万6千㎢（5・2％）が入っていることが理由である。これに同じく3万6千㎢の樺太があり、関東州の4千㎢が加わる。そして南洋群島の2千㎢。

目され、ベトナムが占拠し、中国が領有権を主張している。

この他に租借地《そしゃく》があった。租借地というのは統治権をもつ領土と同じ扱いを受けるが、期限がついている。ただし、貸した側には租貸地の潜在主権は残される。関東州は日露講和条約にもとづいて、1906（明治39）年の日清条約でロシアから租借権を引き継いだものである。問題は、ロシアが三国干渉のご褒美《ほうび》に清からもらった25年契約だったことだ。1915（大正4）年に悪名高い「二十一ヵ条要求」で期限満了の年を1898年から99年間の延長に成功する。

要求の全体は第1号から5号までに分かれていた。各号で、四、七、二、一、七の合計二一ヵ条になったので、今でも中国の主張通りそう呼ばれている。しかし、実態は日本側が多くを取り下げた結果、一三ヵ条が締結された。過去の欧州列強が強要したレベルの内容ばかりだが、その頃とは国際世論は大きく変わっていた。世界大戦の戦後処置を決めるパリ講和会議では、日本の立場をひどく悪くしてしまった。

次に委任統治区域があった。国際連盟の委任にもとづき、統治権をもつ地域である。いわゆる南洋群島[*33]をいう。

そして、一部統治地域があった。南満洲鉄道（満鉄）の附属地帯[*34]は、日本が行政権をもった。行政権のうち、軍事・外交・裁判・警察以外を満鉄が行使した。ただし、日本人以外の民事・刑事の両裁判権は中国がもっていた。

上海などで知られている「租界《そかい》」についても知っておくべきだろう。租界は居留地ともいう。中国の主権下にあるが、警察・衛生・道路・建築・課税などの行政は、日本が行った。共同租界（諸外国と共に管理した）が上海に、日本租界が天津《テンシン》、漢口にあった。また、廈門《アモイ》、蘇州、杭州、沙市、福州、重慶にも租界設置権限をもったが、完全には

＊33　マリアナ群島・カロリン群島、マーシャル群島など6百以上の島々から成っていた。原住民はおおかたがカナカ族で、一部チャモロ族がいる。昭和5年には約2万人の内地人が暮らしていた。1922年にパラオ諸島コロール島に南洋庁をおいて長官は拓務大臣の指揮下にあった。

＊34　附属地帯とは、線路の両側62m余りと鉄道施設などをいう。

機能しなかった（事典『昭和戦前期の日本』）。

現代の私たちが国土というと、本州を中心にした4つの島とその周辺しか思い浮かばない。ところが、戦前社会の人は、これまで説明した地域をすべて領土と認識していた。そして、そこには、けっこうな数の同胞[*35]が暮らしていたのだ。

外国在住の国民の数も116万人を数えている（満洲国を含む）。同じく外国在留中の朝鮮人は88万人という。

1930（昭和5）年の国勢調査によれば、関東州には約12万人、満鉄附属地には同10万7千人の日本人がいた。

◆ロンドン会議の前奏となったラピダン協定

さて、ロンドン軍縮条約会議である。この会議のねらいは補助艦[*36]の削減、制限だった。1921（大正10）年のワシントン会議で列国は主力艦の制限を行った。知られているのは、対英・米6割の主力艦保有量である。

おかげで列国の熱意は無制限だった補助艦の建造に向かった。補助艦というのは、主力艦である戦艦や巡洋戦艦を補助する艦種である。巡洋艦や、駆逐艦、潜水艦などを指す。

1927（昭和2）年には、アメリカのクーリッジ大統領が日、英、仏、伊に補助艦の制限について提案した。日・英の2ヵ国は賛成したので、ジュネーブで3国による会議を行ったが決裂した。はじめから米・英、日・米間の主張は大きく食い違ったからだ。

アメリカは補助艦を巡洋艦、駆逐艦、潜水艦の3種に分けて、艦種ごとに米・英・日

＊35　『内地人口は9988万人、朝鮮が2299万人、台湾に525万人、樺太に33万5千人、関東州に170万人、そして南洋群島に10万5千人。関東州を含まないで合計1億260万人とある（昭和12年10月）。うち大和民族は7360万人、朝鮮民族は2360万人、台湾の漢民族5百人、高砂族9万人、平埔族6万人、南洋の本地人（ミクロネシア族）が5万人、アイヌ人は北海道及び樺太を合わせて1万7千人、樺太本地人たるオロッコ、ニクブン等の種族は約4百人である（昭和13年版）』

＊36　駆逐艦や潜水艦は厳密にいえば、昔の海軍では「軍艦」ではなかった。軍艦とは艦長が大佐であり、人事、管理上も一つの所轄になった。見分けるのは艦首に菊の御紋章があることである。駆逐艦（艦長は中佐から大尉）や潜水艦（同前）は数隻で隊を作って、それが所轄になった。所轄長の駆逐隊司令や潜水隊司令は大佐である。

の保有量を主力艦と同じく5・5・3の比率にしようとした。こうしたアメリカの主張を艦種別総トン数主義とすれば、イギリスは艦型区分主義だった。

これは海外の属領の防衛と、通商線保護を重視するイギリスの伝統的な政策に関係している。各艦を大小二分しようという提案である。その主張は、一万t、8インチ砲搭載の大型巡洋艦だけは5・5・3の比率にする。ただし、7500t、6インチ砲未満の小型巡洋艦は制限しない。そういうものだった。

それに対して、アメリカは巡洋艦すべての総トン数を制限して、多数の1万t、8インチ砲搭載艦をもとうというものだった。

日本は、現有勢力を増やさないという基本方針で会議にのぞんだ。補助艦を、水上にあるものと潜水艦に分ける。水上補助艦は対米7割を主張した。アメリカ艦隊の来攻を南方海上で迎え撃つ、そうした基本方針をもつ立場からは、巡洋艦の大小などどうでもよいことだったからだ。加えて、日本は遠い海を越えた植民地などもっていなかった。巡洋艦の役割はやはり、日露戦争のように艦隊決戦の準主力だった。

こうして、米・英の間にあった食い違いで、日本が調停に立っても、会議は決裂してしまった。『アメリカ案は、何の根拠もない』というのが英国代表のもらした不満だったと斉藤実[*37]全権委員は、のちに書いている。

この会議が終わった後も、英・米の対立はいっこうに好転しない。加えて英仏軍縮協定(1928年)の成立などがあり、関係はむしろ悪化するようにみえた。

それを打ち破ったのは、1928年8月の「不戦条約(ブリアン・ケロッグ協定)」の成立だった。不戦条約とは、パリに15ヵ国が集まって調印されたものである。国際紛争の解決手段として戦争を用いない、国家の政策の手段としての戦争を放棄すると

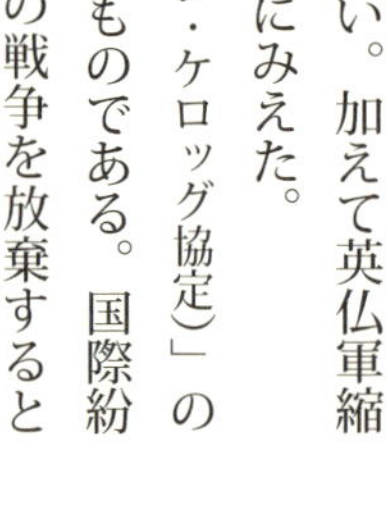

斉藤実Ⓚ

＊37 斉藤実(1858〜1936)陸奥水沢藩士の子。1879年、海軍兵学校卒業。アメリカに留学し、初めての公使館付武官となる。日清戦争中は侍従武官、のち艦長を歴任し、1898から7年間あまりも山本権兵衛大臣のもとで次官をつとめる。1906年1月から8年あまり海軍大臣、艦隊拡張に努力した。19年には原敬内閣によって朝鮮総督に起用され、「内鮮人同化政策」を進めることで難局を乗り切ろうとした。同21年には内大臣に就任するが、二・二六事件で反乱軍将校によって殺害される。

いったことが内容だった。これを逆にみれば、相手が不法にも武力を用いた場合の自衛戦争は許される。また、相手が約束を破れば、それへの制裁としての武力発動はできるといったことになる。

また、英国首相のマクドナルド、合衆国のフーバー大統領は、あらかじめ対立する争点を私的会談で調整していた。これをラピダン協定という。

不戦条約を軍縮の出発点とすること。英米の海軍勢力は均衡すること。主力艦建造を慎み、海軍休日（ネーバル・ホリデイ）を考えること。潜水艦を廃止、もしくは大きく削減すること。そして、懸案だった巡洋艦の保有も協定で合意された。

米国は、8インチ砲搭載艦[*38]21隻、21万t、6インチ砲搭載艦15隻、10万5500t、合計31万5500t。英国のメンツはみごとに立ったというべきだろう。そして、英米の足並みはみごとにそろった。

◆もめる対米7割

ロンドン軍縮条約会議は、1930（昭和5）年1月、ロンドンの上院ロイヤル・ギャラリーで開会式が行われた。日本の全権は若槻礼次郎（前首相）、財部《たからべ》彪《あきら》（海相）、松平恒雄（駐イギリス大使）、永井松三（駐ベルギー大使）だった。

イギリス全権は首相マクドナルド、外相ヘンダーソン、海相アレキサンダーである。アメリカ全権はスチムソン国務長官、アダムス海軍長官、ドーズ駐英大使、モロー駐メキシコ大使、リード上院議員（共和党）、ロビンソン上院議員（民主党）。フランス全権は首席がタルジュ首相、イタリアも首席全権グランジ外相である。各国とも、海軍提督よりも政治家が多かった。前回のジュネーブ会議が、軍人たちの専門的議論に支

＊38　排水量は1万t、8インチ砲だから6インチ砲搭載の軽巡洋艦や5インチ砲をもつ駆逐艦より圧倒的に優位に立っている。

＊39　その一は、補助艦兵力量を1931年末を標準とする。すなわち、一等巡洋艦12隻、11万5000t、二等巡洋艦19隻、9万8405t、駆逐艦62隻、13万2495t、潜水艦71隻、7万8797tにおき、比率は対米、少なくとも総括的には七割とする。第二に、8インチ砲搭載大型巡洋艦は、とくに対米7割を守ること。第三には、潜水艦については1931年末の保有量を維持すること。以上が三大原則の中味だった。

配されてしまい、政治的妥協ができなかったことへの反省だったという。

日本全権団は出発する直前に政府から閣議決定を渡されていた。前年11月26日に決まったものである。これを「日本の三大原則」[*39]という。

会議は難航した。アメリカではすでに1924（大正13）年には対日作戦計画オレンジ・プランが採択されていた。そこで想定されている戦争計画では、①日本側の攻勢で始まりアメリカの防戦の過程、②米軍が日本近海に迫る過程、③アジア大陸によって生存しようとする日本を、空と海で封鎖して敗北に追いこむという筋書きができていた。これは、まさに日本が想定していた国防方針（1923年）に見事にマッチしていたのだ。

加藤陽子は『戦争の日本近現代史』の中で、次のように指摘している。「世界大戦から総力戦と経済封鎖という概念を学んだ日本が、二〇年代の早くから対米戦争を構想していたと受けとってはならない」。というのも、パリ講和会議、ワシントン会議を通じて軍縮の機運が高まっていた。さまざまなデモクラシー状況も進展していた。現実には、日米の経済関係もたいへん良好な発展をとげている。

ならば、この時期の日本国民はどのように次の戦争を予想していたのだろうか。

1929（昭和4）年8月に出された『米国怖るるに足らず』という本がある。中味は今でいうトンデモ本である。論理に飛躍はあるし、アメリカなどの脅《おど》しはたいしたことはないという。軍備のバランスが悪い、大男総身に知恵が回りかねというようなものだ。ところが、これが売れたのだ。

筆者は池崎忠孝という。猪瀬直樹によれば、夏目漱石一門である。1927（昭和2）年7月に自殺した芥川龍之介の友人で東京帝大法科大学卒業らしい。在学中から

海大5型イ65潜水艦（長途太平洋に進出し、米艦隊を迎撃する大型潜水艦）

文芸評論家として知られ、卒業後は「万朝報」の記者になった。著書の『米国…』は十数万部を売りつくしたというから、当時としても堂々たるベストセラーだろう。

その主張を読んでみると、『戦力と経済力は別物だ』とある。アメリカがいかにドルの強さを誇ろうと力そのものではない。富は力を得るための一つの方法に過ぎないという。そういう主張が喝采《かっさい》されたというのも、当時の日本社会の抱えた先が見えないといった不安定な状況があった。

１９２９（昭和４）年といえば、日本はデフレ大不況のさなかにあった。４月、大卒者の就職率は12％、東京帝大卒でも30％という深刻な時代だった。*40

東京では中学校志願者の数が減った。その代わり、商業や工業といった実業学校の人気が上がっている。これは、中卒では大した就職先はない。将来が見えない。それなら、より就職に有利な実業系がいい。それに高等商業や同工業といった高等実業学校へ進学することもできるといった判断からだろう。不況に強いとされた教員志望者も増えた。中学校から進学する師範学校第二部は在校期間１年で正規の訓導《くんどう》（小学校教員）になれる。この競争倍率は、１９２０（大正９）年までは２倍以下だった。それが31（昭和６）年には７・３倍にもなった。

そして、10月には、ニューヨーク市場の大暴落で世界恐慌が始まった。その窮乏の様子は歴史の本にも多く解説されている。アメリカで消費が落ちこめば、日本の生糸相場は打撃を受けた。

翌年５月には、史上まれに見る米の大豊作だった。収穫高、１００３万ｔになった。９月10日には米１俵（４斗＝60kg）がわずか５円となり、全国の米取引所では立ち会いができず閉鎖した。米どころの新潟や富山では、米１升とタバコの敷島１個（18銭）

*40　大正時代に増設された文系の私立大学や、その専門部などの卒業生に就職口が少なかった。ただし理科系の学生の状況はそれほどでもなかった。映画監督の小津安二郎は『大学は出たけれど』という作品を発表した。不景気で左翼運動がさかんになり、「私立大学出が経歴を隠して就職した」とか、東大や京大の文学士が小学校の代用教員になったという。

との物々交換まで始まったという。キャベツや白菜といった野菜の価格も暴落していた。キャベツ50個で敷島1箱、カブなら100把《ぱ》でタバコのバット（7銭）などという記事がある。

1930（昭和5）年度の貿易総額は、前年に比べておよそ30％強の減少だった。

とにかく、大正バブルの後、関東大震災の打撃もあり、世は不景気時代である。誰もが、先行きに不安を感じていた時代だろう。鉄道線路の上には都会で暮らしが立たなくなり、汽車賃もなく、徒歩で故郷に帰る人がいたという。

こうした時代の背景の中で、海軍軍令部は、とにかく対米7割をゆずれない、そう主張した。この数字の根拠は明らかではない。とにかく、遠征してくるアメリカ艦隊を漸減《ざんげん》させる。日本近海に近い、決戦海面までに何とか3割は減らす。そうすれば、兵力量で互角ならば、何とか希望があるという。さいわい、アメリカも短期決戦志向である。いったん沈めた主力艦の代わりは最低3年間の建造期間が必要になる。なんとか、3年以内に戦争を終わらせたいものだというのが海軍の見通しと希望だった。しかし、対米7割は守れなかった。総括トン数で、6割9分7厘5毛という数字がはじき出された。

◆政争に利用した政治家たちと海軍部内の分裂

ロンドン条約[*41]は調印された。海軍省[*42]は妥協しようという、海軍軍令部[*43]は強硬に反対。有効期限は1936（昭和11）年の年末までだった。

この条約を有効にするには、第58議会に条約案を上程し、通過させること。次に軍事参議官会議[*44]に兵力量について諮問《しもん》すること。そして最後に批准《ひじゅん》に必要な枢密院《すうみついん》の審

＊41 駆逐艦の最大排水量を1850t、備砲の最大口径は5・1インチとする。潜水艦の最大排水量を2000tとし、これも備砲の大きさは5・1インチまで。巡洋艦は8インチ砲の有無で大型と小型に分けることとする。

＊42 陸軍と同様に、作戦担当の軍令部と合わせて省部といわれた。俗称、「赤煉瓦」といわれ霞ケ関にあった。大臣官房は先任副官（大佐）が長になり、軍務、兵備、人事、教育、軍需、医務、経理、施設、法務の各局があった。局長は少将で、医務局長は軍医中将、経理局は主計中将、施設局は技術少将もしくは文官が長に就いた。

海軍省
（現・農水省『日本陸海軍写真帖』）Ⓚ

査を受けなくてはならない。

第58議会では、浜口雄幸内閣は野党政友会の犬養毅[*45]総裁によって「統帥権干犯《とうすいけんかんぱん》の疑いあり」と非難を受けた。政府攻撃の一環として、野党は政争のタネにしたのである。また、鳩山一郎代議士も『国防計画を立てるのは参謀総長、軍令部長が直接の輔弼《ほひつ》の権をもっている。それを政府が変更したことはけしからん』と演説した。

大日本帝国憲法第十一条には、「天皇ハ陸海軍ヲ統帥ス」とあり、同十二条には「天皇ハ陸海軍ノ編制及常備兵額ヲ定ム」とある。前条は軍令[*46]をいい、後の条項は軍政[*47]を言い表している。これだけを読むかぎり、軍令が政府から独立し、軍政は政府の権限内にあるといった差は読みとれない。同第四条には天皇も「此ノ憲法ノ条規ニ依リ」統治権を総覧するとあり、同第五十五条には「国務大臣ハ天皇ヲ輔弼シ其ノ責ニ任ス」と明記されている以上、軍令も軍政もすべて国務大臣の輔弼によって行われるはずである。そうであれば、兵力量に関することも、すべて内閣の仕事になった。しかし、実際はそうはならなかった。

それは、明治建軍のころからの懸案事項だった。陸海軍建設の当事者たちがもっとも心を砕いたのは、政治から軍人を遠ざけることである。明治の初めには軍人でありながら、政治に関心をもつ者が多かった。

その後にも自由民権運動に走る現役軍人、政治論議を部下にする将校などが多かった。武器をもった軍人には政治に関わらせない、そうした願いが軍令機関を政府から独立させた制度をつくるもとになった。

議会が開かれ、多くの国民に参政権が与えられ、政党内閣時代になる。大正時代の政治状況は金権、政争の嵐だったといっていい。軍人の生命に関わる軍令という「聖」

＊43　長は、1933年に総長と呼ばれることになった。また、「海軍」の文字が取れて「軍令部」だけになる。第1部は長・中期・各年度作戦計画、艦隊・部隊編成、用兵などを扱った。第2部は戦備計画、艦船役務、艦隊および部隊定員など、第3部は情報、第4部は通信・暗合などを司どり、各部長は少将である。また、特別信務班という傍受通信解読処理をする組織もあった。

＊44　1903年、陸海軍が対等な存在になり、両者の調整を目的に軍事参議院がおかれた。元帥・陸海軍大臣・参謀総長・海軍軍令部長（のち軍令部総長）・専任軍事参議官がメンバーだった。専任参議官は親補職であり、定員がない。陸軍では戦時の野戦軍司令官、海軍では艦隊司令長官要員だった。

なる権力が、政治という「俗」のレベルに左右されて良いのか。それが、統帥権独立論者の主張だった。

明治以来、日本の外交についての性向が指摘されている。それは政府の現実主義と、民間の夢想主義である。政府はしばしば現実対応の見事さで、国家の危機を乗りこえてきた。古くは「尊皇攘夷」といいながら、現実路線では「夷狄《いてき》」と国交を結び、和魂洋才で力をつけてきたのだ。民間、在野人の空想的な理想主義や煽動《せんどう》に対して、いつも見事に現実主義で成功体験を積みかさねてきた。日露講和でもそうだった。

池田清は指摘している。『外交論争は水際《みずぎわ》までという超党派外交の良識が日本の政界に欠けていることは今も昔も変わりがない』（『日本の海軍』）。不戦条約問題で、当時の野党民政党に苦しめられた政友会としては、浜口内閣打倒のためにこの問題を大きく取りあげたのだ。ただ、このとき、新聞はほとんど政友会を批判した。犬養政友会総裁も、批判には批判で応えると統帥権干犯を大きく主張した。

こうした政争の中で海軍内部は大きく分かれた。ロンドン条約を不満とする軍令部と、国際協調からみて仕方がないという海軍省の勢力である。海軍大臣財部《たからべ》彪《あきら》はアメリカ留学組で、岡田啓介、廣瀬武夫などと同期の海兵第15期生だった。日露戦争時には中佐クラスの士官である。

結論からいえば、ロンドン条約は批准された。枢密院の反対派の工作もうまくいかなかった。浜口内閣は持論を通したのである。幣原《しではら》喜重郎の協調外交の勝利だった。

しかし、海軍内部には深刻なキズを残した。締結に全力をあげた山梨次官と潜水艦戦の権威者だった海軍軍令部の末次次長は更迭《こうてつ》される。後任になった大角峯生大将の行った人事は条約賛成派の一斉追放だった。

＊45　犬養毅（1855～1932）岡山県庭瀬藩士の子。1875年上京、慶應義塾に在学中から『郵便報知新聞』記者として活動した。明治23年第一回総選挙に当選、以後、亡くなるまで連続当選。大正元年から翌年にかけての第一次護憲運動では「憲政の神様」とまで称えられたが、同六年寺内内閣の臨時外交調査委員会に参加したため節を曲げたと非難された。この頃から、国家総力戦の発想をもち、軍縮、普通選挙、産業の近代化を唱え始めた。

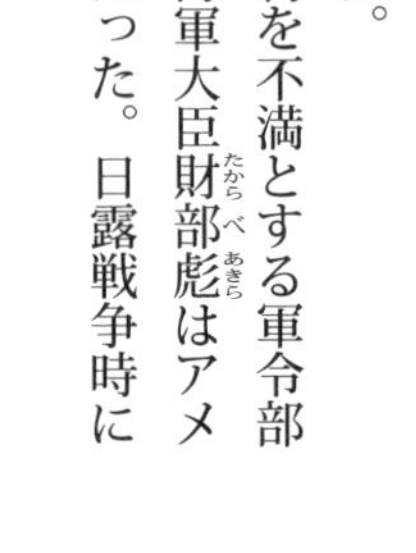
犬飼毅Ⓚ

そして、軍政に対する軍令の優位が確立された。平時にあっては海軍大臣に認められていた指揮権が削られた。艦隊、鎮守府司令長官、要港部司令官たちは作戦計画に対して、軍令部総長の指示を受けることになった。兵力量の起案権が、海軍省から軍令部に移ったためである。海軍大臣の部内統制力はずいぶん小さくなった。

◆陸軍が抱えていた問題—軍人の下剋上気分

統帥権の干犯問題に対し、陸軍統帥部は海軍軍令部に同調した。さきの憲法第十二条の解釈で、政府や憲法学者たちは、「兵力量の決定も内閣の輔弼《ほひつ》事項であって、軍令部長は帷幄《いあく》の中にあって陛下の大権に参画するもので、軍令部の意見を政府は参考にするだけでよい」と主張していた。ところが、海軍軍令部は編制大権は内閣と統帥部の共同輔弼事項だと強弁した。軍令部長の同意なくして、全権団に受諾の意志を示したのは干犯行為だというのだ。

陸軍参謀本部にも、自分たちの軍縮を心配して、政府に国防計画を決められては大変だという勢力も生まれた。この人たちは軍令部と共同戦線を張るようになる。

こうした上層部と距離があった若い陸海軍士官たちの間にも、不穏な空気が生まれてきた。「上がだらしがない」、「自分たちの保身ばかりを考えている」などの反抗的な気分である。陸軍は大正末期の軍縮で1万6千人余りの将校、同相当官のうち、2500人ほどが自分の意志からだけでなくクビを切られた。海軍もまた、士官、特務士官のうち1300人余りが予備役に編入された。

海軍には「無敵海軍」という自信があり、陸軍にも強敵ロシアを破ったという自負があった。そうした気分が軍縮によって水をかけられた。次は自分たち軍人に対する

＊46　軍令権を統帥権ともいい、天皇の統帥ということを強調するとき、統帥大権ともいった。作戦命令とは、簡単にいえば、軍人に危険な行動を強制することである。軍人とは任務遂行のためには『勇気と忍耐をもって、責任の命ずるところ、身を挺』す存在である（「自衛官の心がまえ」を参考にした）。

＊47　軍の建設・維持・管理・運用など、軍事についての諸制度を全部いうものを軍制という。軍制には、軍を編成して維持管理する軍政と、指揮運用する軍令と、軍の秩序を維持する軍事司法がある（松下芳男『軍制』）。

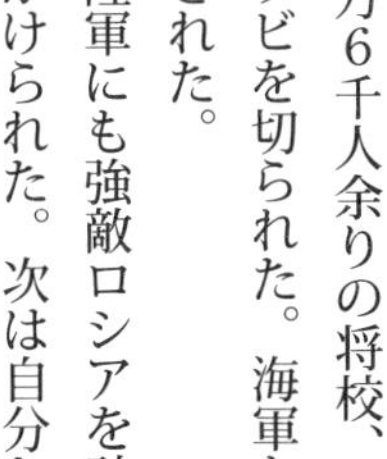

幣原喜重郎Ⓚ

迫害である。そう受けとめられても仕方がないくらい、当時の人たちは軍部、軍人を忌わしく思っていた。大正の末ころには、軍服で通勤することがいやだったという証言もある。＊48

１９２８（昭和3）年には「満洲某重大事件《まんしゅうぼうじゅうだいじけん》」と言われた「張作霖《ちょうさくりん》爆殺事件」があった。関東軍の幕僚《ばくりょう》が、自分たちがコントロールできなくなった軍閥の親玉の張作霖を列車ごと爆殺してしまったのだ。責任の所在も曖昧なままに、適正な処分もできなかった。そのくせ、中国への政策は強硬をきわめていた。そして、中国では抗日排日の運動は高まりを見せてきた。対中国貿易は深刻な打撃を受けていたのである。「日《にっ》貨排斥《かはいせき》」、すなわち日本製品の不買運動、日本人商店への嫌がらせ、日本人への暴行なども当たり前だった。

こうした様々な、先が見えない状況の中で、軍縮条約は結ばれた。

ところで、陸軍の現場の状況を見てみよう。多くの将校が職を追われた。成績が良かった人は中等学校以上の学校に配属される。軍縮のあおりで将校の定員が減り、部隊・学校に過剰な人員がいた。その人たちから、なるべく優秀者を学校に配属将校として送り出すことになった。健全な国防意識を育て、陸軍という組織や施策について理解を深めようというのがねらいだから、デキル人を選ぶのは当然である。

すると、連隊などには佐官級のベテランと若い将校ばかりになってしまう。若手の大・中尉などは軍縮にともなう装備の更新で、教育を受けるために各実施学校に派遣される。若い士官学校出身将校たちは、下士や准士官から昇任した将校たちとは気分が違う。どうしても同期生的な気軽さというか、気さくさを望んでしまう。

そこへ持ってきて、現実社会は複雑な政争の世界である。上官たちがまるで無能に

＊48　電車の中で、長靴に付けてある拍車を「ニワトリの蹴爪じゃあるまいし」と職人風の男に蹴り上げられたとか、露骨に「ごくつぶし」と呼ばれたとか、ひどい罵りを受けたともいう。これらは大都会の出来事であり、誇張されて伝えられた面もあるだろう。地方にあった連隊や大隊では、そうしたことも少なかったにちがいない。ただ、それでも、演習に協力する気分が少なくなったり、兵隊の休日の行動などに文句をつけてきたりする人も多くなった。

見えてしまっても無理はない。しかも、日露戦後の士官候補生大量採用時代の余波が続き、進級は停滞し、部隊には元気がなくなっていた。

軍人の俸給システムにも問題があった。文官は一つのランクの中が細かく分かれていた。だから、毎年の昇給もあったし、階級が上がらなくても給料だけは上がっていった。それに対して、陸海軍人の俸給は階級[*49]が上がらなくては給与も上がらない。

こうしたことから、陸海軍ともに、軍人の中に下剋上気分が盛り上がっていったのだ。

◆不徹底に終わったドイツ参謀本部の模倣

吉永元陸軍中佐は日本軍が行ったドイツ参謀本部の模倣について、その不徹底さについて書いている。

(1)「兵站《へいたん》の観念」が不足していたこと。

(2)技術の軽視があったこと。

(3)参謀と軍隊指揮官の交流がなかったこと。

以上の三つがお手本としたプロシャ(ドイツ)と比べて欠けていたところとされている。「兵站」の観念が不足しているのは、建軍当初から、国内戦しか考えていなかった名残だろう。あるいは、戦国時代の伝承がすっかり薄まり、江戸時代の中の軍談などでデタラメな戦争観が広まっていたせいである。

とにかく、対外戦争を長い間したことがなかった。竹山道雄の『剣と十字架』によれば、カウント方法の詳細は不明ながら、1480(文明12)年から1941(昭和16)年までの戦争の回数をまとめている。イギリス78回、フランス71回、ドイツ23回、

＊49　多くても1階級の中で4等級くらいしかなかった

陸軍参謀本部(現・国会前庭洋式庭園)Ⓚ

＊50　よく言われる話が、陸大でのメッケルの逸話である。参謀旅行、つまり学生が司令官や参謀になって現地を訪れての訓練の時だった。ある歩兵大尉がメッケルから兵站監を命じられた。誰に相談しても分からない。ついには、兵站とはメシのことだから、梅干しでも用意すればよかろう。そうしておいたら、メッケルは怒り狂ったそうだ。

これに比べて日本は9回でしかない。補給の重要性[*50]や、海外への兵站線の確保など、言葉では分かっていても実行できない。

技術の軽視というのは、まず世間一般で技術者、あるいは技術を学べる素地がある人が極端に少なかったことからだろう。第一に、技術教育には金がかかった。外国語の翻訳にはせいぜい人手がかかるくらいだが、理工系は実験設備や研究資材に金がかかる。

また、国民一般の中でも日頃の生活で近代技術製品が広まっていなかったからである。大正時代に竣工した戦艦に乗り組んだ水兵たちの中で、入団前に電話機を使ったことがある者が1割もいなかった。昭和の初めになっても、懐中時計が壊れたとき、修理に出そうにも隣町の時計屋では部品がなかった。それが世間の実態だった。

アメリカはすでに19世紀前半には大量生産方式の兵器技術工業が起こっていた。小銃ですら、クラフト・マン（熟練職工）による手作りから、工作機械による互換性のある部品の組み立てに切り替えられていた。明治日本が三八年式歩兵銃を造っても、工《こう》廠《しょう》によって規格が変わり、完全互換性が達成できなかったのが、わが国の実態である[*51]。

文部省実業学務局編の『実業教育五十年史』をみると、１８８５（明治18）年までの工部大学卒業生は、わずか２１１人、これが73（明治6）年開校以来12年間の数字である。また、工学大学校、東京大学工芸学部の卒業生の全員は３０５名、専攻別ではもっとも多いのが土木学で74名（全体の約24％）、鉱山学69名（同22・6％）、応用化学67名（同22％）、機械47名（同15・4％）、電気21名（6・9％）その他になっている。機械学が少ないことが分かる[*52]。

参謀と軍隊指揮官のローテーション勤務について吉永中佐は、無視、または軽視さ

＊51　高等教育の学校数は、大学でいえば１９１０年の3校30年の46校に増えた。同じく高等学校も8校から32校、実業専門学校は17校から51校と3倍の伸びがある。学生・生徒数も大学で10倍になった。同じく高校、およそ3倍に、同じく実専は3倍に増えている。増えた大学のほとんどは私立の法文系、商業・経済系だった。実業専門学校も高等工業学校は重工業の技術者養成は少なかった。

＊52　明治末から昭和初めまでの新設官立高等工業は14校にのぼるが、米沢、桐生、金沢、東京高等工芸、浜松、福井、徳島、長岡、山梨の各校は、地名を見れば想像できるように、地場産業の軽工業の専門技術者を育てるところだった。１９１０年に創設された横浜、広島高等工業と翌年の神戸高等工業の3校だけが造船や重機などの重工業系技術者養成校だったといっていい。

れたという。それでは、どうしてそんなことが起きたのだろうか。

陸軍大学校は参謀を養成する学校から、高級指揮官の資格を与えるところに変質したという指摘もある（黒野耐『参謀本部と陸軍大学校』）。高級指揮官は参謀を駆使するのだから、自身が参謀経験者の方が良いだろう。そうした気分があったといっていい。そうなれば、青年将校にとって陸大の入試突破が出世の予約キップに見えるのが当たり前だろう。

大正軍縮で予備役編入、九州帝大に入学した一砲兵大尉は、陸大への入試競争がもたらした弊害について述べている。合格しなかった者は将来への希望を失い向上心をなくしていく。よろしく、この学歴偏重を改めるべきだと。

平時の軍人は官僚である。参謀本部の将校は作戦・用兵を専門にした。陸軍省で働く将校は、世間一般との調整や、他省庁の官僚との交渉の腕を磨いていた。もちろん、相互の交流はなくもなかった。参謀本部員が陸軍省軍務局[*53]に転勤することもあった。その逆も、当然、行われた。もともと、同じ陸大卒業生である。能力にそれほど違いがあるわけもない。

しかし、組織のあり方や、日常業務の中での議論のしかたなどに大きな違いがあった。同じ現象を見ても、お互いの「認識の風景」は大きくちがっていたことだろう。

◆国力という現実に向き合うと

第一次世界大戦の研究を通じて、陸軍省や参謀本部の軍人たちはどちらも軍の近代化を考えた。消耗戦や総力戦を戦うためには技術の振興が必要であり、重工業化の推進にも心を配らねばならない。そして、戦争資源の確保を重要視するのが当然だった。[*54]

＊53　陸軍にあった局の一つであり軍務課と軍事課があった。国防政策一般を軍務課が扱い、軍備、予算、軍需行政などを軍事課が担当した。陸軍の純作戦（これは参謀本部の仕事）、人事事務（人事局が主管）に関すること以外はほとんど受け持った。作戦についても、予算や資材については権限があったので、関わることができた。

＊54　世界大戦のあとの軍備強化について陸軍は二つの主張に分かれた。一つは、中国大陸を安定した資源の供給地とみて、戦う相手を装備劣等なソ連軍・支那軍とする考え。もう一つは、列強陸軍の編制装備を研究し、先進諸国軍隊と戦える装備を目指そうとする考えである。

参謀本部は、支那の資源に目をつけ、大陸での権益の確保、増大に深い関心をもった。そのときにアジアにおける当面の敵、ソ連軍や中国軍の特性に適応することを優先した。[*55]

これに対して陸軍省の主流は考える。総合的な国家施策で、だんだんと重工業を育て、技術開発を進めながら、総力戦体制を構築しつつ、軍隊の質的近代化を図る。そうでなければ欧米列強の軍隊と戦うことができない。

実際の歴史をみれば、三流装備の陸軍が欧米軍隊と戦うことになった。参謀本部の誤りははっきりしている。その失敗の原因は、やはり、当面の敵にだけ備えなければならなかった「ゆとりのなさ」にちがいない。

もともと貧乏で、国力がない。世界大戦のような長期戦を戦うことに日本は耐えられないだろう。国内に資源もなく、食糧ですら十分ではない。国防方針は１９１８(大正7)年に改定された。その中心になったのは、田中義一参謀本部次長であり、宇垣一成第一部長だった。

方針によって示された次の戦争の構想は、次の通りだった。これまでのように単一の国を相手にする短期決戦ではない。米国、ソ連、支那の三国と同時に戦いながら、長期戦を行うことになる。これを支えるには満洲全土から支那まで勢力範囲に収めるしかない。これまでの南北並進策に加えて、支那本土への進出も考えられるようになる。国家戦略の対象地域として東アジア全部も含めることになった。

軍事戦略は、こうした国家戦略を支えるものである。開戦してすぐの攻勢による短期決戦を目指す方向は変わらないが、そのまま長期戦に移行する可能性が大きい。長期戦とは、すなわち総力戦のことである。総力戦に勝ちぬくためには、短期決戦で占

＊55　参謀本部の考え方は次の通りである。国内の近代化を促し発展させるためにも、大陸資源の安定した供給は欠かせない。とりあえずは、これまでの装備であっても、精神力で圧倒するしかない。だから、量的な確保を必要とする。

領した地域の資源を手にして自給自足体制を整える。そうして持久戦に耐えぬき、何回かの決戦を行って最終的に大きな勝利を手にする。このために用意される軍備[*56]は大きなものだった。

田中義一が陸軍大臣になり、宇垣一成が参謀本部総務部長から陸軍大学の校長に転出した。参謀総長は上原勇作になり、次長は福田雅太郎、第一部長が武藤信義[*57]というメンバーである。彼らは、いわゆる現実路線を提唱した。

現実路線派の主張は短期決戦である。常備兵力は、できるだけ多くあらねばならない。また、すぐに予備兵力も動員できなくてはならないとした。兵器の質や量などの劣勢は、精神力などの無形要素で補うことができるものとする。敵が防衛線を準備する前に、決定的な打撃を与えなければならない。そのためには、すぐに戦場に投入できる訓練十分な質の高い予備役兵を用意しておく。

これに対して、田中義一や宇垣一成の近代化路線は、同じく短期決戦を覚悟しながら、微妙な違いを見せている。まず、敵の第一波の攻撃を支える近代化された小規模な軍隊が必要である。それが時間をかせいでいる間に、予備兵の召集を行い、資材や原材料の準備を行おうというものだ。

田中や宇垣は、常備兵数を重視した現状維持派とそれに妥協した山梨半造を厳しく批判する。常備兵力にたよる即応性より、戦時に拡大するための基盤整備を重視した。平時は経済力の強化こそが重要であり、同時に国民教育が大切であり、常備軍の質を向上させるための近代化が必要だと考えていた。

こうした路線の違いは、のちに大きな亀裂を起こすことになる。総力戦体制確立に意欲を燃やす立場と現実即応能力にこだわる人々である。陸軍大臣には宇垣の後、南

＊56　平時22個軍団、戦時41個軍団というものである。軍団とは欧米軍がとっている編制で、2個師団を基幹とする。師団の4個歩兵連隊は3個にされて、兵站部隊の多くは軍団司令部の隷下に集められる。歩兵が減った分は、火力を増やし、特科部隊も充実させようという計画だった。

＊57　武藤信義（１８６８〜１９３２）佐賀県の船乗りの子、佐賀師範学校を中退し教導団へ。１８９３年、歩兵少尉（士官候補生三期）。陸大卒後、参謀本部勤務が多く、ロシアへ差遣（オデッサ駐在）、近衛師団参謀、日露戦では鴨緑江軍参謀、戦後、ロシア公使館付武官補佐官。大正15年には大将、関東軍司令官、昭和2年から7年まで教育総監、つづいて関東軍司令官兼満洲国特命全権大使兼関東長官。8年元帥。

次郎大将が就任するが、近代化路線は継承されていった。この影響を受けたのは、たとえば永田鐵山少将（軍務局長としてテロに倒れる）らの陸軍省勤務者の主流だった。

第五章　軍事と技術と教育

1　ああ快なるや航空兵、陸軍航空隊の夜明け

◆フォール教育団の来日

『翼つらねて勇ましく　大和男子《やまとおのこ》の離れ業《わざ》　横転逆転宙返り　光る姿のサルムソン　しばし雲間に隠見《いんけん》す　ああ快なるや航空兵』（陸軍軍歌・「航空兵の歌」）ここで歌われたサルムソン[*1]とは、いったい何のことだろうか。

1919（大正8）年1月、第一次世界大戦が終わった翌年、日本陸軍の求めに応じて、フランス陸軍はフォール大佐を長とした教育団を派遣した。

この年4月には、所沢陸軍飛行学校（埼玉県）が開校し、行政機関として陸軍航空本部も開設された。陸軍航空が「神話時代」を終えて、とうとう発達時代に入った記念すべき年にあたる。教育団は操縦については各務原《かかみがはら》（岐阜県）、戦闘は明野《あけの》（三重県）、射撃は新居《あらい》町（静岡県）、偵察は下志津原（千葉県）、[*2]爆撃は三方原（静岡県）でそれぞれ教育を行った。技術についても所沢では機体製造班と気球班[*3]、熱田製作所（愛知県）においては発動機製作班、東京砲兵工廠では検査班を指導した。

教官団の中にはル・フェーブル少佐、デッケル大尉といった世界大戦のエースもいた。空中戦で、敵に弾丸をあてて撃ち落とすというのはゲーム機の中でもないかぎり、とても難しいことだ。空中戦闘は3次元の世界だからだ。お互いに時速100km以上のスピードで飛び回り、相手の到達位置を予測してそこに機銃弾を送りこむ。戦場で

*1　乙式一型と名づけられたフォール教育団がもたらした偵察機。星形水冷エンジンが信頼性に富んでいたという。機体とエンジンの製造権を陸軍が買い、1920年には所沢補給部支部で日本製サルムソンを完成させた。翌年から川崎造船所航空機工場（後の川崎航空機）でエンジン、機体とも製造された。陸軍偵察機の主流を長くつとめ、八八式偵察機出現まで第一線にあった。

乙一型偵察機（サルムソン、高橋政孝氏提供）

水平直線飛行などしていたら、すぐに落とされてしまう。しかし、敵にタマを当てようとすれば、その瞬間だけでも安定した直線飛行をしなければならない。それは敵に自分の未来位置の見当を容易につけさせてしまう。敵を落とそうとするとき、ベテランは必ず自分の後ろを見たという。

レーダーのなかった時代、自分の身を守るには周囲の見張りをするしかなかった。太陽下から忍びよって来る敵機を警戒して、しばしば機体を裏返しにしたとも聞く。太陽の方向は特に危険である。光り輝く太陽を背にして突っこんでこられたら、敵を発見することもできない。

◆命知らずのパイロットたち

当時の飛行機はよく落ちた。まず、エンジンに信頼性がなかった。次に機体に無理がかかるとすぐに壊れた。エンジンの出力が低いから、機動力を高めるには機体を軽くするしかない。結果、強度は低くなり、しばしば飛行機は空中でバラバラになって落ちた。

甲式三型と名づけられたニューポール24C1練習・戦闘機もよく落ちた。エンジンの出力は80馬力、空冷星形回転式[*4]である。総重量は595kg、最大速度は時速173kmという機体だった。一型と二型で単独飛行を終えてきた生徒は、三型で初めてアクロバシー（曲技飛行）に挑戦した。しかも、この機体は単座型である。

練習機はたいていが復座である。教官が後席に乗って、後ろから指示を出す。複操縦装置がついている。しかし、三型では最初からたった一人で飛び立ってアクロバット飛行に挑んでいったのだ。

＊2　証言者によれば、爆撃訓練といっても爆撃用の照準器も何もなかった。後部座席に迫撃砲弾を積んでいって、手を使ってヨッコラショという調子で落としたものだという。

明野将校集会所

＊3　1909年に「臨時軍用気球研究会」ができた。会長は陸軍将官が務め、委員は陸海軍佐尉官、海軍造船造兵官、陸海軍技師、帝国大学教授、同助教授、中央気象台技師など。気球及び飛行機に関する学術に堪能な者から20名以内が委員となった。気球は陸海軍とも弾着観測に使うつもりだった。

陸軍士官学校第30期卒業、飛行学校を恩賜《おんし》で卒業。イタリア駐在武官、飛行戦隊長、飛行団長として実戦に参加。終戦時は教導飛行師団参謀長、小川小二郎少将の思い出話をきこう。

『ボコボコと油の浮動する回転計（通称タコ坊主）と、皮の袋に入れて胴体張線に針金でしばりつけてある高度計、それに目盛りのついたガラス管にすぎない燃料計と、これだけが当時の新鋭戦闘機甲式三型の計器の全部であった』

操縦性のよい、いい機体だったという。ただし、大きな欠点があった。

『本機の事故で多かったのは、離陸直後のエンジン停止である。これは気化器がグロックチューブ式というやつで、構造はまことに簡単で良いのだが、混合ガスレバーといっしょに空気レバーを操作せねばならず、この二本のレバーのかねあいが各エンジンの個性によってみな違うのだから、ことめんどうであり、このためのエンジン停止が多かったのである』（『航空情報臨時増刊・回想の日本陸軍機』昭和37年・酣燈社）

腕の良いパイロットほど、機体を損傷させまいとして飛行場に戻ろうとしてしまう。離陸中で速度も低く、そこでエンジンが停止すれば、揚力も減っていく。そんな状態で無理な旋回をすれば、失速して墜落するのは当然である。「高度１５０ｍ以下では旋回するな」という命令が出たけれど、貴重な航空機を壊したくない。指示を守る人は少なかった。みな次々と命を落としたという。

◆急いで追いつこうとした国産機の哀しさ

機械などというものは実物があればすぐにできるだろう。また、設計図面が手に入れば簡単に造れるだろうなどといった誤解まである。工場などの現場では設計図など

＊4　シリンダーの中にはピストンがある。中心のクランクシャフトを回すためにシリンダーを放射状に配置した。熱を帯びるから冷やさなければならない。正面から当たる風では足りないから、エンジン自体も回したものをいう。

ニューポール・ドラージュ 29 C 1（甲式四型機）

とはいわない。図面には種類がたくさんあるからだ。工作用図面というのがあり、製品の各部の寸法などが書かれている。それには工作の許容の誤差や、仕上げの処理方法などまで指示されている。さらに製作工程を示す図面や、工作補助具（治具だろうか）、検査用図面などもないと製品はできない。さらにうるさくいえば、専用の工作設備図面まで入るという。

航空機に限らず当時（大正時代）の輸入機械は、日本の技術レベルからすれば、超がいくつもつくような精密製品だった。エンジンしかり、機体、脚、すべてが欧州の技術史、その試行錯誤がいっぱいつまった物である。

欧米の技術の発達の道のりを考えてみよう。まず、自転車ができた。チェーン駆動と歯車、フレームの強度やタイヤについて研究した。ゴムチューブを開発し、乗りごこちの良さと耐久性を実現する。それにエンジンをのせてオートバイを造ることができた。エンジンについて研究していけば、軽くて高出力の自動車用エンジンができる。自動車ができれば、次には空気力学を研究し、構造計算も正確・巧妙なものになる。各部の強度も、計算で必要な数値を求めることができた。機体も、より安全に、強くて軽いものを造ることができた。あとは工作技術である。

第一次世界大戦では多くの航空機が実戦に参加した。両陣営合わせて5万機という記録が残っている。大量生産を支えたのは、職人の手作業ではなく、各種の工作機械である。熟練工だけに頼っていたら、総力戦には勝ち残れなかった。鍛造《たんぞう》の各工程、精密工作につきものの切削《せっさく》機、旋盤《せんばん》や穴開け加工機などが改良され、誰でも精密機械のエンジンを造ることができるようになった。

この長い欧米の苦闘の歴史に一気に追いつこうとしたのが、日本の航空工業界であ

中島式五型

る。初期の物まね飛行機は、すべて外国から買ったエンジンの周りに、国産の機体をとりつけて空を飛んだ。大正末期に造られた「中島[*5]式五型[*6]」なども、その典型の機体である。

エンジンのような精密機械が国産できるようになったのは、大企業が外国からライセンスを買った後のことである。年代的には１９３０年代の、かなり後になってからだった。

本物の飛行機はプラモデルではない。エンジンと機体、その形だけできても飛ばなくては意味がない。要求される性能を発揮し、長時間の運転に耐えて、故障なしに動かなければ完成された機械とはとてもいえない。日本の航空機は最後まで、この点で、完成品といえたものではなかった。何がいけなかったか。材料と工作精度である。

陸軍機の脚には、第二次大戦時にもエンジン部から漏れて落ちてくるオイルからタイヤを守るカバーがあった。[*7] もちろん、飛び立つ前には外していたのだ。漏れ防ぎのパッキングの技術が追いついていなかったのだ。

だからエンジンは50時間、１００時間といった短い時間でオーバーホールが必要だった。細かい部品もすぐ損耗して、エンジンの点火栓も10時間余り使ったら廃品になったという。無線機も同じである。どうしても真空管の質が追いつかない。防弾燃料タンクも同じことだ。ゴムの成形や接着がなかなかうまくいかなかった。

大東亜戦争末期に開発された木製戦闘機[*8]の泣き所も接着剤[*9]である。資源がない、ジュラルミンが不足した。イギリスもソ連も木製航空機を飛ばしていた。では、日本だってと実行してみた。計算上では軽くなっているはずが、実際はかなりの重量過大になっていて、しかも、その原因がどうしても分からない。

＊5　中島飛行機は、海軍機関大尉だった中島知久平が、１９１７年に起こした飛行機研究所から発展した航空機製造会社。群馬県太田市に工場を開いた。戦後は富士重工。また、現在はＩＨＩ（石川島播磨重工業の後身）が航空機産業の伝統を受け継いでいる。

＊6　アメリカから購入したホールスコット１５０馬力エンジン（水冷直列）を使って、中島式四型機を改良したもの。空中火災を起こしやすく、事故が続出し、パイロットたちから「人殺し飛行機」と言われ嫌われてた。

＊7　大東亜戦争の初期、南方で鹵獲した欧米の軍用機が立川飛行場に並べられていた。何日たっても機体の下の草が汚れない。みんな首を傾げたそうだが、それが技術力の差だった。日本軍の飛行機のエンジンの下には、その形通りにオイル洩れの黒いしみがついた。

いや、日本の航空機は高性能だった。世界水準に見事に追いついた。そういう人もいるが、丁寧に調整された試作のエンジンをつけた機体、初期の生産品は別物である。また、職人芸をもった整備兵や技術兵がそろっていて、補給が潤沢《じゅんたく》なうちはまだよかった。大東亜戦争緒戦の活躍は、それらの条件に恵まれていたということである。戦争で使われる機械は濫造《らんぞう》ではあるけれど、しっかりとした大量生産品でなくてはならない。粗製であってはならないのだ。

陸軍戦闘機隊の38機撃墜のエース、黒江保彦《くろえやすひこ》少佐（戦後、航空自衛隊に入り、空将補で事故死する）は、軍用機はいくら性能がよくても、実戦にのぞんで絶対的な要件になるのは信頼性だったという。

『敵機の後ろに追いつき、ここぞと（機関砲の）発射ボタンを押す。故障、弾が出ない。その口惜しさは誰にも分かるまい。もし、あの故障がなかったら、あと数十機は撃墜していただろう』

技術力とは設計だけの力を指すのではない。素材の選定、加工技術、さらには検査技術等々までを含んだすべてになる。戦後の日本が技術大国になれたのは、材料生産の技術を買い、進んだ工作機械と、その精度を確かめる検査機械を買うことができたからだ。

戦時中にドイツに駐在していた佐貫亦男《さぬきまたお》はこうも証言している。日本でドイツの水冷倒立V型12気筒エンジンをライセンス生産した。ところが、クランク軸が曲がって使い物にならなかった。あわてた陸軍は、ドイツ製のクランク軸をできるだけ多く買いこんで潜水艦[*10]で送れといってきた。これが「首無し飛燕《ひえん》」の事件である。キ61、陸軍三式戦闘機「飛燕」はエンジン生産が思うようにいかなかった。機体だけができて

＊8　昭和18年の末、「大東亜決戦機」といわれた中島製キ84、4式戦闘機「疾風」の木製化を陸軍は立川飛行機に命じた。キ１０６という。ジュラルミン材不足のためである。木製のモスキート爆撃機（イギリス）、ＭＩＧ３、５（ソ連）の資料を参考にした。だが、金属製と同じ強度をもたせるため、各部の材料の厚みを増したため、内部容積は減り、全重量は４７０kgも増えた。全備重量が4トンを超す「重」戦闘機になった。

＊9　合板の接着剤の生産のために大量に牛乳が集められた。戦争末期、多くの赤坊が栄養失調になったのも粉ミルクの製造が圧迫されたせいだった。こうした細かい技術の積み重ねが、空飛ぶ飛行機にはいっぱい詰まっていたのだった。

いく。工場の外には、エンジンがない（首無し）戦闘機が、ずらりとむなしく並んでいたのだった。

ダイムラーベンツのエンジン工場にクランク軸を納めていた工場では、巨大な機械ハンマーで素材を鍛造していた。日本の刀鍛冶がやっていたことを機械でやっているのだ。ただし、ハンマーの力は40ｔ／㎡。そんなハンマーなど日本にありはしなかった。買えばよかったのにと今では考えるが、そんな外貨はなかった。

機械はあっても、とても数が足りなかった。工作機械、とくに研磨盤も事情は似たものだった。ドイツでは粗削り工場でも重要な部位は精密に仕上げ、ダイヤモンド工具を使った切削までしていた。貧乏な日本にとっては、ライセンス権を買うだけで精一杯で、周辺機器設備を揃えるのは夢でしかなかった。

＊10　潜水艦で送れといったところで、その航海は安全ではなかった。大西洋や、地中海では連合軍のソナー、レーダーに追われたＵボートが次々と沈められていた。日本海軍の潜水艦より何倍も静かなドイツ潜水艦でも捕捉されてしまう。日本海軍の大型潜水艦にとって、安全な海はほとんどなかったのだ。

◆水冷エンジンと空冷エンジン

エンジンを回せば、冷やさなければならない。シリンダー内部でガソリンが燃えるわけだし、ピストンロッドやクランクをはじめ、さまざまな可動部分は、摺動《しゅうどう》（こすれ動き）したり、密着していたり、さまざまな動きをする。おかげでエンジンは巨大な発熱体になる。それ自体を冷やすことはもちろん、潤滑《じゅんかつ》オイルなどもまた、冷却が必要になるのは当たり前である。

航空機エンジンには、空冷と水冷どちらが向いているか。機体の正面面積が小さくなるのは、当然、水冷エンジンである。空冷エンジンはプロペラ軸を中心に、万遍なく空気が当たるようにシリンダーを放射状に置かなくてはならない。エンジンをおうカバーの前は大きく開いて、のぞきこめば冷却率を高めるためのフィンがついた気筒が見える。複列14気筒などというのは、前後に7個ずつシリンダーが並び、それが2列になっているからだ。

水冷エンジンはV型に気筒が縦に置かれる。これを逆さまにしたのが倒立《とうりつ》V型エンジンである。機首は成型されてエンジンは見えない。排気管は左右に出て、プロペラは機首の最上面に取りつけられている。バトル・オブ・ブリテン（英本土上空の戦い）では、英空軍のスピットファイヤ、ハリケーン、独軍のメッサーシュミットが、このタイプだった。機体の正面面積は小さくできる。被弾の確率は少なくなり、空気抵抗も当然、低下するから速力も出しやすい。

もう一つ、軍用機にとっては長所ができる。それは、プロペラ軸を中空にして、内部に機関砲を取りつけることができた。空冷エンジンにはとてもできることではない。戦闘機はふつうプロペラの回転圏内を通る胴体につけた機銃をもつ。ゼロ戦や隼《はやぶさ》といった機体の操縦席内を見ると、エンジンの上部にあたる位置に機関銃の尾部が突き出ている。射手であるパイロットの目の高さにある機関銃は、かなり有効な兵器だった。

もちろん、自分が撃った弾丸がプロペラに当たらないようにする「同調装置」がついていた。しかし、大きさの制限があって、せいぜい2門しか載せられない。そこで、翼の桁《けた》の上に機関銃[*11]を装備するようになった。

さて、当時の航空界ではどちらの採用数が多かったか。英・仏は伝統的に水冷エンジンを好んだ。日・米は空冷が主流である。ドイツはどちらも採用した。フォッケ・ウルフ戦闘機はモズとあだ名されたように、大きな空冷エンジンとスマートな後半身が目立っている。

零戦コックピット内の7.7ミリ機関銃の砲尾
（陸上自衛隊武器学校の模型）

＊11　航空機用の機関銃砲はけっこう重い。その上、発射反動を受けとめたり、弾丸の装填システムなどの重量もあったり、弱い構造の機体では翼内に武装をおさめるのは難しかった。「隼」戦闘機が、ついに末期まで翼内に機関砲をのせられなかったのも軽量化のために、翼の強度をあきらめた結果だった。

水冷エンジンのメリットを考えてみよう。答えは意外なほど単純である。排気量と車にたとえると分かりやすいが、エンジン容積あたりで考えると馬力が出るのが水冷である。空冷方式はどうしてもクール・ダウンの効果が足りなくなる。水冷はその点、回転数をどれだけ上げても、どんどん冷やしてやることができる。水の密度は空気の８００倍、比熱が4倍もある。だから、全体に均一な冷却効果が期待できるのだ。

技術というものは未知の、解決できないことがいつでも存在する。空冷エンジンはどれだけ緻密な設計をしていても、どこかに異常加熱個所が出るという。そうなると、そこが弱点になってシリンダーに穴があき、エンジンは破壊されてしまう。

また、飛行高度が上がるにつれて気温はとうぜん低くなる。第二次大戦末期の成層圏飛行では、機外の温度はマイナス数十度の世界である。そうなると、空冷の方が有利にもなろうが、戦略爆撃機迎撃ではない通常の高度では、水冷のほうがずっと信頼性が高かったのだ。

◆水冷エンジン採用の誤算

陸軍三式戦闘機、愛称飛燕（水冷エンジン搭載）は美しい機体だった。設計者は土居武夫技師である。「和製メッサー」などという言い方自体が、日本国民の技術というものへの理解の浅さを示している。共通点は、ドイツのメッサーシュミットも飛燕も、同じエンジンを積んでいることだけだ。違いは、はっきりしている。ロンドン、ベルリンの距離はたかだか１０００㎞にすぎない。東京と福岡の間くらいである。狭いヨーロッパで戦う戦闘機と、周囲が海に囲まれた日本の戦闘機、要求される飛び続けられる時間、距離が大違いなのだ。

スッキリとした機首の三式戦闘機「飛燕」

また、脚の翼内への引きこみ方が逆になっている。メッサーは外側に向けて引きこむ。英国のスピットファヤーも同じ方式だが、マーリン・エンジンのプロペラ軸は高い位置にあった。ふつうのV型エンジンだから、減速した軸は上になる。それだから脚の長さは短くてすんだ。外側への引きこみで、タイヤとタイヤの間が狭くても、さほど安定感が損なわれることはなかった。

メッサーのエンジンは倒立V型である。ギアで減速したプロペラ軸は機首の下方の位置になる。そのため、プロペラを地面に当てないようにするため脚は長くなった。それを外側に引きこんだのだから、地上ではタイヤ同士の間隔は狭く、竹馬に乗ったようなものだった。メッサーの離着陸事故は多かったらしい。ちょっと操縦を誤る、あるいは不整地だったら、若いパイロットには安全な着陸は難しかったという。

飛燕は美しい。脚も内側引きこみで安定感がある。水冷エンジンには冷却用のラジエーターが必要だが、これを機首の下ではなく、操縦席よりやや後ろにおいた。空気抵抗も小さく、のちにアメリカのマスタング戦闘機が同じデザインをした。

ところで、上海事変を観戦していた外国武官や報道陣は驚いた。日本の陸・海軍ともに、航空兵力を投入したが、なんと前大戦の遺物のような航空機を見ることができたからだ。それは甲式四型戦闘機[*12]である。

甲式四型は長く使われたが欠陥があった。燃料ポンプの具合が良くなかったり、気化器に水がたまったりした。燃料ポンプは交換したが、気化器の問題には自然が関係していた。製造国のフランスと比べると、日本は湿度がたいへん高い。そこで、気化器を湯で温めるという装置で解決するようにした。外国製兵器を買うときには、日本の実情に合わせた改良を必ず必要とした。それが、買い付けの現場では、なかなか分

ニューポール・ドラージュ 29C1（甲式四型機）

＊12　1923年にフランスから購入し採用。中島飛行機で生産を始め、32年1月、つまり上海事変の月まで製造していた。総計608機だった。まさに主力戦闘機である。スタイルは旧態依然とした複葉機。列国は「日本航空はたいしたことはない」という印象をもったという。

かりにくいのだ。

また、中島飛行機で国産化したが、材料の合板の質か、製造技術のせいか、輸入機と比べると、どうしても国産機は重くなった。空中戦の訓練では、国産機に乗るとどうしても輸入機に負けてしまう。パイロットたちは、尾翼を赤く塗られたフランス生まれの機体に乗りたがったという。

合板を斜めに巻きつけていく胴体の工作技術などが追いついていなかった。使用中に胴体にねじれが出たこともある。大切な水平尾翼が傾いてしまい、調整不能になったなどという事件もあった。こうした欠点もあったが、優秀で良い飛行機だったという。

◆戦闘機競争試作、九一式戦闘機

1927(昭和2)年、陸軍は甲式四型に変わる戦闘機の設計要求を出した。三菱、中島、川崎の三社がこれに応じた。翌年、それぞれの機体が完成した。

各機が搭載したエンジンを比べてみよう。三菱は水冷イスパノスイザの450馬力、中島はフランスのニューポール社から招いた技師の設計。エンジンはブリストル・ジュピター、空冷星形の450馬力だった。川崎はドイツ製水冷BMW500馬力である。

スタイルは3社が申し合わせたように、パラソル型[*13]と言われる単葉(主翼は一枚)だった。今でも民間セスナ機に見られる胴体の上に主翼がある(高翼という)タイプだった。これは下方視界を良くするためである。ある証言では、戦闘機は視界が一番、下も見えないような飛行機は戦闘機ではないという明野飛行学校の主張が生かされた

*13　当時の技術では、クルクル回る旋回戦闘には複葉機、もしくは下の主翼が小さい一葉半の機体の方が有利だった。各社の提出した計画も、その通りだったが、軍の要求が下方視界重視だったため、機体の設計図を描きなおしたという。

という。

所沢で行われた飛行試験では、三菱の機体（「隼」と名づけられていた）は空中分解を起こしてしまった。時速約400㎞の急降下試験の最中だった。雲中に突っこんだ機体が雲から出てきたときには胴体だけになり、その上方から主翼がヒラヒラ舞い降りてきた。テスト・パイロットは幸い脱出に成功。日本で初めての落下傘降下になった。

比較診査を終えて合格したのが中島の機体だった。明野で診査が続行されたが、悩まされたのは主翼のフラッタ（ばたつき）だったという。また、急降下からの引き起こしでは、激しいフラッタから補助翼がとび、次に主翼全部が外れてしまった。この事故でも、パイロットは落下傘で九死に一生を得た。

国産機の強度が問題になってしまった。結局、中島の試作機が改良を条件に採用され、これが九一式戦闘機となった。1934（昭和9）年まで320機が生産された。

奇妙なことだが、この戦闘機は一度も実戦に参加しなかった。部隊配属になったのが上海事変末期で、停戦協定が調印された日に、上海上空でデモンストレーション飛行を行った。そして、日華事変の勃発ころには、すでに第一線機ではなくなっていたのである。この時代の戦闘機の進歩の速さを物語っている。

◆水冷エンジンへの未練

競争試作に敗れた川崎は、複葉形式に直した戦闘機を完成させた。BMW水冷V型750馬力搭載だった。エンジンは耐久性がなかったらしいが、空戦性能は抜群であり、陸軍はこれに注目して九二式戦闘機として採用した。しかし、この戦闘機も1回も実戦に参加することはなかった。

九一式戦闘機

つづいて採用されたのが九五式戦闘機だった。ラジエーターの位置は機首のプロペラの下になり、大口を開けて、食いつきそうな顔をしている。主翼は下翼が短い「一葉半」という形式である。翼は金属製骨組に羽布を張りつけ、胴体は全金属製だった。エンジンは水冷Ｖ型である。故障が多く、評判はあまり良くなかったが、近接格闘戦にすぐれたところを見せつけ制式採用になった。満洲事変やノモンハン戦争の初期に参加した。これが試作された１９３４（昭和９）年前後は、日本の不況時代で川崎の社運もかたむき、会社一体となって努力し、採用にこぎ着けた。

陸海軍とも、水冷エンジンには魅力を感じ続けた。航空機には高速が必要とされる世界の動きの中で、日本だけが無関心でいいわけがない。37（昭和12）年には海軍は愛知、陸軍は川崎に、ダイムラーベンツからエンジンの製作権を買い取らせた。川崎では愛知に少し遅れてドイツへ技師団を派遣し39（昭和14）年、ダイムラーから技術者を招いて、40（昭和15）年12月にはＤＢ６０１Ａエンジンの国産化第一号を製作した。これをハ40という。

このハ40を使った試作機をキ61といい、輸入したＤＢエンジンをつけた試作機をキ60とした。[*14] キ61は主翼面積が大きく、旋回性能がよい軽戦闘機、反対にキ60は主翼面積が小さく、より速度が出る重戦闘機である。

制式にこぎ着けたのはキ61、後の三式戦闘機飛燕である。開発当時の武装は12・7㎜機関砲2挺を胴体に、主翼に7・7㎜機関銃2挺を積んだ。これでは力不足だというので、翼内銃をやはり12・7㎜2挺に交換した。しかし、この12・7㎜（ホ１０３と言われた中央工業製・ブローニング系）4挺でも火力不十分とされて、ドイツから潜水艦で運ばれたマウザー20㎜砲[*15]８００門（弾薬40万発つき）を装備することにした。

＊14　１９４１年6月には、岐阜県の各務原飛行場で、ドイツから購入したメッサーシュミットＢｆ１０９Ｅ型と比較試験も行われた。キ60はキ44（後に二式戦闘機になる「鍾馗」）に勝るとも劣らぬ空戦能力を示し、メッサーにも対等、あるいはそれ以上の戦いができたという。しかし、旋回性能で「空戦フラップ」をつけていたキ44にはどうしても負けてしまう。ついに、キ60は採用されなかった。

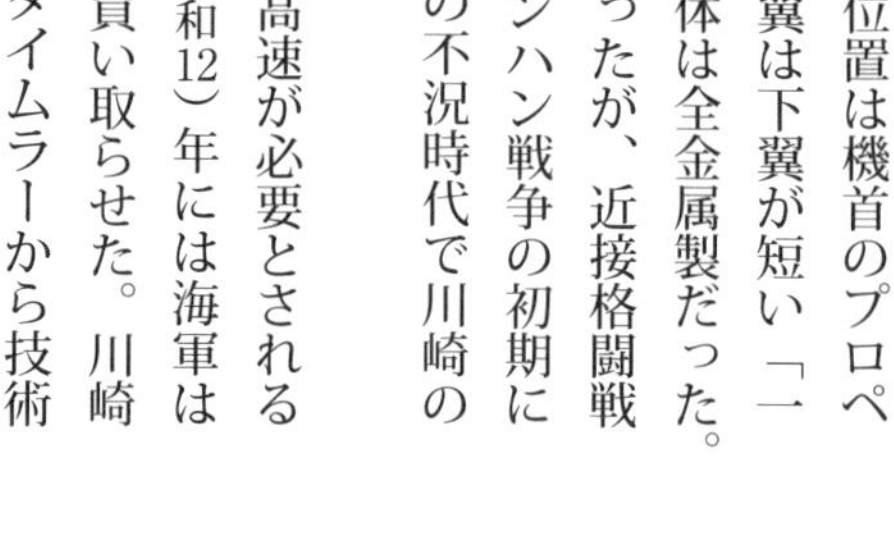
九五式戦闘機

すでに三式戦闘機飛燕は南方戦線で実戦に参加していた。川崎は改修団を派遣して、ニューギニアの現地で翼内の12・7㎜2挺をおろし、マウザー砲に換装する努力をした。しかし、これも一時的な対策でしかなかった。翼が強烈な反動に耐えられなかったともいう。大勢を挽回することはできなかった。エンジンも出力を増やすためにメタノール噴射方式を取り入れてもみたが、エンジンの根本的な不調はどうにもならない。ドイツが指定する部品のレベルにはどうしても追いつかなかったのだ。

機体は次々完成して、エンジンの到着と組付けを待っていた。ところが、エンジンがやってこない。各務ヶ原飛行場には、クビの無い飛燕がぞろっと並んでいる写真が残っている。これを放ってはおけないというので、空冷エンジンを載せてみた。各部の改修もどんどん進んで、うまく飛んだ。機体設計の良さである。最後の制式戦闘機、五式戦闘機の使い勝手の良さや奮戦ぶりは各種の戦記にくわしく書かれている。

◆同じ道をたどった水冷艦爆彗星

海軍も水冷にこだわった。愛知に製作させた「艦上爆撃機彗星《すいせい》」もエンジン不調に泣いた機体である。艦上爆撃機とは、急降下爆撃を専門とする艦上機（航空母艦に搭載される）のことだ。搭乗員は2名、ふつう250kg爆弾を積んでいく。「カンバク」と略されるが、航空母艦に載る機体には、他に艦上攻撃機、「カンコウ」もある。こちらは魚雷を積んでいく。また爆弾を積んでいき、急降下しない爆撃（水平爆撃）もできる。

カンバク彗星は、傑作と言われた九九式艦爆の後継機とされた。海軍が要求を出した頃の思想は、敵艦載機の行動半径の外から発進して、できるだけ短時間に目標に到

五式戦闘機（「飛燕」を空冷エンジンに換装）

＊15　1941年からドイツで使われていた高性能砲で、初速810m毎秒、発射速度700発毎分を誇った。海軍の零戦が搭載していたスイスのエリコン社製の20㎜砲が初速610m毎秒、発射速度535発毎分と比べると違いがすぐに分かるだろう。

達して、先制攻撃を加えることができるというものだ。敵の戦闘機と同じ高速が必要である。しかも、長い距離を飛べることというものだった。のちに、マリアナ沖海戦で「アウト・レンジ戦法[*16]」といったが、そこで使えるといった発想である。

　カンバク彗星の悲劇は、設計段階から始まったといっていい。まず、艦載機であるから量産性は考えなくて良いとされた。たくさん造ることはないだろうというのだ。たしかに、日本海軍の発想は短期決戦[*17]である。量産することはないから、理想を追求するためには凝った機構や新しい設計を大幅に取りいれてみようということになる。

　新しい技術的な試みと、複雑で精妙な構造や機能が使われている。まず、機体をできるだけ小さくした。艦上機は空母のエレベーターに載せることが原則だから、翼の端はふつう折りたたむようになっている。また、少しでも多く空母の格納庫内にしまうために、翼の半ばから折れるようになっていることも多い。それを廃止した。エレベーターの積載限界の11・５ｍいっぱいを全幅とした。

　艦上機には厄介《やっかい》な要求もある。発艦性能である。空母は風上に向かって全力で走る。自然の風速と自分が走ることで得られる風速を合成風速という。これが12ｍ毎秒の時、滑走距離１００ｍ以内で飛び立たねばならないという制限が艦上機にはある。12ｍ毎秒といえば、時速43・２㎞。航空母艦が、あの大きな図体で最大速力が30ノット（55・６㎞）近く出せるというのも、そのためである。行動海面が無風の時には、それだけの速力を出して、風速を確保しなければならないからだ。

　エンジンとして採用されたのは、あのＤＢ６０１Ａ水冷倒立Ｖ12気筒だった。空冷より機首が細くすぼまるので視界がいい。急降下爆撃や着艦の時には、前下方がよく見えた方がいいことは疑いない。また、空気抵抗が少ないから速度が出る。計算上、

＊16　日本の攻撃隊は、長大な航続性能を生かして、敵の行動圏外から空母を飛び立つため、日本空母は敵の攻撃を受けることはない。これをアウト・レンジ戦法といった。

＊17　アメリカ海軍が南洋にやってくるまでに潜水艦や、陸上基地の攻撃機などで迎撃し、勢力を減らし続け、最後に艦隊決戦に持ちこみ大打撃を与える。航空母艦の航空隊の使命は最終決戦に参加することで、活躍は一回こっきりである。艦載機がたくさん必要になったのは長期の消耗戦に入ったからである。

当時の空冷エンジン搭載より毎時15ノットから20ノット（20km〜37km）も優れていたそうだ。これで生産性の低下や、整備の難しさには目をつぶろうということになった。

　優れた着想や、すばらしい機能はいっぱいあった。しかし、欠点も多かった。小さな機体で大きな航続力を要求されたので燃料タンクが大きくなった。翼の面積が九九式艦爆の3分の2しかないのに、タンクの容量は同じ。そのタンクを補給時の効率を高めるため、翼の下から取り外すシステムをとった。ところが、量産機になると、シール材の不良や工作技術の貧しさから燃料洩れをいつも起こしてしまった。

　ベンツの水冷エンジンは冷却器の問題も起こした。冷却器を少しでも小さくするため、エチレン・グリコール冷却液を使った。これがテスト飛行中に、排気弁が焼ける事故を起こすもととなった。末端まで液が届かないのだ。解決するには高圧をかけた水冷に戻すことになった。潤滑油と冷却水、それぞれのクーラーのダクトを離したり、別々のカウル・フラップ（エンジン覆いにつける外気導入装置）を工夫したりと優れた機能を考案し、高速性能は満足できた。だが、高圧の水を使えば、冷却器の水漏れはパッキングが悪いので、当時としてはどうにも避けられない。

　しかも、実用機が登場した時には、艦載機にも量産が必要とされる時代になっていた。彗星《すいせい》による爆撃飛行隊が編成されたのは43（昭和18）年6月のことである。制式採用されたのは同年12月だった。電動各部分のギアなども複雑で精巧につくられていた。おかげで、下請工場などではまともな部品ができなかった。

　陸軍の飛燕と同じく、クビ無し機体がどんどん飛行場にたまるようになったのも変わらない。そして、空冷発動機に載せかえて、どうやら飛べるようになったのも同じである。

艦上爆撃機「彗星」（水冷エンジン）

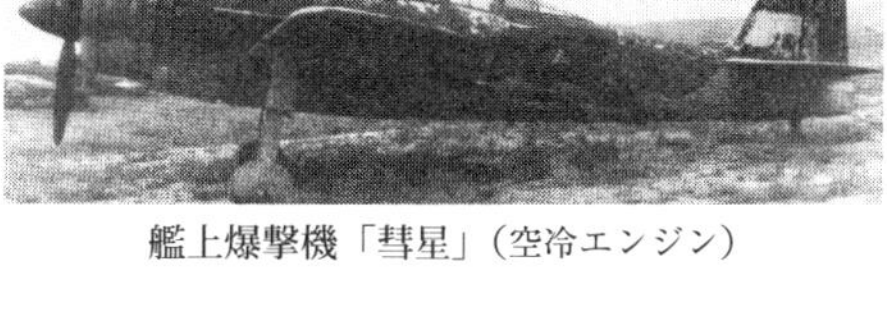

艦上爆撃機「彗星」（空冷エンジン）

2　戦車とはいえなかった戦車

◆装甲が薄いようでは戦車とはいえない

陸軍省整備局統制課長は、「戦車の威力を発揮するために頼みとするのは装甲である」と断言した。1935（昭和10）年2月16日、次期戦車の選定についての軍需審議会の席上である。九五式軽戦車*18の仮制式制定の件についての話し合いで、統制課長がこんな装甲では戦車ではないと噛《か》みついたのだ。

会長は陸軍次官、委員たちは技術本部、造兵廠《ぞうへいしょう》、兵器本廠の関係部長、参謀本部からは編制の主任課長、陸軍省から軍事課長、教育総監部から訓練担当の第一課長などが選ばれていた。当時の陸軍の実務のリーダーたちが集まった。その会議の冒頭に、装甲が薄くては戦車ではないと統制課長は発言したのだ。教育総監部第一課長は、さらに技術系将校たちに「戦車としての性能をもたせつつ、なお速度を高めるということは装甲を犠牲にしていないか」と詰めよった。

使う側の意見を聞かれた戦車第2連隊長は、「装甲は不十分で、7・7㎜の鋼芯弾《こうしんだん》*19や対戦車砲に対して抵抗力がない。装甲を厚くすることを望む」と言い切った。

この戦車の6㎜から12㎜という装甲では、重機関銃の鋼芯弾に耐えられなかった。200mの距離から、「まるで豆腐のように撃ちぬかれた」という手記がある。のちに制式採用後、実戦で中国兵の7・92㎜の小銃で撃たれ装甲を貫いてしまった。車内

*18　軽戦車は重さ10t以下の戦車をいう。敗戦までに2375輌が生産された。乗員3名、重量7・4t、エンジン出力120馬力、37㎜（37口径）砲1門、7・62㎜機関銃2挺、最大装甲厚12㎜。

*19　日本軍の九二式重機関銃の実包には、普通、徹甲、曳光、焼夷、炸裂などの種類があった。他に演習に使う空砲と、銃身内部の清掃に使われる除銅弾がある。鋼芯弾はこのうちの徹甲弾のことで、真鍮でできたジャケットの内部に長さ30㎜、直径6㎜、重さ5・7gの先端が尖った鋼製の芯が入っていた。

の砲手が負傷したという記録も残っている。

装甲を30㎜に増やしてほしい。そのため重量が2t増えてもいいではないか。歩兵はそう主張したが、騎兵からは速度性能が落ちることを嫌う意見が出た。この後、結局、この「戦車」は採用されてしまう。大東亜戦争の緒戦、アメリカのM3軽戦車に苦戦を強いられた。主砲の37㎜砲でM3を撃っても撃っても弾《はじ》かれてしまう。逆に、M3の弾丸は次々と九五式軽戦車を燃え上がらせた。

◆戦車の三大要素と装甲

会議では、あと2tの重量増加とひき換えに、装甲30㎜を望むという声があがった。戦車の三大要素とは、機動力（運動性）、攻撃力（砲撃力）、防御力（生存性）である。機動力はエンジン出力、変速ギアの能力、無限軌道（キャタピラー）の性能、ショック・アブソーバー（衝撃吸収装置）などの走行能力にかかっている。攻撃力は、動く砲台、陸上軍艦の名前通り、搭載砲や照準装置などの性能による。防御力とは端的に言って装甲の厚さである。ただし、装甲は重いし高価だった。

三要素はそれぞれに関係する。機動力を高めるには軽くすればいい。それには装甲を減らすことしかない。攻撃力を高めるには、長い砲身をもち、弾丸初速が高くなるカノンをもてばいい。その代わり、砲は長くなるから重量が増す。それに砲の後座量（発射反動で後退する距離）にも関係する。狭い車内で操作するので、砲塔を大きくしないと乗員が苦労する。砲塔が大きくなれば重量が増してくる。

また、砲の口径を大きくすると、砲弾が重くなり車内で砲手が装填しにくくなってしまう。砲塔が大型化すれば、敵の目標になりやすい。

八九式中戦車

この三つのバランスを考えながら、戦車の天敵である対戦車砲の能力を考えながら、戦車開発はされなくてはならない。

同時期の列国の戦車の重さはどうか。燃料を載せ、主砲弾や機関銃弾も載せた戦闘重量の比較をしよう。九五式は7・4t、ドイツは10・5t、アメリカは12・4t、ソ連は9・34t、イギリスは13t、フランスは11・4t。日本より軽量なのは主砲を20㎜にしたイタリア戦車の6・8tのみだった。他はみな、九五式と同じ口径37㎜の主砲である。

重さの違いは、やはり装甲の厚さだった。ドイツ、ソ連は25㎜、アメリカは38㎜、フランスは34㎜、イタリアは30㎜、比べて薄いのはイギリスの14㎜だけである。九五式の12㎜はもっとも薄い。

九五式中戦車

◆鉄道のゲージに関わる戦車のサイズ

車体の幅と高さを見よう。日本戦車が世界標準に負けているのは、重さだけではなかった。砲塔上面までの地上からの高さと車体の幅を比べてみる。日本陸軍九七式中戦車改で、高さ2・38m、幅が2・33m。ドイツ4号H型戦車は同じく2・68mと2・88m、アメリカのシャーマン4Aは、同じく2・94mと2・98m、ソ連のT34は2・45mと3・00m。イギリスのチャレンジャーは高さ2・78mと幅は2・94mである。どこの国の戦車も幅は3mに近いのだ。戦車の幅が狭いということは、同じ機能を車内に盛るとしたら、当然、車高は高くなる。敵の目標になりやすいし、走行中の安定感も少なくなる。

日本戦車の幅はなぜ小さかったのか。その大元は鉄道にあった。戦車は国内では鉄道輸送をする。燃料1リットルあたりで何㎞走るかを燃料消費率という。米軍のM4シャーマン戦車は戦後、自衛隊に供与された。その時のデータが、ガソリン1リットルで100mだった。ドラム缶には1本で200リットルが入るが、これを5本分飲みこんでも100㎞がやっとである。東京から富士山の麓にもたどり着けない。だから、今も戦車は短い距離なら専用の大型トレーラーで運ぶようになっている。長距離は鉄道である。

鉄道輸送の制約は、鉄橋も、トンネルも、隣の線路との間隔も、駅の建物の軒先も、さらには線路のカーブやポイント部分の角度まで、すべてそれなりの限界があることだ。また、線路そのものの規格もある。あまりに重い物を運ぶと、線路がそれに耐えられない。積載用の車輌[*20]の強度も関係してくる。

列国の戦車の幅が大きいことには、それぞれの国の鉄道線路のゲージが国際標準軌（1435㎜）であったり、それより広かったり（ソ連は1524㎜）することによる。現在、日本では新幹線と一部の私鉄だけが、このヨーロッパの標準軌を採用している。その他のJR在来線や、多くの私鉄は1067㎜という狭いゲージを使ってきた。これは明治の初めの鉄道建設のせいである。

◆中央集権化のための鉄道建設

わが国で初めて新橋・横浜間に鉄道が走ったのは1872（明治5）年のことだった。政権を徳川幕府から引き継いだ新政府は驚いた。アメリカ公使館書記官が東京と横浜の間の鉄道敷設契約の再確認を要求してきたからだ。大政奉還の頃、幕府の老中たちが、アメリカと契約を結んでしまっていたのだ。列強は、植民地を手に入れるとす

貨車から下ろされる九七式中戦車

＊20　貨車の積載重量を表す記号は軽い順に、ム、ラ、サ、キの4種類である。もともと標準にする貨車の積載重量は15tだったという。それは主に「軍馬」を運んだからだそうだ。明治の昔、馬の表記は「むま」、それで最低のランクがム、あとは「ム」を頭に置いた四文字言葉から「紫」となった。

ぐに鉄道を建設した。この書記官の申請の後ろには当然、本国政府の意向が働いていた。

鉄道敷設の免許は、調印直後に幕府が崩壊したため、国際法的には無効になったはずである。革命政権は旧政権の遺産は受けつぐが、国際条約はともかく、個人との契約はその限りではない。それでもアメリカ公使館は、しつこく免許が生きていることを主張した。イギリスが智恵をつけてくれた。対抗して先に線路を敷いてしまえばい い。資金と技術援助はイギリスが引き受けてくれた。さまざまな反対もあったが、鉄道建設に熱意を持つ人たちがいた。大隈重信や伊藤博文は建設推進派の代表だった。

どの国や地域であれ、鉄道建設の動機は産業革命と関係する。原料を運ぶ、製品を運ぶ、エネルギー源の石炭を炭鉱から運ぶことが狙《ねら》いである。それまでの馬車や人力に比べれば比較にならないほど短い時間で、大量にモノを運べるのが鉄道である。植民地を手に入れれば、どの国もすぐに鉄道を敷いた。たとえば、インドの鉄道の歴史は日本より古い。イギリスの手によって19世紀半ばから建設が始まっている。奥地の畑で栽培された綿花を港に運ぶためである。産業革命で綿織物の生産が盛んになり、本国の工場では、その原料が必要とされた。インドの人々のために鉄道は建設されたわけではなかった。

大隈や伊藤は、東京と京都を鉄道で結ぶことを考えていた。中央集権制を強化することに役立つと考えていたからだ。鉄道は短い時間で人やモノ、情報を運ぶことができる。地方で政府への反乱が起きても、その情報が入り、すぐに鎮圧用の兵力も送ることができるだろう。これを後押ししたのは英国公使パークスだった。1868（明治元）年から翌年にかけて、日本の一部では飢饉《ききん》の恐れがあった。米の作柄が悪く、その上、戊辰戦争もあり、流通機構が大きな打撃を受けていた。パークスは食糧の移送の便利さも推進派に教えていた。

そして、のちに全国に張りめぐらせられた鉄道網は、安全保障上にも大きな意味をもった。日清・日露の両戦争では、人やモノの多くが広島から海を渡った。広島の宇《う》品《じな》港*21まで、鉄道は兵士を運び、物資を送り続けたのである。日露戦争の頃には、歩兵連隊の駐屯地のそばにはほとんど鉄道と駅があった。広島まで東京からおよそ50時間、本州の北端青森からはおよそその倍くらいの時間がかかった。それでも明治維新前には、それぞれ1ヶ月から2ヶ月が必要とされていた。文明開化とはまさに人やモノの移動時間を短くしたということが分かる。

◆狭軌決定のいきさつ

陸軍も海軍も、鉄道建設などに関心はなかった。反対の第一は資金難である。外国から借金をしてまで何をあわてて鉄道などというのが大方の意見だった。英国で100万ポンドの国債を発行しようというのだ。利息を12％つけた。そこまでしなくては、当時の日本では借金もできなかった。

1870（明治3）年3月、エドモンド・モレル*22を始めとした英国人技術者たちは来日してすぐ、新橋と六郷《ろくごう》（多摩川河畔）までの測量を始めた。測量には日本人の助手たちが付き添ったが、土木工事技術の面では、日本はまったくの発展途上国ではなかった。かえって英国人技師たちの計画より、安いコストで計画を立ててみせるということができた。幕末のお台場建設に働いた幕府作事方《さくじがた》、その配下の人々は、品川御殿山の切り取りや、高輪・品川の埋め立て工事などの経験を豊富に持っていたからである。

＊21　宇品港は1889年に完成した広島市の外港で、日清戦争が始まると、山陽鉄道の西端（当時）広島駅から宇品港まで軍用鉄道（宇品線）が敷設され、大陸への軍用輸送基地となった。その後も陸軍運輸部が置かれ、戦時の重要港とされた。

＊22　エドモンド・モレル（1841～1871）ロンドン郊外に生まれる。名門キングス・カレッジを卒業後、大陸に渡りドイツ、フランスの工業学校で学ぶ。オーストラリアで鉄道建設の経験を積む。鉄道建設に関わる指導だけでなく、伊藤博文の求めに応じて、日本の工業化への基本政策の建議も行った。それは工部省や工学寮（のちの東大工学部）の設置にもつながっている。

さて、線路を建設するに際して、さしあたりの課題がある。軌間《きかん》（ゲージ）の問題だった。のちになって大隈重信は「わが国は狭い。だから狭軌《きょうき》にした」などと言ったが、大隈はいつもそういう偽悪的なことを言う人である。狭い国土というが、ヨーロッパの各国だって国土面積では、日本より広いのはスウェーデン、スペイン、フランスくらいのものだ。イギリス本国など、日本の３分の２でしかない。つまり、ヨーロッパに行けば、日本の国土面積は標準以上なのだ。

狭軌（１０６７㎜）に決めたのは国土の狭さではない。山が多かったことだ。それに金もなかった。トンネルを掘り、橋を架けるには金がかかるし、当時の幼稚な技術ではうまくいかなかった。いま、東海道新幹線が通りぬける新丹那《たんな》トンネルの南側にある在来線のトンネルが開通[*23]したのは、なんと昭和になってからである。

明治の初め、政府の誰もが、経済人ですら、鉄道とは狭い線路に軽い荷物を積んで、ゆっくり走るもの、そういうイメージしか持っていなかったのだろう。まさか、線路の幅が、国家の命運を賭けた戦争で、最も重要な輸送力に関わるようなことになろうとは夢にも思わなかった。とにかく安く造ろうという気持ちばかりだった。

国際標準軌（１４３５㎜）の線路なら、カーブの半径は３００ｍを必要とする。狭軌で、速度も時速40㎞くらいで良いなら、半径も１００ｍで十分である。軌道敷もレールも軽便なもので済んだ。レールの規格は１ｍあたりの重さで決まる。開業当初のそれはわずか30㎏だった。現在では50から60㎏がふつうになっている。中国では70㎏というレールが使われているが、輸送重量が３千ｔ、４千ｔといった長大な貨物列車が編成されるからだ。日本では、最大でも１３００ｔくらいだから、これも狭軌のせいである。[*24][*25]

＊23　静岡県熱海市と函南の間、長さ７８４１ｍの東海道線が走る。それまでの神奈川県国府津から御殿場回りで沼津へ抜ける山間の路線を短縮し、輸送力強化のために、16年間の難工事に挑み、幾多の犠牲者を出して１９３４年に開通した。

線路とはレール、枕木、道床、それに路盤でできている。駅構内の建造物、水タンク、石炭庫、検査設備、信号設備といったハード、整備手順や管制システム、事故の時の対応、運行計画に必要なダイヤグラムなどのソフトなどが列車の運行を支えていたのだ。一つをいじれば、他にも大きな影響が出てくる。建築限界や車輌限界といわれるのも、それらのうちの一つである。

◆戦車の足回り

戦車の重量、つまり対地圧力はキャタピラー（覆帯《ふくたい》）全体で受けとめる。ソ連軍戦車の特徴は、それの幅の広さにあった。泥濘地《でいねいち》や湿地でも、単位面積あたりの重量が軽くなるので軽快な機動力を発揮した。それに対して、車体の幅に制限があった日本の戦車のキャタピラーの幅は極めて狭い。自重が3ｔ近い九四式軽装甲車[*26]の覆帯の幅は、なんと約16㎝しかなかった。

戦後、東大工学部を卒業し、東日本重工業（現在の三菱重工）に入社した林磐男は、『戦後日本の戦車開発史』に興味深いエピソードを載せている。入社した当時、会社は朝鮮特需で沸いていた。占領軍の車輌の修理だけでも大忙しだった時期である。

キャタピラー付きの戦車にも車輪が付いている。歯車が付いていてエンジンから動力を伝え、覆帯を駆動するスプロケット・ホイール、反対側に付いていてキャタピラーを引っぱり緊張させるアイドラー・ホイール、それにキャタピラーを支える転輪である。転輪は車体をスプリングなどで支えてもいる。転輪には音を消し、動きを滑らかにするためにソリッド・ゴムが巻いてある。戦前の日本戦車は、これを接着できなかった。もちろん、米軍戦車の転輪とゴムは薬品でぴったりと接着されていた。日

＊24　日露戦後、輸送力不足という反省から、全国の鉄道を国際標準軌に変えようという声が起こった。中国の鉄道も、ロシアから手に入れた満洲の鉄道も１４３５㎜である。しかし、経費の問題がネックになり計画は挫折する。そのかわり、韓国併合の後、同地には建設費が多くかかるにもかかわらず標準軌鉄道を敷いた。

＊25　幻の弾丸列車計画。1939年、国際標準軌による新幹線建設計画が立てられた。東京と下関間を結び、海底トンネルで対馬海峡を越えて釜山に出る。そこから満洲へ行き、北京に至る弾丸列車計画である。用地買収もされ、新丹那トンネルや日本坂トンネルも試掘された。現在の新幹線は、この時の計画路線をかなり忠実に踏襲している。

本の戦車は、ホイールをかしめてゴムをくわえさせていたのだ。これでは激しい機動をすれば、すぐにゴムが外れてしまうという事故が続出したわけだ。

車体についても興味深い話がある。日本戦車の鋼鈑は滲炭《しんたん》防弾鋼鈑をリベットで止めていた。滲炭鋼鈑とは、鋼の表面の炭素量を増やして硬化させるプロセスで処理したものである。これに対して、アメリカやソ連は防弾鋳鋼と均質防弾鋼鈑を溶接でくっつけていた。これは砲塔などを比べればすぐに分かる。米ソの戦車は敵弾が当たっても逸《そ》れやすいように表面に突起がないぬめっとした外形である。一方、日本戦車はいかつくて、直線構成でできている。リベットの角のような突起がある。

鋼鈑そのものは日本の方が高価な素材でできていた。ニッケル・クロム鋼である。アメリカは資源節約も考えて、安価なクロム・モリブデン鋼を主に使っていた。資源のある方がコストを考えていたのだ。『素材はノウハウと設備がものをいう分野であり、簡単に先人の後を追うのは難しい。したがって、常に広い視野を持って研究を続ける必要がある』と林も指摘している。

◆砲の旋回《せんかい》俯仰《ふぎょう》について

技術格差は、砲塔のGCSにも現れていた。GCSとは、砲の旋回俯仰装置である。砲塔に取付けられた砲を回したり、下に向けたり、上に上げたりする装置のことをいう。砲自体が小さいこともあって、日本戦車は砲を手動で動かしていた。米軍戦車はすべて油圧駆動である。日本も、左右上下に砲を動かし、自在に敵を撃っていたように戦記物には書かれているが、実際は狭い車内で、よっこらしょと人力で、つまり肩を押しつけて砲の向きを変えていたのだ。

＊26　陸軍騎兵部隊は満洲事変をきっかけに九二式重装甲車を持っていた。戦車よりコストが低く、装甲があり、前線まで機関銃や弾薬を運ぶ車輌が開発された。歩兵を支援するための装甲車として1932年から開発されたのが九四式軽装甲車である。装甲は12㎜、エンジンはドイツ製空冷ガソリンだった。

三式中戦車のスプロケット・ホイール

さらに、砲塔が動く仕組みにも格差があった。砲塔は全周360度、自由に回るようになっていた。弾丸を装填する装填手、照準をつける砲手、指揮をとる車長は砲塔からつり下げられているゴンドラに乗っていると考えればいい。このゴンドラ（バスケットという）と一体化した砲塔を自由に動かすために車体に円形の溝を造る。その中に米軍はボール・ベアリングを入れた。小さな球形の鋼鉄製のボールは面ではなく、点で砲塔の重さを支えた。軽快に、抵抗も少なく、しかも砲塔は油圧で動いた。

ところが、日本の精密工作技術は、鋼鉄製のボールを造り出せなかった。あるいは高価すぎた。そこで溝の中には棒状のコロを敷きつめた。しかも、手でハンドルを回して砲塔を回転させ、あるいは肩で砲を押すことで砲塔全体を動かすので、傾斜地では砲が重くて回りにくかった。せめて砲尾にカウンターマス（砲を回転しやすくするための錘《おもり》）を付けてくれという要求が部隊から出た。

外見だけは立派な戦車だったが、内部を見れば、さまざまな技術格差があった。

◆戦車砲弾が跳ね返された理由

ノモンハン事件（1939年）に参加した日本機甲部隊は惨敗を喫したという。日本の戦車の砲弾はタドンのように跳ね返された。敵戦車の弾丸は、やすやすとわが装甲を貫いたとされている。どうして、そんな事態が起きたのか。当時、戦車団の主力の八九式中戦車がもつ57㎜砲は短砲身だった。その弾丸の初速は350m毎秒でしかなかった。砲身は18口径、長さは約1mにしか過ぎない。最大装甲厚は17㎜である。

装甲鈑は日本製鋼所で国産された表面硬化鋼を使った。海軍の駆逐艦用の鋼鈑に焼き入れ処理をしたものだった。37㎜平射砲で撃ったら、17㎜あれば貫通されなかった

八九式中戦車の主砲と機関銃

と記録にある。

　この37㎜平射砲とは、大正時代に制式化された機関銃陣地撲滅用の歩兵砲だった。対戦車用に破《は》甲榴弾《こうりゅうだん》も撃てたというので試験に使ったものだ。初速は４５０ｍ毎秒であり、高速弾とはとてもいえない。

　八九式中戦車は、なかなかの出来だったと評価が高い。エンジンは第一次大戦でお馴染みのルンプラー・タウベ単葉機に使われていたダイムラー航空機用ガソリン・エンジン、出力は１００馬力だった。軽くて、高出力、戦車には最適である。

　転輪につけたショック・アブソーバー（動揺吸収装置）などのことを懸架装置《けんがそうち》[*27]というが板バネを採用した。2個を1組として、片側に2組、板バネの中央に取りつけた。バネの両端は車体に固定されている。しかし、この板バネが折れやすく、長距離の行動は難しかった。

　八九式中戦車に期待されたのは敵機関銃陣地の撲滅である。歩兵に直接協力し、動く砲台として設計された。昭和初期の満洲事変や上海事変では、なかなかの実績を見せた。中国軍にはまだ有力な対戦車砲がなかったからである。17㎜の装甲でも、小銃に撃たれたくらいでは貫通しなかった。

　日本の戦車乗りたちが編纂した『日本の機甲六十年（機甲会編）』には、戦車砲の威力についてのデータがある。八九式中戦車の主砲弾は重量が２・６kg、推定貫徹力は１００ｍの射距離で25㎜。対してソ連が装備していた45㎜砲は46口径で長い砲身をもち、１５００ｍ離れた所からでも20㎜の装甲を撃ち抜いた。しかも、この砲は装甲車にも積まれていた。ノモンハンで日本戦車隊が苦戦するはずである。

＊27　バネ式、コイル・スプリング式、トーションバー式と三つの形式があった。悪路や戦場機動では戦車の動揺は激しかった。初期の戦車はバネを使い、一部にコイルを採用した。鋼鉄製の棒のねじれの復元力を使ったトーションバーを実用化したのはドイツ軍が最初である。軽量化でき、車体内部に装置することができた。日本では敗戦まで実用化できなかった。

八九式中戦車の転輪とショック・アブソーバー

◆機関砲は戦場に於いて故障多く

日本陸軍が対戦車火器の研究方針を決めたのは１９３３（昭和８）年のことだった。それまで、歩兵は歩兵だけを相手にすることを考えていたが、第一次大戦で欧州列国が味わった新しい脅威、航空機と戦車への対抗策も練らなければならなくなった。こんなに遅れたのも、大正時代の予算不足による「軍備足踏み状態」の後遺症である。対航空機にも、対戦車戦闘にも使える20㎜機関砲と、対戦車専用の37㎜速射砲の採用についての軍需審議会会議がこの年に開かれた。

20㎜機関砲は徹甲弾を使えば距離１０００ｍで20㎜の装甲を撃ち抜けた、重量は３００㎏。37㎜速射砲は、装甲貫徹力は機関砲と変わらない。ただ、使用する弾丸が、装甲を突き破ってから敵戦車の車内を飛び回る。戦闘室ばかりかエンジンルームにも破片効果が期待できる。しかも砲弾の排莢《はいきょう》が自動式なので、１分間の発射数は30発にもなる。重量は同じく３００㎏。

対装甲威力が同じなら機関砲が有利だろう。発射速度が大きいから、高速で動く目標を追いかけるには向いている。動かない、あるいは低速の目標なら、連射して弾幕で包みやすい。ところが、この機関砲の長所は同時に短所にもなる。精密な射撃では、当然、半自動式の砲に劣る。しかも、整備・調整は格段に面倒くさい。そして、何より大変なのは、多段速射の機関砲弾の補給、輸送には兵站機関や部隊に大きな負担をかけてしまう。

弾丸の重さはおそらく３００ｇ前後になっただろう。箱弾倉に60発入れれば、それだけで18㎏。金属弾倉自体の重さが加われば、30㎏近くになっただろう。

兵器の開発は、相手になる敵が将来どういう方向に進化するかを見きわめる必要が

九四式三十七粍速射砲

ある。世界の戦車は、この後、二つの方向に進んだ。装甲は薄いが、機動力があるタイプ。もう一つは装甲を厚くし、機動力はないが、耐弾力に優れたタイプである。軽くて、速い戦車には20㎜機関砲がいい。重くて、ゆっくり動く戦車の相手には37㎜速射砲がふさわしい。しかし、陸軍技術本部は、意見として次のようにつけ加えることを忘れなかった。

『軽機（関銃）ノ経験ニヨルモ機関砲ハ戦場ニ於イテ故障多ク到底期待ニ添ウコトヲ得ザルベシ』

◆故障だらけだった軽機関銃

「射撃しているより故障を直している時間の方が長い」という悪評だらけだった軽機関銃があった。『軽機（関銃）ノ経験』とされたのは、分隊軽機関銃として採用された十一年式軽機関銃[*28]のことである。アイデアは良かった。列国の軽機のように特別な弾倉やリンクした弾帯を必要としなかった。分隊の中で弾薬を融通することができた。歩兵が腰に着けている弾盒《だんごう》には小銃弾が5発ずつクリップに止められて入っている。それを渡されたら、そのまま給弾ホッパー[*29]に寝かせて入れることができた。全部で6段、合計30発を入れられた。弾丸は下から使われ、5発を撃ち終わればクリップは自動で下に落ちた。有名な南部麒次郎《なんぶきじろう》中将[*30]の設計である。

故障のほとんどは、いわゆる「突っこみ」だった。実包が薬室に入ったまま停まってしまう。あるいは、空の薬莢がそのまま残る、薬莢がちぎれて横になったまま引っかかってしまうなどである。その原因は主に二つだったろうと須川薫雄は書いている。一つは整備の不良、よく掃除されていない状況。もう一つは油類の不足という事態。

＊28　大正十一（1922）年に制式化され、19年間に約2万9千挺余りが生産された。後継の九六式、九九式（口径7・7㎜）の生産と並行して造り続けられた。このことから、補給が難しくなった状況では、小銃弾をそのまま使えて弾倉が要らないこの軽機関銃への要望があったのではないか。

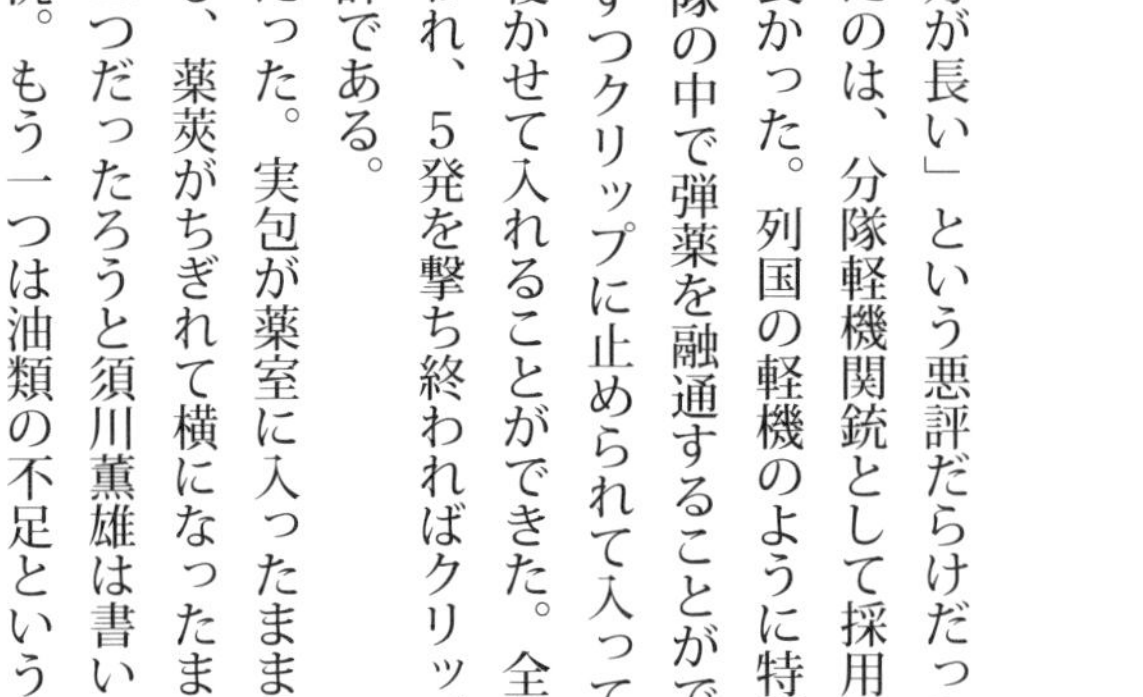

十一年式軽機関銃（機関部の左側に給弾ホッパーがある）

上に向いた装填架《そうてんか》から給弾口にかけて蓋《ふた》がない。開口部が多い。だから戦場になった満洲のホコリや砂塵、細かい泥に弱かったのだ。部品の数も多く、工作も複雑で、設計が凝っていた。分解、清掃、再組み立てには二人の兵でも1時間かかったという。日本軍の銃器には歩兵銃にさえ機関部に被い（カバー）がかけられていたのに、十一年式は複雑な機構がむき出しだった。

日本陸軍の機関銃の特徴として「塗油装置」があった。装填する薬莢に油が塗られるのだ。もちろん、複雑な動きをする実包が滑らかになるよう配慮したものだ。また、機関部の作動のためにも油は必要なものだった。ところが、油は温度によって性質が左右される。機関銃に関する「教本」を見ると、油の取り扱いや、使用に関する注意がたいへん多い。ふだんの手入れはスピンドルオイルで、寒い時期には石油で薄めていたのだろうと須川は推定している。これが気温5度おきに薄め方の規定があったそうだが、戦場ではどれだけ実行できたかどうか。

満洲事変（1931年）、翌年の上海事変、翌々年の熱河進攻などで、軽機関銃の弱体が指摘された。相手の中国軍がもつチェコのスコダ社が製造した7・92㎜のチェッコ機銃[*31]に撃ち負けてしまったのだ。

◆肉迫攻撃だけで、歩兵を戦車と戦わせるな

参謀本部は、37㎜速射砲を対戦車専用の歩兵連隊砲にしたい、20㎜機関砲は師団の装備にして、対空任務と第一線の対戦車任務にも使えるようにしたいと希望した。歩兵連隊にもなるべく重火力を与えたかったのが担当者たちである。すでに満洲事変では、臨時に歩兵に配属された山砲中隊が活躍した。連隊長の手持ち火力として75㎜の

＊29　機関部の左側にある銃弾の収納場所。専門用語では装填架という。前後10㎝、高さ11㎝、幅8㎝くらいの鉄の箱であって60近い部品で構成されていた。

十一年式軽機関銃のホッパー

＊30　南部麒次郎（1869～1949）佐賀鍋島藩砲術家の次男。士官候補生2期、陸軍砲工学校卒業後、欧州留学などを経験し造兵将校の道に入った。1925年に大倉財閥と組んで「南部銃製造所」を起こす。1936年には、昭和製作所、大成工業を吸収し、「中央工業」として発展させ軽機関銃、拳銃などを開発、生産する。

山砲４門はたいへん有効だった。すでに連隊の編制に歩兵砲中隊として山砲が入ることは決まっていたし、さらに対戦車火力として37㎜速射砲が期待されていたのだった。原案にあった繋馬《けいが》機能だけではなく、分解して駄載《ださい》出来るようにせよという要望からもそれが分かる。

陸軍省兵務局兵務課からも、20㎜機関砲は対空、対戦車両用にせよという意見が出た。兵務局には、兵務課、防備課、馬政課があって、装備一般に関わる部門である。だいたいが貧乏陸軍である。あれにも使えるよう、これにも対応できるように、多用性と汎用《はんよう》性にこだわるところがいつもあった。

威力が低くて、信頼性もあまりない機関砲にどうして中央部はこだわったのか。徳田八郎衛によれば、高価な37㎜速射砲はおそらく十分には造れないだろう。それなら、せめて20㎜機関砲だけでも歩兵に持たせたいと考えたのだという。歩兵を肉迫攻撃で戦車に立ち向かわせるなという思いは誰にもあったのである。

二週間後に審議会本会議が開かれた。用兵、軍政、技術の各部門の将官たちが集まる会議である。ふつう、この段階では幹事会（佐官級の会議）での決定事項が承認されるはずだった。それがもめたのである。歩兵学校は、対空用とは別に対戦車専用の20㎜機関砲を採用するよう強く主張した。

結果的には、第二次大戦では口径37㎜の対戦車砲でも威力不足だった。20㎜機関砲でも役立たなかった。しかし、歩兵大隊や中隊に何らかの対戦車重火器を持たせたいという強い希望が日本の歩兵集団にあったことは記憶されるべきだろう。

結局、20㎜機関砲は重すぎるということから選ばれなかった。制定されたのは九四式速射砲となった37㎜速射砲だった。

＊31　ＺＢ１９２６、２７と生産され、続いて発売された30型が多く中国にドイツ商社の手で売り込まれた。中国でもコピー生産され、安定した性能で評判が高かった。日本軍の間でも、「チェッコ機銃」を鹵獲すると喜ばれた。

中国軍が使っていたチェッコ機銃

◆空冷ジーゼル・エンジンにこだわったことの功罪

戦後になってよく言われたことがある。戦車のエンジンに空冷ジーゼル[*32]を採用したのは、わが国技術陣の先見の明だったという。

ジーゼル・エンジンには、ガソリンのそれと比べると、さまざまなメリットがある。まず、燃料が軽油だから安価である。燃費も良かった。軽油はガソリンと比べて揮発性が低いので輸送中や貯蔵中にも損耗が少ない。引火性が低いことも挙げられる。ジーゼル・エンジンには電気系統が必要ない。空気と燃料の混合気を圧縮して、自然に高まる空気の熱で発火させる。点火プラグが要らないのだ。当時の性能が低い無線機に与えたノイズのほとんどは、エンジンの電気系統が原因だったから、これも長所になった。空冷エンジンは冷却水が要らなくなるから満洲や北支那[*33]のような慢性的水不足の土地でも困らない。引火性もガソリンに比べると低いから、敵弾が当たっても戦車が火だるまになる確率が少ないともいう。

しかし、部隊のユーザーからすれば注文が多かった。実用試験にあたった部隊側の意見である。まず、ジーゼル・エンジンは音がうるさい。震動が大きく、射撃時の照準が難しい。部隊では取り扱いに慣れていないなどである。また、気温が低いときには、始動性が悪い。零下20度や30度という所では、空気も冷えているし、エンジン各部も冷え切っている。炭火をおこして一晩中、車体の下からエンジン部分を温めたという記録もある。

戦後になって、技術陣が反省をこめてふり返った証言が残っている。もっとも困難だったのは、その重量軽減と、大きさを小さくすることだった。ジーゼルのエンジ

＊32　ドイツ製の小型トラック・エンジンを参考に、三菱重工の技術者が造りあげたのが１９３４年のことだった。開発には2年間がかかった。直列６気筒、燃料直接噴射式、出力は１２０馬力。

＊33　当時、日本人が使っていた中国北部の地域名。１９１１年に辛亥革命が起きて清朝が倒れるまで、日本が使った呼び名は「清」もしくは「清国」だった。13年に中華民国を正当な政府として承認してからは、支那共和国という国称を採用した。中華民国の公称英訳の「リパブリック・オブ・チャイナ」を翻訳したものである。

ン容積あたりの出力は、どうしてもガソリン・エンジンより劣ってしまう。[*34] 現在では、ジーゼル・エンジンにはターボが付けられて問題は解決したが、重量、形状が大きなエンジンは、それだけで車体を大きくした。大きくなれば装甲鈑がより必要になり、車体を重くする。それが足回りや、走行装置にまで負担をかけるのである。だから、同じ出力のガソリン・エンジン搭載戦車と比べれば、重量制限がある以上、装甲鈑の厚さや、搭載砲の小型化は避けられない。

当時から、日本戦車は「エンジン運搬車」などと悪口を言われていたらしい。当初はガソリン・エンジンを搭載していた八九式中戦車がジーゼルに変わったのが1935（昭和10）年からで、兵器工業界の記録によれば、総生産量は5年間で278輛だった。

◆インフラ（社会資本）整備と軍隊

1919（大正8）年に、陸軍はこれからの技術開発の方針を出した。その中には要約すれば、次のような文言がある。

『わが予想戦場のアジア大陸は、欧州大陸のように鉄道が四通八達し、道路が整備された環境にはない。（欧州大戦のような）陣地戦も起きないだろう。だから運動戦を重視せよ。また、東洋独特の地形に配慮せよ』

日本陸軍の予想戦場はアジア大陸、しかも中国東北部を想定していた。寒気も強く、水も手に入りにくい。空気が乾けば細かい砂塵《さじん》が吹き荒れる。道路もほとんど整備されていない。

資源がない日本のことである。速戦即決、それだけが日本が生き残る道だった。そ

＊34 出力を総重量と総容積で割った比出力を見ると、エンジンの重量と大きさが分かる。九五式軽戦車で1㎥あたり86馬力、車体重量1kgあたり0・18馬力。九七式中戦車、同54馬力、同0・14馬力。ソ連軍T34は水冷ジーゼル、同200馬力、同0・27馬力。アメリカ軍M4A3水冷ガソリン、同280馬力、同0・22馬力。ソ連軍の水冷ジーゼルの圧倒的優秀性が分かる。

うであれば、兵器それぞれの開発方針は決まってくる。その上、国内のインフラだけを見ても、欧州各国やアメリカと比べれば、たいへんな貧しさである。幹線道路ですら舗装は稀だった。幹線道路に架かっていた橋梁《きょうりょう》、これにも不安があった。実際のところ、戦車の重さ15ｔに耐えられる橋がどれほどあったか。後方兵站への関心が薄かったという現在からの批判があるが、予算を回しきれなかったのである。

戦車を海外に出そうとしても、埠頭《ふとう》から船に積みこむときに問題が起こる。船にはデリックやクレーンといわれる起重機があり、馬なども吊り上げた。戦車の重量にあたる15ｔを揚げられるクレーン設備はよほどの大型船でなければなかった。せいぜいが10ｔ余りの能力しかない。当時、排水量８千ｔという大型輸送船でなければ戦車を吊り上げられるクレーンを持っていなかったのだ。もちろん、当時のアメリカも、そんな大型輸送船ばかりを持っていたわけではなかった。でも、いざとなればすぐに造り出すのがアメリカという国だった。海外で戦争をするには、日本が島国であるかぎり、積み出しという難問がいつもある。

安全保障を考えるときには、国家のすべてを把握し、将来を見通す視野と識見が要る。

◆いまも続く装備への無理解

インドネシアのジャワ島に陸上自衛隊の大型ヘリコプターが出かけることになった。２００５（平成17）年のことだった。政治判断で、被災地に救援物資を運ぶには大型がいいということから、ＣＨ47チヌークという回転翼を二つつけたヘリが選ばれた。ジャワ島まで海路を行くのは海上自衛隊の輸送艦[*35]「おおすみ」である。飛行甲板には

陸上自衛隊の大型ヘリコプター（CH47チヌーク）

輸送船にのせられる軍馬

大型ヘリも繋留《けいりゅう》できる設備があり、チヌークを甲板にむき出しで載せることになった。

ところが、その繋留に不安が残った。チヌークは艦載型のヘリではない。陸上基地で使用されることを前提にして開発・設計された。海上で時化《しけ》にあって海が荒れたら、甲板上は大揺れになる。高い波をもろにかぶることにもなるだろう。そんな状況に耐えられるような強い脚は持っていない。もし、脚を守るために無理な力を機体にかけたら、今度は機体が壊れてしまう。

海上自衛隊の艦載ヘリの脚は頑丈にできている。着艦作業というのは昔から「制御された墜落」と表現されるように、叩きつけても壊れない頑丈な脚でがっちりと甲板をつかむ行為である。輸送艦に載せるには、そうしたヘリでなくてはならなかった。ところが、予算の関係で、海自には大型の輸送ヘリは十分になかった。陸自のヘリがあるではないかと言ったのは政治家である。

自衛隊なら何でもできる、どこへ行っても行動できるといった誤解があるが、装備は技術と関係している。技術の開発方針を立てるのは政治である。政治家がどれほど技術に知識があるだろうか。この脚の問題を解決するのに、数日間にわたる関係者の苦労があったことは、認識すべきである。

＊35　自衛隊ならではの言い換えで、諸外国では「揚陸艦」と言っている。甲板は飛行甲板を兼ねて、平らになっており、島型といわれる艦橋が片寄って建っている。まるで航空母艦そっくりの外観である。

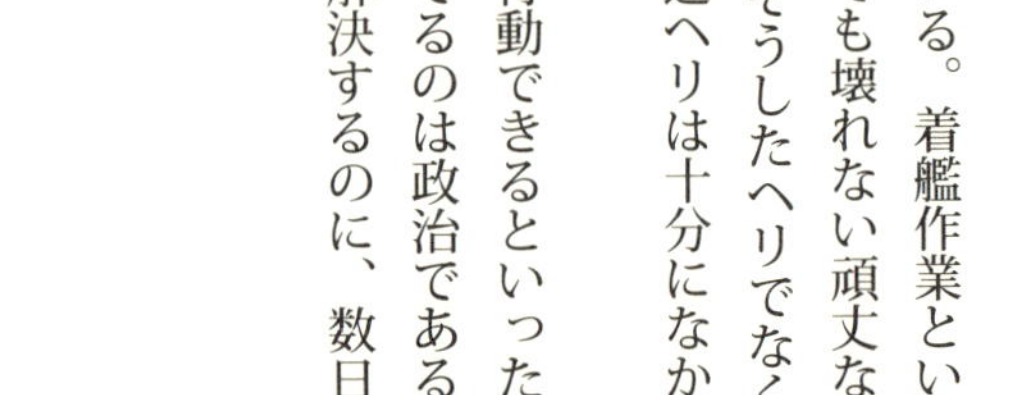

海上自衛隊の輸送艦「おおすみ」と上甲板に梱包されたCH47

3　学校教育と軍隊

◆いまも変わらない軍隊への無理解

大正末期に学校へ配属された陸軍将校たちの声を「偕行社記事」から拾ってみる。

『生徒たちは真面目に話を聞こうとしない。二言目には、軍人などは頭脳のレベルが低い、体力自慢の人間である。もう戦争など起きないのに、ありもしない脅威を言い立てて自分たちのメシの種にしようとしているなどという』。高等学校に配属された陸軍中佐の観察である。

『軍隊ほど非人間的な所はない。人間の自由を陸軍はどう考えているのか』

そういう理屈をいうわりに、身の回りの整理整頓ができない。自由と放埒《ほうらつ》を履《は》きちがえている。旧制中学に配属され、廠舎訓練へ出かけ、生徒たちから質問を受けた大尉の証言。

『学生たちは教授に出会っても挨拶もしない。先生の方も、講義中に学生が私語をしても注意もしない。大学の構内では物を置き忘れたら、まずなくなってしまう。誰もが自分の利益だけを考えている。全体のために何かしようとすると、口だけは賛成するが自分からは実行しない。よい会社や官庁に就職することだけが関心事で、学問も成績をあげるだけのためにしている』。軍縮で予備役になり、ある帝国大学に入学した砲兵大尉の投稿である。

『職員室では先生たちは非協力で冷たい目を向けてくる。学校長ですら頼りにはならない。孤独に耐え、不平を言わず、ひたすら任務を果たすことに没頭すべし』。某県立中学へ派遣された歩兵大尉の後輩へのアドバイスが載っていた。

こうしてみると、高学歴者のエリート意識、軍事への無関心さ、不当な評価を下して平然としている態度、学校教員の軍人への意地悪さなどは、現代でも少しも変わっていないように見える。

◆明治から始まっていた学校での軍事教育

学校で行われた軍事教育というと、1925（大正14）年からの現役将校学校配属制度が始まりだと思われている。しかし、実際には明治の初めから行われていた。ただし、軍隊はその頃には、学校での軍事教育について少しも大事だと考えてはいなかった。

一番困ったのは兵士たちの運動能力だった。すでに幕末期に、幕府陸軍の育成指導にあたったフランス軍士官は、「歩行に慣れ筋骨堅固《きんこつけんご》」な人間は「山野草莽《さんやそうもう》中に生長する」と述べて、兵士はそこから徴集すればいいと意見を出している。[*36]

当時の日本人は、とても、そのままでは兵隊にはできなかった。「練体法」、つまり腕を回す、足をあげて歩く、走る、しかも右手と左足を出す、左手を前にふったら右足を出す、そんなことから始めなければならなかった。体操がまず新兵訓練の初めに行われた。この幕府陸軍[*37]の創設時の苦労は多くが伝えられている。新兵教育の始まりは、まず、一週間、柔軟体操からだった。

しかし、運動能力の面については、陸海軍とも当初は学校体育など気にもしていなかった。それは、もともと、徴兵されてくる人間が、ひどく少なかったからだ。木

＊36　横浜太田陣屋に置かれたフランス三兵伝習場の指導官・シャノアン大尉が提出した建白書。

＊37　１８５４年、前年のペリーの来航に驚いた幕府は講武所を開設することを決定した。次には62年の軍制改革である。徳川幕府の親衛常備軍の編成が企画された。歩兵・砲兵・騎兵による近代装備軍である。翌年には江戸の各所に歩兵屯所ができた。鳥羽伏見で善戦したのは、このフランス仕込みの歩兵隊や伝習隊である。

下秀明は、１８８６（明治19）年の『陸軍省大日記』から算出した数字を出している。徴兵検査を受けた人は約36万人、うち徴集可能者はおよそ半分。合格者は約５万人、入営したのは１万５千人にしかすぎなかった。

身長からみた内訳も興味深い。当時、砲兵は５尺５寸（約１６６・７㎝）以上という当時としては大男である。それが全体比率からみて０・３％だった。筋骨すぐれ、体力がある人間は少なかったが、それを徴兵してしまえばいいわけである。

むしろ、陸軍の関心は徴兵によって、毎年入営してくる「生兵《せいへい》（未教育兵）」のための軍隊教育の確立に苦労していた。「下士官ハ陸軍ノ縁ナリ」、「士官ハ陸軍ノ標柱ナリ」というように幹部教育に全力を傾けなくてはならなかった。海軍はこのころ、志願兵だけで十分に毎年の必要数を得ることができていた。

だから、軍が学校に求めたのは、知的水準の向上だけであって、体育問題にはほとんど関心がなかった。むしろ、一般学校でこそ、熱心に軍事訓練は行われていた。

◆文部省は軍隊教育をもっと進めたかった

工部大学校[*38]では、１８７３（明治６）年には「保健上陸軍歩兵操練」を実行している。柔軟体操や、隊列運動、さらには器械体操まで行っていた。

１８７４（明治７）年には長崎県師範学校や、翌年には筑摩県（現長野県の一部）でも軍隊の体操が実施されている。同11年には文部省は体操伝習所[*39]をおいた。米人リーランド[*40]を招き、体操科の教員養成師範学校にあたる。

１８８０（明治13）年、河野敏鎌《とがま》[*41]文部卿は、学校での歩兵操錬実施について準備を始めた。陸軍卿大山巌にあてて、東京師範学校生徒91人、体操伝習所生徒23人に銃隊

＊38　１８７１年に工部省内におかれた工学寮の後身で全寮制の学校である。73年にはお雇外国人教師も来日し、工部学校が開設された。77年、工部大学校と名前を変え、85年には東京大学の工芸学部と合併して帝国大学工科大学となった。85年までの卒業生は２１１名である。

＊39　武術の学校採用、歩兵操典の実施、戸外遊技の奨励など、諸学校令で確立された体操科はここで生まれた。１８８６年に閉鎖されるが、ここで行っていた兵式体操教員の養成は高等師範学校体操専修科に引きつがれた。

＊40　アマスト大学出身の医学士で、３年間にわたって軽体操を指導した。軽体操とは、木馬（今は鞍馬という）・鉄棒などの固定器具を使う重運動と区別するためである。リーランドが紹介した軽体操器具は、木アレイ、棍棒、球竿、木環などの軽手具を使って一定の形式にしたがって行う体操のことである。

操錬法式を教えるため教官を派遣してほしいという依頼書を出した。師範生徒は週1回1時間、土曜の午後のみ、伝習所生には月水金の週3回、各1時間ずつである。課外必修とする計画だった。

ところが、体操伝習所生はうまくいったが、師範学校生はそうはいかなかった。『生徒常用之衣装ニテハ教練上不都合《ふつごう》有之《これあり》』というのがその理由である。袴《はかま》を穿《は》いて、下駄や草履《ぞうり》といった服装では銃隊の訓練どころではなかった。洋風の服装は軍隊、警察、官員、鉄道員などの者しかしていなかったのだ。

では、この訓練の中味とはどういうものだったか。「体操伝習所報告」によると、まず、小銃操法のために前もって身体四肢の運動に慣熟させる。次に徒手運動を教える。これは陸軍の新兵訓練と変わらない。実施の効果については、「健康ノ壮者」には、その効果は軽体操に匹敵するとしている。そして何より、「動止端正《どうしたんせい》ニシテ且《かつ》順良ノ慣習ヲ養成スル」効果に注目して、学校で教授するにふさわしいという。

このように、文部省の考え方は、軍隊式体操は、子供たちにその動作に節度をもたせ、命令に従う気持ちを育てる効果が高いというものである。

明治初年の学校での軍事教育は、陸軍の要請からではなかった。国政全体の課題とする文部省の判断から行われたことに注目すべきである。

インテリには、せっかく身につけた専門性で貢献してくれた方がいいと当局者は思っていた。だから、知識人には兵役免除や徴集猶予の特権があった。ささやかな規模だった日本陸軍では、幹部は教導団（下士養成）、士官学校で育てた。学歴のある者は一部の志願者のみが各部の将校相当官として軍隊に関わってくれれば良かったのだ。

だから、陸軍はこうした文部省の熱意にきわめて冷淡だった。『軍隊ノ外《ほか》兵器ヲ携

＊41　河野敏鎌（1844～1865）土佐藩士、江戸遊学中に武市瑞山と意気投合し、土佐勤王党に加わる。1869年以後、官途に就き、欧州出張。司法官として大久保利通内務卿の信頼があつく、佐賀の乱などの判事。80年文部卿、81年農商務卿、政変で下野、立憲改進党に参画、副総理。のち解党を主張して党を離れる。枢密顧問官や各省大臣を歴任する。

フル者アルハ陸軍ノ権限ニ関係スル又浅尠ナラス（廃刀建言書）』と山縣有朋がいうとおり、軍人以外の者が兵器にふれることに抵抗感をもっていた。

◆徴兵令改正と軍事訓練

１８８３（明治16）年12月に徴兵令は改正された。これは79（明治12）年の改正より進化したもので、常備兵役として現役3年、予備役4年と後備兵役が5年となった。そして、予・後備役がそれぞれ一年ずつ延長された。最初の徴兵令にあった代人料２７０円が廃止される。

また、看護卒[*42]育成のための一年志願兵制度も登場する。官立府県立学校の卒業証書があり、経費を自弁する者だけの特権である。ただし、この一年志願兵は、予備役幹部（将校・同相当官を含む）を養成するための89（明治22）年の改正で登場したものとは違っていることに注意しなければならない。

陸軍は、貴重な中等教育修了以上の人のために、看護卒という衛生部員（非戦闘員）という立場を作った。あるいは、徴集を猶予することによって実質兵役免除を与える方法を選んでいた。戦場に身をさらすよりも、他の分野で奉公してもらいたいという希望をもっていたためである。

また、帰休制度もできた。現役兵であっても、その期間を終えないうちに帰宅できるというものである。ただし、これが適用されるのも、中等教育の修了者のみだった。そして、その資格要件には、陸軍が主張しなかったのに、文部省側から「歩兵操錬修了者に限る」という但《ただ》し書きがつけられていた。

そのため、全国の師範学校や専門学校では、歩兵操錬に関心が高まった。学習院も

＊42　衛生部に属する兵卒であり、国際法上、非戦闘員にあたる。のちに衛生兵と改称されるが、薬学、衛生、医学などの初歩を学ぶ以上、基礎知識がなくては難しかった。補助看護卒といわれた雑卒とは区別された。

例外ではなかった。歩兵将校が宮内省御用掛兼任となって、操錬の指導に派遣されることになった。

木下秀明の調査によれば、文部省は１８８５（明治18）年３月に歩兵操錬用小銃について府県に照会した。また、銃器の取り扱い要項を２府42県に通知する。同年中に文部省から直轄《ちょっかつ》学校や府県に貸与《たいよ》した小銃が４１６７挺になった。官公立中学校71校、師範学校57校、合計１２８校、生徒数１万８４６０名から見れば、全校生徒数１５０名くらいのところへ33挺の小銃を配っていることになる。

◆森有礼の兵式体操論

森有礼《ありのり》＊43は明治中期を駈けぬけた文部行政の推進者だった。その手法はときに強引すぎて世論の反発も買い、憲法発布の日、刺客に襲われ翌日に亡くなった。

森はすでに１８７９（明治12）年、つまり英国へ赴任する前年、東京学士会院で「教育論―身体ノ能力」と題した講演を行っている。「勇」と結びついた身体の能力を養うためには「兵式」体操を採用するように主張したのだ。「気質体躯《たいく》ヲ鍛錬スル」ことを急がねばならないとし、「全国富強ヲ致スノ大基礎」ともいった。

欧米社会を詳しく見てきた森にとって、日本の青少年たちの体力の無さや、筋骨の発達の貧しさはショックだった。富国強兵とは、単なるスローガンではない。まず、それを支える底辺のところから始めなければならないと考えていた。森は兵式体操こそが国民教育の基本中の基本と考えていた。

森の兵式体操論は具体的には二つに分かれている。森は83（明治16）年の徴兵令改正は不徹底だという。全国の男子を全員、兵役に就かせることが必要だとする一方、

＊43　森有礼（１８４７〜１８８９）薩摩藩下級士族の子として生まれた。藩校造士館、開成所（のちの洋学所）で学び、１８６５年、藩の留学生として英国に学ぶ。つづいてアメリカへわたり、帰国は維新後の明治元年だった。80年から84年まで駐英国公使となり、その間に伊藤博文に認められ、帰国後、ただちに文部省御用掛、85年の内閣制度発足にあたって、初代の文部大臣になった。

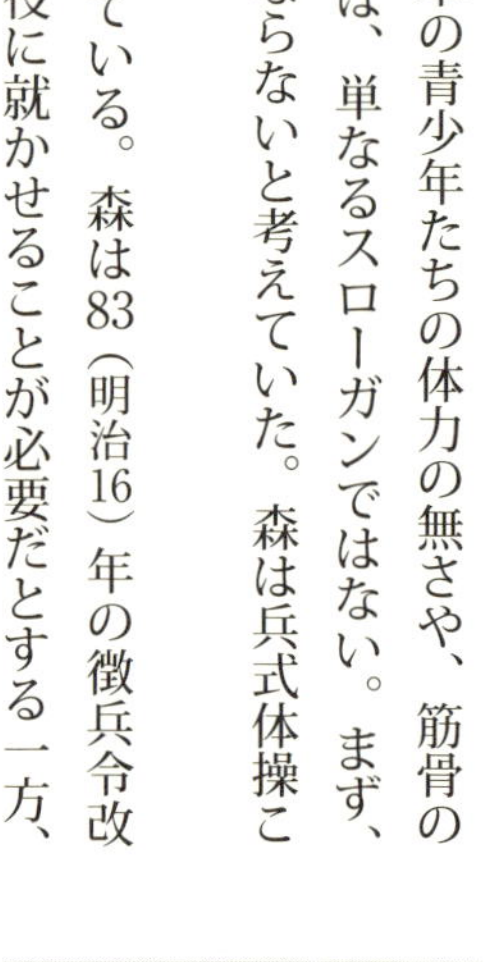

森有礼Ⓚ

兵役免除とすべき中等学校以上の修了者には「尚武《しょうぶ》ノ気象ヲ養成シ以《もっ》テ国民タルノ分ヲ守ラシムヘキコト」とも言っている。つまり、中等学校での兵式体操の採用は、決して、実用的な軍事教育ではない。兵役免除者になるような知識人にも国民教育を考えていたのだ。

森がもっとも重要視したのは、国民教育の正面担当者、小学校訓導《くんどう》*44を育てる師範学校の兵式体操である。森は師範学校には特別な位置づけをした。生徒の取り締まり管理には寄宿舎制度が良い。『教室外の教育は、坐作《ざさく》、進退、衣食、起臥《きが》、その他すべての事に関する。これらは最も規律を重視しなければならない。男女まったく同じである。男子の方は軍人流儀の訓練法を用いるのがよい。陸軍の訓練法をよく参考にしてこれを実行すること（明治18年「師範学校合併に関する告諭」から現代語に訳し、抜粋した）』

森は小学校訓導に学科の教授能力だけを期待したわけではなかった。

◆「従順」「友情」「威儀」を求めた

森の期待する「善良ノ人物」とは、「従順」「友情」「威儀」の三要素を備えた人をいう。兵式体操は、それを育てる一つの方法であり、「道具責め」でもあるとも言われた。これを１８７８（明治11）年に山縣陸軍卿が出した『軍人訓誡《くんかい》』が強調した軍隊教育の理念である『忠実勇敢服従ノ三約束』と比べてみると、国民教育と師範教育の理念との共通性がよく分かる。

『軍人訓誡』が出されたのは、西南戦争後の混乱を収めようとしたものだ。軍人の中には組織に忠実ではない者が多かったからだ。西南戦争の後の恩賞が不満で皇居近く

＊44　１８７３年8月に太政官布告が出された。官立諸学校の教員等表を改正したときに、大学は教授、中学は教諭、小学は訓導としたのが始まりである。81年7月には小学校教員免許状授与心得によって全教科について免許のある者は訓導、唱歌・体操などの教科、あるいはいくつかの教科の教授免許状をもつ者を准訓導とした。

で実弾を発砲した「竹橋事件」があった。軍内部では政治についての意見をいう者も多かった。上司への反抗もしばしば起きていた。

1886（明治19）年に出された師範学校令には、『生徒ヲシテ順良信愛威重ノ気質』を備えさせることを重点とすると但し書きがついている。師範教育が目指した三つの徳目は、軍隊教育になぞらえた国民教化の理想だった。師範教育は、軍の歩兵教育に欠くことができない体操と操錬とからなる兵式体操を重視する。同時に、士官学校生徒舎をモデルにした軍隊式の全寮制を取り入れようとしたのである。

木下が指摘するように、軍隊教育の総本山の市ヶ谷にある「陸軍士官学校」に対する国民教育の総本山お茶の水「高等師範学校*45（東京教育大学の前身）」という対比はここに始まった。

ところが、この兵式体操は形式に流れてしまったのである。軍隊経験がない教員による指導、それはどうしても徹底がされなかった。せっかくの道具責めも、「仏造って魂入れず」ということわざの通りである。師範生にとっては、兵式体操が何の役に立つのかも理解できなかった。行進や体操、面倒な銃の手入れに苦しめられた。そして時代は自由民権の時代でもある。

教える側もおざなりになる。森は失望したらしい。そして、指導を軍人に依存した軍事目的の国民教育へと変質していった。

軍人指導の第一歩は1884（明治17）年から体操伝習所に陸軍大尉が派遣されたことから始まった。師範教育での現役軍人指導の始まりだった。

*45 公立中等学校の教員、尋常師範学校長を育てる学校。全国に東京と広島に2校が生まれた。のちに東京文理科大学、広島同になり、前者は東京教育大学、後者は広島大学教育学部となった。

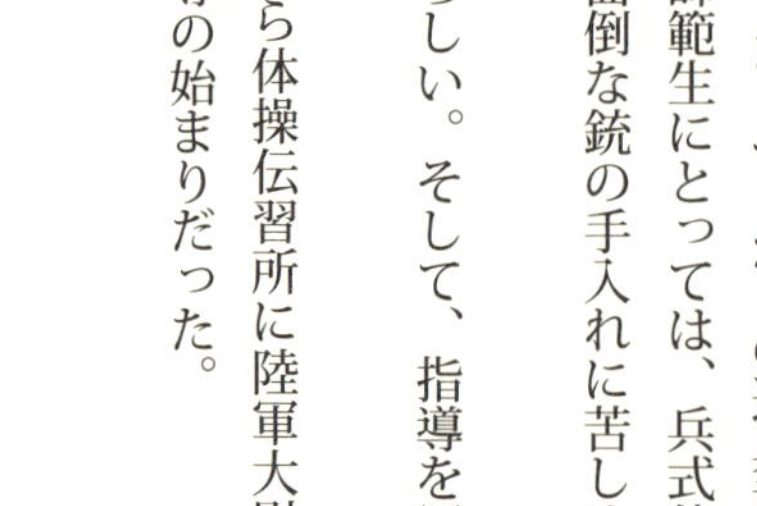

高等師範学校
（現・東京医科歯科大学『地理写真帖』）Ⓚ

◆師範卒業生の短期現役制

1889（明治22）年1月の徴兵令改正には、これまでと異なった大きな変化があった。清国への備えを考え、予備役幹部（下士官以上）の養成も考慮したものである。新しい一年志願兵制の採用があり、「六ヶ月現役制」の規定をおいた。満17歳以上満26歳未満の官立府県立師範学校卒業生は6ヶ月の間、陸軍現役に服すること、ただし、費用はその在学校から納めることとなっていた。予備役期間は7年間という長いものである。その後、後備役が3年というものだった。

ただし、11月の改正追加で、「六週間現役」に短縮され、「直チニ国民兵役」に編入されることになった。このことは、まず、戦時でも動員されることのない国民兵役に教員を置くことで、小学校教育を守ろうとする意欲を示している。同時に、26歳までに教員を辞めれば「抽籤《ちゅうせん》ノ法ニ依《よ》ラスシテ」必ず徴集するとしていた。師範在学を徴兵逃れに利用させないためである。

陸軍は当時、鎮台制度から師団制への改編に忙しかった。そんなときに、6ヶ月も師範出身者や生徒を預けられるのも迷惑な話であったにちがいない。そこで6週間という、たいへん短い期間に直したのではないだろうか。この制度は、1918（大正7）年の徴兵令改正による一年現役制での期間延長まで続くことになる。国語教材[46]の中にも、兵式体操の描写が加えられたのもこの頃である。

ただし、この時代、世界各国とも小学校から兵式体操を行うのがふつうだった。1884（明治17）年にロンドンで開かれた「万国衛生博覧会」では、パリの小学校の兵式体操が参観者に発表されていた。

＊46　『尋常小学読本（巻一）』には、『ますぐにたてよ、正しくむけよ、左を見るなよ、右をも見るなよ、かしらをまげず、むねをばいだし、ちかよりすぎず、ほどよくならべ。ゆだんをするな、がうれいまもれ、足なみそろへ、しづかにあゆめ。』などと基本の姿勢、整列の方法、号令を守ること、足並みをそろえることなどが書かれている。

また、巻二には、『兵士は、国のために、てきとたたかひて、吾等を守り、二つなき命をも、をしまぬものなれば、つねにたふとみうやまふべし。吾等、今は小児なれども、二十歳に至る時は、皆兵士となりて、今の兵士に代り、勇ましく日本を守らん。』などという文章が載せられている。

◆日露戦後、陸軍は学校での体操に関心をもつ

兵士は歩いたり、伏せたり、銃を撃ったりするだけではない。いつでも重さ４kgの鉄でできた小銃を持ち歩く。だから、新兵の訓練とは、まず執銃《しつじゅう》の習慣をもたせ、停まるときも歩くときも、それを他人に危害を加えないように配慮することを身体に叩きこむことから始まるといっていい。

歩兵の訓練は、一人ひとりの各個教練から始まり、隊列運動と言われるものが次の段階である。集団行動訓練である。師範学校ではもちろん、小銃を持たせて訓練を行った。また、装具などを身につけての『行軍演習』も必ず教育することになっていた。行軍とは、部隊の隊列を崩さず、長距離を行進することである。また、射的術、すなわち小銃射撃も高度なものが要求されていた。

８００ｍまでを目測できるようにさせられるのが下士兵卒である。師範生は１２００ｍまでを目測し、音響も情報ソースとして用い、器械、地図、交会法なども使いこなせなければならなかった。器械とは測量機器であり、交会法とは、２ヵ所からの角度の測定で距離を推定する技術である。これは、当時の初級将校が要求される技能と変わらない。

これを尋常中学校の軍事教育内容と比べてみると、中学校では兵式体操が軽視されていることが分かる。まず、４年生と5年生でしか行われていない。しかも、４年生では徒手柔軟体操などの各個教練しかない。ようやく5年生で執銃柔軟体操が加わり、中隊規模の隊形訓練が行われるくらいだった。内容進度は「歩兵一箇年教育順次概表」と比べると、３ヶ月にあたる1期にも届いていない。召集された補充兵の内容にも到達していないのだ。

軍が中学校での軍事教育に関心を強く持ち始めたのは日露戦後だった。それは、現役兵の在営期間を１９０９(明治42)年に2年間に短縮したことからである。そのため、これまで3年間をかけて訓練してきたことを2年間で教えることになった。そればかりではない。集まってくる兵士たちは、増えた分だけ体格・体力も落ちている。こうした不足を補うために、入営前の予備教育として学校教育に注目が集まってきた。

このことは、日露戦後になると「偕行社記事」の中に、国民教育に関する論文の掲載量が増えていることがよく示している。しかも、陸軍は「無形教育」つまり、目に見えないモラルや意欲を高めることも重要だとしていた。あくまでも軍事教育は体力を高め、「意気を剛健ならしめ、活発なる尚武《しょうぶ》の心を鼓吹《こすい》」することに集中すべきだともいう。それは「軍人ニ仕立ル目的ヲ以テ与エラレル軍事予備教育」はいわゆる「半可通《はんかつう》」を育ててはしまいかという心配があったからである。

次に教える側の問題について考えてみよう。中学校の体操教員は多くが陸軍の予備下士だったという歴史がある。明治の初めには、学校で体育を教えるなど考えられていなかった。学校はせいぜい読み・書き・そろばんを教える所だった。運動場などもなかった所が多かった。子供たちは寺が学校なら前庭で遊び、町の中の寺子屋から始まった学校では軒先や、道ばたで休み時間を過ごしていた。

中学校になると欧米流の教育課程が導入され、そこで初めて体育が教育活動となった。参考にされたのは当時の軍隊の体力錬成のカリキュラムである。それを教えることが出来るのは、陸軍を満現役期で除隊した下士しかいなかった。満期下士は中学の体操教師に雇われることが多かった。学校体操が兵式体操に統一されるなら、ますます満期下士の中から適格者を選ぶことができるようになってくる。

その頃、陸軍は下士の再就職先に困っていた。良い下士を得るためには除隊後の就職援護も考えなくてはならなかった。同時に、戦時動員を考えると、予備下士は十分にもっていなければならない。

しかし、制度が整ってくれれば、体操を兵式だけにとどめておくだけにはいかなかった。今日のような体育授業が要求されてきたのだ。１９０６（明治39）年には、満期下士に体操教員の資格を与えることについて、文部省は不可と回答した。

文部省と陸軍省の交渉が始まった。体操を普通体操と兵式に分けるという文部省。それなら、内容を体力、気力錬成を重んじるものにして欲しいという陸軍省。この結論は、１９１３（大正2）年の「学校体操教授要目」の制定で示された。ここで初めて「教練《きょうれん》」が登場する。ただし、この要目では体操科の教材として、体操、教練、遊戯および中学校以上では撃剣《げきけん》及柔術が示してあった。

小学校高学年以上の男子が受けていた兵式体操を、女子も受けることになり、高等専門学校に至るまで実施とあるので軍隊教育が広がったように見える。ところが、この教練とは「気を付け・右へならえ」などの基本的な団体訓練でしかなかった。しかも、兵式体操時代には中等学校のカリキュラムに入っていた「軍事学ノ大意」が削られるということもあった。予備役幹部養成のねらいもある中等学校でそれが無くなったというのは、むしろ退歩になる。

１９１７（大正6）年、臨時教育会議[*47]は、「兵式体操振興ニ関スル建議」を提出した。そこでは、形式に流れて精神が失われているという認識と、准士官・下士、予備将校などよりも現役将校の派遣を希望したいといった主張がされた。軍よりも、文部当局、教育機関の側に現役将校の指導を望む声があったことに注目すべきである。

＊47　世界大戦後の教育改革について策定をするため、寺内内閣によって１９１７年9月20日に設けられた内閣総理大臣の諮問機関。総裁以下37名の委員が19年5月23日に廃止されるまで6回の答申を行った。高等普通教育について7年制高等学校（尋常4年、高等3年）の設立、単科大学の許容、公私立大学を官立と並べて認可することなどを答申した。

◆陸軍現役将校学校配属令と青年訓練所

もう一つ、この制度と関連づけて行われた青年訓練所について知っておかねばならない。のちに義務制の青年学校になった。青年師範学校という教員養成学校までできたことが、あまり知られていない。

現役将校配属令が1925（大正14）年であり、青年訓練所は翌26年に発足した。どちらも、総力戦を意識した青少年軍事予備教育の両輪として期待された制度である。青年訓練所とは、義務教育だけで終わった青少年へ小学校教育の補習と軍事訓練を行う組織だった。満16歳以上の勤労男子を対象としていた。

4年間に普通学科200時間、公民科、職業科がそれぞれ百時間、教練4百時間の履修を目標とした。市町村、同学校組合を設立者としたが、ほかに工場・鉱山・会社・商店などの私人団体も設けることができた。職員は主事と指導員で、主事はたいていが小学校・実業補習学校長であり、指導員は在郷軍人が務めた。実業補習学校[*48]との並立がしばしば問題になり、35（昭和10）年には合併が許されて青年学校となった。

小学校の尋常科もしくは高等科を卒業して、一人前の働きを期待されている農山漁村の若者は夜になると小学校で開かれている実業補習学校へ出かけた。日曜に開催されることもあった学校は、同年代の楽しい交流の場だった。青年団や処女会《おとめかい》といった若者の組織がそれに絡みあってもいた。

男子は16歳になると、先輩にあたる在郷軍人が指導する青年訓練所にも入所した。その指導員には若い予備役上等兵が多かった。在郷軍人会の会長はたいていが村の旦那衆《だんなしゅう》で一年志願兵あがりの予備役将校である。彼らは、そういう場には公的なときに

＊48　1893実業補習学校規定が出された。目的は、小学校教育の補習と、かんたんな職業に必要とする知識・技能を授けることだった。教科目は修身・読書・習字・算術および実業。年限は3ヶ年以内で、授業形態は日曜・夜間・季節を認めた。1907年には全国で4634校になり、その大部分は農業だったが、商業・工業・水産の順になっていた。

しか現れなかった。村に残った若者の優等生は青年訓練所でも熱心に訓練を受けた。現役で入営すれば上等兵になる確率も高かったことだろう。入営前の訓練所の成績が良かった者で軍隊でも優秀だった者は、のちに半年も短く、在営1年6ヶ月で帰休できた。

◆中等学校軍事教練の内容

中等学校では、徒手、執銃による中隊までの教練があった。他には、射撃、指揮法、陣中勤務、旗信号、距離測量、測図があり、座学（教室での教育）として軍事講話、衛生救急などの内容が示されている。将来、将校に必要な軍事技術、知識面が拡大強化されている。これでは、予備下士が教育など出来るはずもない。指揮法も、2年生から始めて、分隊長、小隊長、中隊長の役も生徒に体験させる。軍隊教育の経験をもつ、しかも中隊長を務めたクラスの中堅将校でなければとても手に負えない内容である。

高等学校や専門学校[*49]、実業専門学校では、すでに中等学校教練を履修《りしゅう》済みということから、術科（実際に身体を動かす科目）を減らし、高度な軍事講話を行った。さらに大学[*50]では、術科はいっさい無く、軍事講話の他に戦史も教えている。

配属将校はそれに応じて、中学校は中隊長クラス（大尉）、高専が大隊長クラス（少佐）、大学はより高く連隊長クラス（大佐）があたっている。配属された将校たちの中には、いわゆる普通の成績、もしくはそれ以下の人はいなかった。よく軍縮でポストを失った将校たちの受け皿と解釈し、現在でいう「窓際族」のような将校たちという解説があるが、それは大きな間違いである。

軍が最も恐れていたのは「軍民離間《ぐんみんりかん》」だった。「軍隊は国民という海に浮かぶ船で

＊49　高等教育にあたる学校で、音楽、美術、外語などの専門学校と、商業、工業、繊維、農林、商船などの実業専門学校に分かれた。また、大学医学部に併設された医専もあった。

＊50　大正の中期の教育改革で、それまで専門学校扱いだった私立大学も、多くが本当の大学になった。学士号を授与できるようになる。官公立高等学校と同格の予科もおく大学が多かったが、専門学校程度の「専門部」を併設する大学も多かった。専門部卒業者には学士の称号はなかった。昭和戦前期、大学は帝国大学を頂点に、官立単科大学（医科、商科、工科など）、私立総合大学などがあった。

ある。その舵取りが将校である」と説いたのは田中義一だが、国民から支持を失ったら陸軍はおしまいである。ただでさえ、陸軍は一般人から恐れられていた。兵営生活は牢獄のようだ、下士官は威張り、古年兵はリンチでいじめる。そういった認識は広く世間をおおっていた。

将来は予備役幹部ともなり、社会の指導層にもなる若者たちに、二流、三流の将校と会わせるはずもなかった。大東亜戦争の高級指揮官の中には、この大正末期から昭和初め頃の配属将校経験者が多い。また、陸軍省人事局は意図的に、地方の進学校には、そこの卒業生[*51]をあてた例が多い。

学校教練の最後に行われる検定に合格すると、幹部候補生の受験資格が与えられた。また、幹部候補生を志願しなくても成績の優秀だった者は在営年限が短縮された。

◆配属将校の教育

「偕行社記事」の付録によると、１９２５（大正14）年3月に13日間、東京市ヶ谷の士官学校講堂に１２００人の配属将校予定者を集めて教育したとある。服務の心得をはじめ、制度の目的、教練実施上の注意などを陸軍次官、軍務局長、教育総監部本部長、同課長などが講義している。また、文部省側からも大臣、専門学務局長、普通学務局長、実業学務局長などが、それぞれ期待するところを述べ、督学官《とくがくかん》[*52]は青年心理について講演した。

全員で摂政宮（のちの昭和天皇）への拝謁《はいえつ》もあった。教育学や心理学、体育学の専門家による講義もあり、技術本部では新兵器の説明を受け、所沢飛行学校では航空機や気球についての解説もあった。中でも特筆すべきは、摂政宮への参内《さんだい》、拝謁だった。

＊51　戦争末期の沖縄軍の司令官、牛島満大将も若い歩兵大尉の頃、母校の鹿児島県立一中に勤務したことがある。

＊52　文部大臣の補佐機関として置かれた中央視学機関。１９１３年に、これまでの視学官を廃止して督学官が設けられた。当初は定員7名、奏任官であり、19年以降、学事の視察・監督のみを行った。

ふつうは、連隊長以上の団体長だけが許されることである。配属将校の士気を高めようという施策だったのだろう。また、この集合教育の内容は編集され、冊子になり、「偕行社記事」の付録として全現役将校に配られた。それだけ陸軍には、この制度に対する期待が大きかったことが分かる。

　また、軍事講話の参考資料として挙げられているものに特徴があった。大学や高専の講話用の資料のレベルの高さである。高級将校でなければ不要な内容まであった。これは、とても初級予備将校養成の一年志願兵のためのものとは思われない。戦史教育だけに限っても、中等学校では士官学校と同等、高専では初級から中級将校レベル、大学では陸軍大学校履修者のレベルで企画されていたのだ。

　ここから分かることは、高専や大学で学ぶような知的エリートには、予備役幹部の予備教育ばかりか、相応の軍事学の知識を与えようとしていたことである。日本の大学には、欧米諸国の大学のように軍事学の講座がなかった。しかも、知識人の多くは軍事を嫌っていた。大正時代の教養主義では、文学と哲学が大事にされた。そうした人たちが、いずれ社会をリードするようになる。少しでも軍事学的素養をつけておきたいと陸軍は考えていたのだった。

　学生たちに与える参考資料もすぐれた物が多かった。列強と日本の国力の比較、産業、財政、金融までも取りあげ、体育関係事項で終わっている。「軍事統計表」もあった。それに対して、学生たちはどう答えたか。この項の最初に書いたとおりである。もちろん、積極的に受講し、熱心に学んだ者も多かっただろう。しかし、「偕行社記事」でも、教練に対する好感を示した高校生のことを取りあげるなど、かえって実態は逆だったのではないかと考えられる。

もちろん、地方の中等学校の生徒と配属将校の温かい交流もあったことだろう。教官の言動を見て、陸軍士官学校を受験したという中学生もいた。それだけの人格をもつ人たちを厳選して教育現場に送りこんだのである。[*53]

◆現役将校配属制度の崩壊

配属将校に殴られた、ひどい教育をされたと恨んでいた人は多い。

１９３１（昭和６）年９月、満洲事変が始まる。これより後、配属される現役将校の数が急激に減ってくる。まず、２校を兼務するようになる。動員がかかれば、戦時補職をもっている現役将校は動員部隊へ出頭しなければならない。木下秀明の作成した表によれば、１９２７（昭和２）年に兼務将校数は44名だったのに、31年には１２９名になり、36年には６２２名にまでなってしまう。

１９３７（昭和12）年に始まる日華事変での戦時動員は、陸軍の平時の教育を止めてしまった。各兵科の実施学校に派遣され研修を受けていた将校たちは帰隊する。そして、予備役将校たちの召集も始まった。幹部候補生、あるいは旧制度の一年志願兵出身の予備将校たちが部隊に戻ってきた。

そうした人たちの中から、特別志願によって現役並みの扱いを受ける人たちも出てくる。陸軍の人事では現役でなくては就けないポストがあった。また、予備役のままでは、序列や指揮権継承などで現役の下につく。進級に必要とされる最低年限も、現役に比べれば長くなってしまう。どうせ、大きな戦争だから、なかなか帰れないだろう。それなら、特別志願をしておこうという予備役将校たちも多かった。

特別志願将校制度は、１９３３（昭和８）年に始まった。士官候補生出身の、つま

＊53　１９３７年には、配属校数は１３２０校で内訳は高専以上２３８校、中等学校１０８２校になり、教練実施学生生徒数は約50万人に達した。大学学部生５千人、専門学校５千人、中等学校44万人である。

り士官学校卒業の現役少尉、中尉が不足したからである。また、1936（昭和11）年には、将校人事の危機が来るという説があった。大正時代の軍縮のツケである。一斉に少佐や大尉クラスの現役将校たちに予備役編入の時期が来てしまう。これを1936年危機説といった。特別志願将校は、身分は予備役召集将校ではあるが、現役に準じる扱いを受けた。現役でなくては就けないポストにも行けるようになった。

たとえば、学校配属将校は、士官学校を出た現役将校だけが配置されるポストである。それを「現役扱い」される、本来は後備役・予備役の将校が学校にも配属されるようになった。中には下士官出身や、一年志願兵、幹部候補生出身の将校もいただろう。こうして、現役将校学校配属制度は崩壊してしまったのだ。

一部の予・後備役配属将校の言動は、良い思い出を学生・生徒たちに残さなかった。ヒステリックな言動や、厳しい体罰などを憎み、恨んだ人が多かった。陸軍が滅んだ後の現在までも続く悪評は、このことにも大きな関係があったと言っていい。

おわりに

学校で使われる歴史の教科書を見ても、戦争の経緯や、原因、そのもたらしたものはほとんど分からない。批判されることが多い高校教科書も、ほんとうに問題なのは少しも戦争の実態が見えてこないことだ。それは、軍が残した記録や、厖大な戦史に関する研究書を読んでも事情は変わらない。

まず、軍の記録や歴史学者の言葉が難しい。軍事用語や、歴史学者の使う用語は、それを解読するだけで一苦労である。戦史学者の論文も、多くの人にとっては馴染みがなく、ページを開いただけで、読む気力を失うことになるだろう。

私たちの歴史に関する知識は、その大部分が小説や、テレビなどのメディアに依っているそうだ。論者の一部が心配するような、偏った歴史授業など、アンケートを見る限り数パーセントの影響力しかないという。実際に学校現場に身を置いてみると、その実態はたいへんよく分かる。教育というと、人はなんでも出来るように言うが、教育には実に出来ないことの方が多い。これは自分の経験をふり返ればすぐに分かる。教師は授業にあたって、それなりに努力も工夫もするものだが、子供の多くは大人になれば、そのほとんどを忘れているだろう。

技術と人の関係は大きい。人が豊かになって、腹を減らすこともなく、寒さ、暑さに苦しめられず過ごせるのは、すべて技術のおかげである。同時に、それは人々の間に不公平さも生んできた。国のレベルで考えても同じで、技術のある国と無い国の間には、一朝一夕には追いつかないほどの差ができる。

わが国の戦前社会では、バネのようなちっぽけな工業製品ですら、欧米に追いついていなかった。今ではボールペンにまで美しく白く輝くコイル・スプリング（渦巻きバネ）が使われているが、昔は、あんな物でも欧米に追いつくことができなかった。バネは小銃や機関銃の性能を左右し、戦車や装甲車、トラックの故障の原因となり、砲の性能にも影響を与えた。いま、私たちは進んだ工業技術のおかげで快適に暮らしているが、どれほどその重要性を分かっているだろう。当たり前のモノやコトには、人は関心を向けることが少ない。しかし、ちょっとでも油断をすれば、技術の進歩は止まってしまう。

私たちの父祖は「追いつけ、追い越せ」と近代の百数十年余りの坂道を駈け上がってきた。追いつかれる立場になった今こそ、もう一度、父祖たちの努力をふり返る必要があるだろう。

安全保障についても、「抑止力」などという言葉にも馴染みがない人が多い。戦後、わが国が戦争を否定し、独立国の固有権である「交戦権」まで認めていないことを知らない人もたくさんいる。自衛隊に期待するのも災害派遣が第1位である。現在も、海外には丸腰で数百人の自衛官が派遣されていることにも関心がない。まさに、戦前の戦時体制からは想像もつかない変化である。

しかし、それがもともとの日本人の姿ではないか。定説通り、過去の日本人たちがみな軍事に関心をもち、侵略主義にこり固まっていたというのは、ほんとうの日本人の姿だったのだろうか。実は、それはある思想をもった人々の捏造だったのだ。近代以来、１５０年近くが経って、日本人は初めて長い平和の時代を体験している。『戦争とか、国防なんて、お上の考えることですよ』と答えた江戸時代の日本人に戻っただけではないだろうか。

この本は、当初から編年体を意識したわけではない。私の長年の「勉強ノート」であり、いわば備忘録である。これを歴史的経過が分かるよう編み直したところ、明治建軍から昭和の満洲事変（１９３１年）頃までの内容が主になった。この後の歴史については、続編として１９４１年の対英・米・蘭戦争までの社会の状況、陸海軍のあり方について筆を進めているところである。次作にも期待していただければ幸いである。

この本の着想や、取材、執筆にあたって多くの友人たちから援助があった。とりわけ、陸上自衛隊のＯＢたち、現役の隊員諸官、学校や機関、部隊の人たちから資料の提供や、助言、励ましの言葉をいただいた。

本文で紹介した他、陸上自衛隊の市ヶ谷、朝霞、木更津、松戸、下志津、三宿、練馬、十条、習志野、目黒、東立川、立川、小平、横浜、久里浜、武山、座間、霞ヶ浦、北富士、滝ヶ原、板妻、駒門、守山、富士、明野、伊丹、千僧、信太山、川西、大久保、出雲、宇治、桂、善通寺、北千歳、東千歳、北恵庭、上富良野、札幌、旭川、帯広、遠軽、美幌、真駒内、多賀城、仙台、健軍、北熊本、福岡、春日、久留米、前川原、新発田、神町、青森、弘前、盛岡の各駐屯地広報室の皆さん、陸上自衛隊の武器学校、需品学校、関東補給処松戸支処、富士学校、衛生学校、小平学校、航空学校、輸送学校、施設学校、通信学校、高射学校、幹部学校、そして防衛研究所などの皆さんから貴重な助言や、資料の提供をいただいた。

希少な航空機写真のご提供をいただいた高橋政孝氏、銃器写真の使用について快諾してくださった須川薫雄氏、軍馬について教示くださった武市銀治郎氏の皆さんには重ねてお礼を申し上げる。高橋氏の父君は陸軍航空兵将校、ご自身は元陸上自衛隊航空科幹部であられた。須川氏は実証を重んじられる当代一の銃器研究家として尊敬申し上げている。武市氏は元陸上自衛隊施設科幹部であられ、戦前軍馬の歴史の第一人者であられる。また、日本海軍の艦船写真の提供をいただいた元防衛大学校教授・海将補の堤明夫氏にも厚くお礼を申し上げる。

また、いつもながら面倒な注文に、いつでも笑顔で応えてくれた陸上幕僚監部広報室、海上幕僚監部広報室にも、この場を借りてお礼を申し上げる。

二〇一〇年初夏

荒木肇

参考・引用文献一覧（アイウエオ順）

＊ここでは、市販されているものを中心に、本書執筆にあたって直接参照した文献のみをあげる。

全章にわたって

生田惇『日本陸軍史』教育社歴史新書（１９８０年）
池田　清『日本の海軍・上下』至誠堂（１９６７年）
入江　昭『日本の外交－明治維新から現代まで』中公新書（１９６６年）
占部　弘『戦争歴史辞典』黎明社（１９６０年）
大濱徹也編『近代民衆の記録８・兵士』新人物往来社（１９７８年）
大原康男『帝国陸海軍の光と影』展転社（１９８２年）
加藤陽子『戦争の日本近現代史』講談社現代新書（２００２年）
加藤陽子『戦争を読む』勁草書房（２００７年）
加藤陽子『それでも、日本人は「戦争」を選んだ』朝日出版社（２００９年）
加登川幸太郎『陸軍の反省・上下』建帛社（１９９６年）
加登川幸太郎『三八式歩兵銃―日本陸軍の七十五年』白金書房（１９７５年）
熊谷　直『日本の軍隊ものしり物語』光人社（１９８９年）
熊谷　直『学徒兵と婦人兵ものしり物語』光人社（１９９４年）
熊谷　直『日本の軍隊ものしり物語２』光人社（１９９８年）
熊谷光久『日本軍の人的制度と問題点の研究』国書刊行会（１９９６年）
黒羽清隆『軍隊の語る日本近代・上下』そしえて（１９８２年）

サミュエル・ハンチントン／市川良一訳『軍人と国家・上下』原書房（1987年）
柴田隆一・中村賢治『陸軍経理部』芙蓉書房（1981年）
須川薫雄『日本の軍用銃』国書刊行会（1995年）
千葉徳爾『負けいくさの構造―日本人の戦争観』平凡社選書（1994年）
所　荘吉『新装版・火縄銃』雄山閣出版株式会社（1993年）
戸部良一『逆説の軍隊―日本の近代9』中央公論社（1998年）
外山三郎『日本海軍史』教育者新書（1980年）
永井　和『近代日本の軍部と政治』思文閣出版（1993年）
秦郁彦編『日本陸海軍総合事典』東京大学出版会（1991年）
原田勝正『鉄道と近代化』〈歴史文化ライブラリー38〉吉川弘文館（1998年）
広田照幸『陸軍将校の教育社会史』世織書房（1997年）
松下芳男『明治軍制史論・上下』有斐閣（1956年）
松下芳男『日本軍事史叢話』文園社（1963年）
松下芳男『日本陸海軍騒動史』文園社（1974年）
松下芳男『日本軍事史実話』文園社（1977年）
三浦裕史『軍制講義案』信山社出版（1996年）
百瀬　孝『事典昭和戦前期の日本　制度と実態』吉川弘文館（1990年）
森松俊夫『図説陸軍史』建帛社（1991年）
山崎正男編『陸軍士官学校』秋元書房（1969年）
山田　朗『軍備拡張の近代史―日本軍の膨張と崩壊』吉川弘文館（1997年）
吉永義尊『日本陸軍兵器沿革史』私家版（1996年）

第一章　日清戦争と脚気

淺川道夫『軍事史学32巻1号「辛未徴兵に関する一研究」』軍事史学会（1996年）
池田　清『海軍と日本』中公新書（1981年）

大江志乃夫『徴兵制』岩波新書（1981年）
大江志乃夫『東アジア史としての日清戦争』立風書房（1998年）
大原康男『帝国陸海軍の光と影』日本教文社（1982年）
加藤陽子『徴兵制と近代日本』吉川弘文館（1996年）
黒野　耐『参謀本部と陸軍大学校』講談社現代新書（2004年）
坂野潤治「廃藩置県への道」「明治六年の政変とその余波」日本歴史大系4近代1』山川出版社（1987年）
佐山二郎『大砲入門』光人社（1999年）
佐谷眞木人『日清戦争「国民」の誕生』講談社現代新書（2009年）
澤地久枝『火はわが胸中にあり』文春文庫（1987年）
参謀本部編『日本の戦史・9　日清戦争』徳間書店（1966年）
菅野覚明『武士道の逆襲』講談社現代新書（2004年）
野口武彦『幕府歩兵隊』中公新書（2002年）
原　剛『軍事史学─日清戦争における本土防衛第30巻3号』軍事史学会1994年）
原田統吉『歴史と人物2月号「西周と軍人勅諭」』（1974年）
兵藤二十八『イッテイ─13年式村田歩兵銃の創製』四谷ラウンド（1998年）
藤村道生『日清戦争』岩波新書（1973年）
堀口紀博『明治時代の陸軍制度史に見る薬剤官』薬史学雑誌（2007年）
室山義正『近代日本の軍事と財政』東京大学出版会（1984年）
山下政三『脚気の歴史─ビタミンの発見』思文閣出版（1995年）
山下政三『鴎外森林太郎と脚気論争』日本評論社（2008年）

第二章　世界が注視していた日露戦争

石井寛治『日本の産業革命─日清・日露戦争から考える』朝日選書（1997年）
遠藤芳信『近代日本軍隊教育史研究』青木書店（1994年）
大江志乃夫『日露戦争の軍事史的研究』岩波書店（1976年）

大江志乃夫『日露戦争と日本軍隊』立風書房（1987年）
旧事諮問会編『旧事諮問録・上下』岩波文庫（1986年）
桑原　嶽『名将　乃木希典―司馬遼太郎の誤りを正す』中央乃木会（1990年）
工華会編『兵器技術教育百年史』工華会（1972年）
小山弘健『図説　世界軍事技術史』芳賀書店（1972年）
須川薫雄『日本の機関銃』SUGAWAWEAPONS社（2003年）
済々黌日露戦役記念帖編集委員会編『日露戦争従軍将兵の手紙』同成社（2001年）
戦没軍馬慰霊会連絡協議会編『戦没軍馬鎮魂録』同会（1992年）
武市銀治郎『富国強馬　ウマから見た近代日本』講談社選書メチエ（1999年）
多田海造『日露役陣中日誌―一看護兵の六七五日』巧玄出版（1979年）
谷　壽夫『機密日露戦史』原書房（1966年）
東京日々新聞社・大阪毎日新聞社『参戦二十将星　日露大戦を語る』（1935年）
長谷川治良編『日本陸軍火薬史』桜火会（1969年）
防衛ホーム新聞社編『彰古館―知られざる軍陣医学の軌跡』防衛ホーム（2009年）
兵藤二十八『たんたんたたた―機関銃と近代日本』四谷ラウンド（1998年）
兵藤二十八『有坂銃―日露戦争の本当の勝因』四谷ラウンド（1998年）
別宮暖朗『「坂の上の雲」では分からない旅順攻防戦』並木書房（2004年）
別宮暖朗『旅順攻防戦の真実』PHP文庫（2006年）
黛　治夫『艦砲射撃の歴史』原書房（1977年）
三宅宏司『大阪砲兵工廠の研究』思文閣（1993年）
矢野恒太・白崎享一『日本國勢圖會』國勢社（1938年）
陸軍火砲写真集編纂委員会『陸軍火砲の写真集』編纂委員会（2000年）
陸上自衛隊富士学校特科会編『日本砲兵史』原書房（1980年）

第三章　金もない、資源もない日露戦後
淺野祐吾『帝国陸軍将校団』芙蓉書房（1983年）
石橋孝夫『艦艇学入門―軍艦のルーツ徹底研究』光人社（2000年）
井上勇一『鉄道ゲージが変えた現代史―列車は国家権力を乗せて走る』中公新書（1990年）
猪瀬直樹『黒船の世紀―ガイアツと日米未来戦記』小学館（1993年）
大江志乃夫『国民教育と軍隊』新日本出版社（1974年）
大濱徹也『天皇の軍隊』教育社歴史新書（1978年）
北岡伸一『日本陸軍と大陸政策』東京大学出版会（1987年）
黒沢文貴『大戦間期の日本陸軍』みすず書房（2000年）
黒野　耐『日本を滅ぼした国防方針』文春新書（2002年）
纐纈　厚『田中義一　総力戦国家の先導者』芙蓉書房出版（2009年）
児島　襄『平和の失速―大正時代とシベリア出兵一～五巻』文藝春秋（1994年）
島田謹二『アメリカにおける秋山眞之・上下』朝日選書（1975年）
鈴木眞哉『謎とき日本合戦史―日本人はどう戦ってきたか』講談社現代新書（2001年）
関川夏央『二葉亭四迷の明治四十一年』文春文庫（2003年）
竹山護夫・前坊洋『日本歴史大系4　近代1「明治末年における明治国家の分極・拡散・希薄化」山川出版社（1987年）
武田信明『三四郎の乗った汽車』教育出版株式会社（1999年）
田中　航『戦艦の世紀』毎日新聞社（1979年）
福井静夫『日本駆逐艦物語』福井静夫著作集第五巻　光人社（1993年）
福間良明『「戦争体験」の戦後史』中公新書（2009年）
柳生悦子『史話　まぼろしの陸軍兵学寮』六興出版（1983年）

第四章　第一次世界大戦と日本
荒木信義『円でたどる経済史』丸善ライブラリー（1991年）
有末精三『政治と軍事と人事』芙蓉書房（1982年）

石原千秋『百年前の私たち―雑書から見る男と女』講談社現代新書（２００７年）
大江志乃夫『日本ファシズムの形成と農村』校倉書房（１９７８年）
桶屋秀昭『昭和精神史』文藝春秋（１９９２年）
加藤陽子『満州事変から日中戦争へ』岩波新書（２００７年）
金原左門『昭和の歴史第1巻　昭和への胎動』小学館（１９８３年）
桑田悦『防衛大学校紀要「旧日本陸軍の近代化への遅れの一考察」（１９７７年）
黒野耐『史学雑誌「第一次大戦と国防方針の第一次改定」１０６編３号』（１９９７年）
黒羽清隆『十五年戦争史序説』三省堂（１９７９年）
小林秀夫『〈満洲〉の歴史』講談社現代新書（２００８年）
近藤康男『昭和ひとけたの時代』（社）農産漁村文化協会（１９８２年）
佐藤鋼次郎『軍隊と社会問題』成武堂（１９２２年）
高橋正衛『昭和の軍閥』中公新書（１９６９年）
筒井清忠『昭和期日本の構造』講談社学術文庫（１９９６年）
成田龍一『大正デモクラシー―シリーズ日本近現代史④』岩波新書（２００７年）
馬場伸也『満州事変への道―幣原外交と田中外交』中公新書（１９７２年）
原暉之『シベリア出兵』筑摩書房（１９８９年）
藤原彰『歴史評論「軍縮会議と日本陸軍」３３６号』（１９７８年）
村田晃嗣『アメリカ外交-希望と苦悩』講談社現代新書（２００５年）

第五章　軍事と技術と教育

偕行会編『将軍は語る―菅晴次氏対談記―技術報国六十年・前後』偕行会（１９８０年）
『回想の日本陸軍機』酣燈社（１９６２年）
機甲会編『日本の機甲六十年』戦誌刊行会（１９８５年）
木下孝明『兵式体採からみた軍と教育』杏林書院（１９８２年）
葛原和三『機甲戦の理論と歴史』〈ストラテジー選書10〉芙蓉書房出版（２００９年）

航空情報別冊『日本陸軍機』酣燈社（1969年）
航空情報別冊『日本海軍機』酣燈社（1969年）
航空ファン・イラストレイテッドNo69『日本陸軍機全集—日本陸軍航空技術小史』文林堂（1993年）
坂本多加男・秦郁彦・半藤一利・保阪正康『昭和史の論点』文春新書（2000年）
佐貫亦男『発想の航空史』朝日新聞社（1995年）
佐貫亦男『佐貫亦男のひとりごと』グリーンアロー出版社（1997年）
鈴木真二『飛行機物語—羽ばたき機からジェット旅客機まで』中公新書（2003年）
高田里惠子『男の子のための軍隊学習のススメ』筑摩書房（2008年）
高田里惠子『学歴・階級・軍隊—高学歴兵士たちの憂鬱な日常』中公新書（2007年）
徳田八郎衛『間に合わなかった兵器』東洋経済新報社（1993年）
徳田八郎衛『間に合った兵器』東洋経済新報社（1995年）
中川靖造『海軍技術研究所』日本経済新聞社（1987年）
中嶋嶺雄編『歴史の嘘を見破る—日中近現代史の争点35』文春新書（2006年）
林　磐男『戦後日本の戦車開発史』かや書房（2002年）
深田正雄『軍艦メカ開発物語』光人社（1988年）
升本清『燃ゆる成層圏-陸軍航空の物語』出版協同社（1961年）
松原茂生・遠藤昭『陸軍船舶戦争』陸軍船舶戦争刊行会（1993年）
吉田俊雄『造艦テクノロジーの戦い』光人社（1989年）

著者　荒木肇（あらき・はじめ）

1951年東京生まれ。横浜国立大学教育学部教育学科卒業。横浜国立大学大学院修士課程（学校教育学専修）修了。日本近代教育史、国民教育と軍隊、日露戦後の教育改革と軍隊教育、大正期の陸軍幹部人事計画などを研究する。横浜市立小学校で勤務するかたわら、横浜市情報処理教育センター研究員、横浜市小学校理科研究会役員などを歴任。1993年退職。生涯学習研究センター常任理事、聖ヶ丘教育福祉専門学校講師（教育原理）などを勤めながら、教育史の研究を続ける。近代陸軍は教育機関であり、国民のインデックスであることを主張し、陸上自衛隊との関係を深めてきた。
主な著書に、『自衛隊という学校、正・続』、『学校で教えない自衛隊』、『指揮官は語る』、『自衛隊就職ガイド』、『学校で教えない日本陸軍と自衛隊』、『子供に嫌われる先生』（いずれも並木書房）、『静かに語れ歴史教育』（出窓社）などがある。また、メールマガジン「海を渡った自衛隊」（毎週刊）も発刊中。

図書設計　辻 聡

＊本書掲載の写真のうちⓀⓉの記号が付いている写真は、
それぞれ以下からご提供いただいたものである。
Ⓚ：国立国会図書館ホームページ（近代デジタルライブラリー）
Ⓣ：堤明夫氏（元防衛大学校教授・海将補）

DMD

出窓社は、未知なる世界へ張り出し
視野を広げ、生活に潤いと充足感を
もたらす好奇心の中継地をめざします。

日本人はどのようにして軍隊をつくったのか

〜安全保障と技術の近代史〜

2010年7月3日　初版印刷
2010年7月14日　第1刷発行

著　者　荒木　肇

発行者　矢熊　晃

発行所　株式会社 出窓社

東京都武蔵野市吉祥寺南町 1-18-7-303　〒180-0003

電　話　0422-72-8752
ファクシミリ　0422-72-8754
振　替　00110-6-16880

印刷・製本　株式会社 シナノ パブリッシング プレス

ISBN978-4-931178-72-4